Next-Generation IoT Architecture
Multi-tier Computing Network

新一代物联网架构技术

分层算力网络

陈南希　刘军　杨旸 ◎ 编著

人民邮电出版社

北京

图书在版编目（CIP）数据

新一代物联网架构技术：分层算力网络 / 陈南希，
刘军，杨旸编著. -- 北京：人民邮电出版社，2021.1（2022.8重印）
ISBN 978-7-115-54314-1

Ⅰ．①新… Ⅱ．①陈… ②刘… ③杨… Ⅲ．①物联网
Ⅳ．①TP393.4②TP18

中国版本图书馆CIP数据核字(2020)第172870号

内 容 提 要

近年来，物联网中联网设备的数量及其所产生的数据流量增长迅猛，仅靠传统专有协议或云架构已经无法满足物联网当前和今后的发展需要，作为新一代物联网架构技术的分层算力网络应运而生。本书由学界和工业界专家联袂执笔，介绍以雾计算为代表的分层算力网络技术，包括其工作原理、发展趋势、系统模型与架构、节点与网络、软件与应用程序管理，商用平台服务、工业标准及组织等内容，并从 IT 资源的角度分析雾计算及其物联网商业模式，最后剖析了公共安全和医疗健康领域的雾计算案例，以及云、雾和边缘结合的大范围智能应用场景。本书可供物联网从业者、投资者了解技术发展前景，也可作为技术人员深入研究物联网架构技术和分层算力网络技术的参考材料。

◆ 编　著　陈南希　刘　军　杨　旸
　　责任编辑　贺瑞君
　　责任印制　李　东　陈　犇
◆ 人民邮电出版社出版发行　　北京市丰台区成寿寺路 11 号
　　邮编　100164　　电子邮件　315@ptpress.com.cn
　　网址　https://www.ptpress.com.cn
　　涿州市京南印刷厂印刷
◆ 开本：800×1000　1/16
　　印张：15.75　　　　　　　2021 年 1 月第 1 版
　　字数：277 千字　　　　　 2022 年 8 月河北第 5 次印刷

定价：79.80 元

读者服务热线：(010)81055552　印装质量热线：(010)81055316
反盗版热线：(010)81055315
广告经营许可证：京东市监广登字 20170147 号

序　言

　　物联网是指通过传感设备将物体连入互联网，进行信息的采集、交换和通信，以实现智能识别、定位、监控和管理等功能的一种网络。随着技术的进步，物联网从概念提出一步步地走向了成熟应用。目前，智慧城市、智能家居等物联网应用已逐渐普及，万物智能互联产生的数据量越来越庞大，因此对计算资源及计算能力提出了更高的要求。云计算作为可以随时获取、按需使用、随时扩展的软硬件平台，在一段时间内曾充分满足了物联网终端设备的资源期待，成为物联网的主要支撑技术。现实生活中的各种实时信息都可以由传感器检测，通过网络上传到云端进行分析、计算，再将结果反馈到各个终端，使人们能够以更加精细和动态的方式管理生产和生活。目前，物联网已经扩展到能源、交通、通信、环保、安防、商业、金融、家居、食品、医疗和教育等各个领域，与各个行业深度融合，带来了颠覆性的创新，催生了巨大的市场。

　　但新的市场和技术的发展也使得物联网终端的数量飞速增长，随后增长的是对云上数据计算的需求。设备不断产生实时数据，越来越多的数据集中在云端，而云计算数据中心的增长速度远远落后于数据处理需求的增速。终端设备能够从云端获取的内存、CPU 和带宽等计算、通信资源开始捉襟见肘，造成目前市场上智能终端设备数据处理实时性不足，且难以支撑人工智能等计算开销较大的全新数据处理技术。因此，云计算已经不能满足物联网发展多样化、智能化的需求，而以雾计算（Fog Computing）、边缘计算技术为代表的新一代分层算力网络架构应运而生。

　　这些算力分层技术的核心是将数据处理过程分散于网络架构中各个层级的设备中，而不是集中于网络中心的云计算数据中心，是面向物联网的分布式数据处理架构。目前关于雾计算和边缘计算技术的理论研究和实际应用已经表明，这种处理数据的方式能够有效解决现有物联网中存在的问题，能够大大提高大数据与人工智能时代的数据处理速度，满足数据实时性要求。

　　虽然以算力分层技术为代表的新一代物联网架构目前已有大量的理论研究，也出现了诸如 Kinetic、Cloud IoT Edge 等雾计算、边缘计算平台，但是很多人对其概念还没有完整和系统的理解，对其核心技术和架构的了解不够深入、全面。本书在剖析新一代物联网架构技术的基础上，梳理出一条循序渐进的知识路线，详细阐述其中的关键技术，进一步探讨其研究领域和应用领域的科学技术问题。希望可以帮助广大读者了解分层算力网络，并且通过学习其基础架构，理解其运行模式。此外，书中介绍了分层算力网络的商业模式并提供了应用案例，希望能够引起更多相关技术人员、行业投资者的兴趣，加入新一代物联网架构技术的浪潮中来。

本书一共包含 9 章。

第 1 章介绍分布式物联网架构的技术演进，主要介绍了相关背景与基本概念，用简单的例子阐述该架构下的物联网应用，使读者对分层算力网络及其在物联网中的作用有一个初步的认知，并重点介绍雾计算这一分层算力网络的代表性架构技术。在后续章节中，用雾计算指代这些以雾计算和边缘计算为代表的架构技术。

第 2 章主要介绍雾计算的功能，分析了雾计算的发展趋势，表明雾计算技术势不可当，最后介绍现有网络中的挑战，为相关研究提供了方向。读者将在本章了解相关概念和工作原理，并了解该架构能够解决的问题。

第 3 章介绍雾计算中的资源和服务，进而介绍其潜在商业价值。

第 4 章到第 6 章我们以国际雾计算产学研联盟（OpenFog Consortium）[1]向电气电子工程师学会（Institute of Electrical and Electronics Engineers，IEEE）提交的开放雾计算参考架构标准（简称 OpenFog 参考架构）为基础展开。需要注意的是，OpenFog 联盟已于 2019 年正式并入工业互联网联盟（Industrial Internet Consortium，IIC）。在 IIC 倡导下，雾计算与边缘计算融合发展，共同作为物联网的基础架构。这部分内容中，第 4 章简要介绍 OpenFog 参考架构，通过这一典型雾计算系统模型，让读者对雾计算的平台有更深刻的理解。第 5 章介绍节点与网络，包括雾计算的网络设施、节点计算、分布式存储以及节点安全。第 6 章介绍雾计算平台的软件实现，包括一些技术细节。

第 7 章介绍一些最新的雾计算与边缘计算技术平台，让读者了解前沿技术及其应用，为相关从业者提供研究方向上的参考。熟悉了这些平台以后，读者就可以尝试构建自己的物联网系统。

第 8 章介绍雾计算的工业标准，以及与雾计算架构技术相关的一些关联标准，使读者可以了解雾计算理论及其应用的各类规范。

---

① 下文简称该联盟为 OpenFog 联盟，涉及其标准、模型等仅冠以 OpenFog

　　第 9 章展示一些应用实例，详细阐述雾计算在交通、视觉安全和监控、智慧城市等方面的应用，展现应用雾计算带来的优势。同时展望雾计算技术带来的改变和未来发展趋势。

　　本书力求简洁和实用，以理论加实例的方式向读者展现雾计算的本质，以及目前关于雾计算的最新研究和应用成果，有一定计算机专业背景的读者可以通过本书快速了解新一代物联网技术的基本架构、前沿技术、商业模式及大量的最新技术平台。本书可供物联网从业者、投资者了解技术发展前景，也可作为技术人员深入研究物联网架构技术的参考材料。

　　本书主要由中国科学院上海微系统与信息技术研究所的陈南希博士负责。同时参与撰写的还有思科（中国）有限公司的刘军先生，他有多年主持各类雾计算应用项目的经验，为本书提供了多个经典案例。上海科技大学杨旸教授整理了大量 OpenFog 联盟与 IIC 在雾计算方面的最新研究进展。参与本书审校的人员还有王旭博士、苗续芝、徐小波、张柔佳、陈超、周道远等同事、同学，在此衷心感谢大家在本书写作过程中提供的帮助。

　　鉴于作者水平有限，本书难免有疏漏或者不妥的地方，欢迎各位读者批评指正。

目　录

第 1 章
分层算力网络——物联网数据经济趋势的必然

随着技术和经济的进步，计算硬件成本显著降低，终端设备与无线通信技术得到了快速发展，大量的传感器被集成到各种硬件设备中，进而催生了物联网产业。物联网旨在建立一个物物相连的互联网，其理想化目标是任何人在任何地点都可以与任何人或物体通过网络连接，并且能够自由地使用任何网络、享受任何服务。物联网中广泛部署的传感器可以对环境、人、物体等进行数据采集，然后将采集的数据进一步分析整理来获得有价值的信息，以帮助客户快速做出决策。随着物联网的迅速发展，以及人均移动设备（例如移动电话和平板电脑）数量的激增，联网设备数量大幅增加。遍布各处的物联网终端很快就会超越目前网络中的设备总量。近期迅速增加的物联网终端包括可穿戴计算设备（智能手表、眼镜等）、智慧城市、能源供应商在用户家中部署的智能计量设备、自动驾驶车辆、传感器等。物联网应用程序的发展也推动了手机等个人智能终端连接到物联网中的进程。高德纳（Gartner）、思科（Cisco）等多家公司曾预测到 2020 年全球将有 500 亿个终端设备连接到物联网。

众所周知，数据是数据经济中最关键的因素，通过对大量数据的分析，用户能够获得对自身、自身的行为与周边环境等方面更为详尽的了解。在移动互联网普及的时代，大型科技企业，如谷歌（Google）、微软（Microsoft）、亚马逊（Amazon）、百度、阿里巴巴、腾讯、京东等每天都会生成海量的数据，其中蕴含着巨大的价值。物联网中广泛分布的大量终端将带来海量的实时数据，而数据和基于数据的应用，也是物联网的核心价值所在。目前许多行业都在尝试解决海量数据处理（又称为"大数据"）的新挑战。通常情况下，能够称为"大数据"，至少需要满足以下 3 项特征中的 1 项。

1. 数据量大。如数据量级达到太字节（TB）、拍字节（PB）、艾字节（EB）等。

2. 数据来源广泛且多样性高。指数据的类型丰富。数据可以由不同的来源产生，例如传感器、计算机网络、社交网络和手机等。因此，数据可以是网络日志、RFID 传感器读数、非结构化社交网络数据、流式视频和音频等。

3. 数据产生速度快。指的是数据产生的频率高。通常，可以将该速度定义为 3 个类别：偶尔、频繁和实时。

无疑，物联网产生的数据符合大数据特征。除此之外，物联网中的应用多种多样，某些应用所需的数据数量大，种类繁多，复杂性高。为了能够及时处理此类数据，还需要设计一个专门针对物联网数据处理的模型。该模型需要满足的要求包括低延迟、高可伸缩性、保证数据安全与隐私、高可靠性、可适应广泛地理区域的不同环境条件等，每种要求的简介如下。

1. 低延迟。物联网传感器本身的计算能力一般受限于其体积或电池容量，因此往往无法满足相关应用的数据处理需求。海量的物联网传感数据必须传输到计算能力更强的设备中进行处理。大量数据的传输，尤其是包含多媒体数据的传输，对网络带宽的要求非常高，而且数据传输的用时也较长。再者，物联网中有大量对时间要求较高的业务，例如无人车实时导航等控制响应类业务。此外，还需要尽可能避免由多层转发带来的较高通信中继时延。因此，需要合理配置计算资源以降低延迟，甚至达到实时响应的要求。

2. 高可伸缩性。物联网中各类应用种类繁多，不同业务的数据采集时间需要依据其业务特性与终端资源来规划。因此，难以通过统一调度来使数据处理需求在不同时段均匀分布。面对海量数据的处理请求，物联网数据处理系统需要有按需扩展的能力，一方面要避免空闲时期的资源浪费，另一方面要快速应对数据高峰时期的处理需求。

3. 数据安全与隐私。物联网中包含大量关键数据及个人隐私数据，这些数据的泄露将给用户甚至垂直行业带来无法估量的损失。因此，数据在传输和存储时均需要受到保护。

4. 运行可靠性。物联网在关系公民安全的场景和关键基础设施中的应用日益增多。系统错误将导致其关联业务无法顺利实施。因此，需要保障物联网数据处理系统的可靠运行。

5. 适应广泛地理区域的不同环境条件。物联网设备可能分布在数千平方千米以上范围中的不同地点。其部署位置包括道路、铁路、变电站和车辆等较为恶劣的环境，以及较为偏远或孤立的地区，如沙漠、油田、海上运输轮船和商业飞机等。因此，该模型需要能够实现在不同环境条件的广泛地理区域收集和处理数据。

1.1 将数据放到最适合的地方处理：云计算、边缘计算和雾计算

2006 年，时任谷歌首席执行官埃里克·施密特在搜索引擎大会上首次提出云计算（Cloud Computing）的概念，从此打开了云计算在商业应用领域的大门。云计算模式的重要基础是资源共享，该思想在信息技术领域的发端可以追溯到 1961 年人工智能之父约翰·麦卡锡提出的"效用计算"概念。当时的计算设备价格非常昂贵，是普通企业和机构难以承受的。在该思想中，分散的闲置资源将被整合，进而共享给多个用户使用。这个方法能有效弥合数据量和计算需求的增长与计算设备投入成本高而造成的计算能力不足的资源差距。通过将资源共享模式与支撑手段标准化，云计算技术逐渐成熟并且实现商用。在移动互联网时代，随着服务器集群化、虚拟化技术等关键技术的发展，云计算已经成为主流的商用数据处理模式。图 1-1 所示为云计算发展史上的一些重要事件。

2006	谷歌首席执行官埃里克·施密特首次提出云计算概念
2007年初	亚马逊推出弹性计算云EC2服务
2007.11	IBM发布业界首个云计算商业解决方案[蓝云]计划
2008.4	Google APP Engine 发布
2009.1	阿里巴巴在南京建立首个"电子商务云计算中心"
2010.1	微软正式发Microsoft Azure云平台
2010.7	美国国家航空航天局和戴尔、英特尔、Rackspace、AMD等支持厂商共同宣布开放OpenStack项目源代码
	……

图 1-1 云计算发展史上的一些重要事件

云计算提供了大量的计算和存储资源。在一般的应用中，所有数据都先被发送到云端，然后由云端服务器对数据做进一步处理，之后再将处理结果返还给终端设备或用户。也就是说，传统的大数据处理是严重依赖云的。大多数情况下，企业将数据和应用程序集中在企业的数据中心或云服务器中，并由多个客户端设备访问。海量数据的存储和计算工作都在数据中心或云中进行，只将必要的数据（例如，查询和响应）传输回请求设备[1]。这种集中式架构有助于企业高效地管理企业应用程序、控制访问，并优化服务器，提高网络利用率。

　　随着无线通信技术的飞速发展，当前已进入了万物互联的时代。移动设备、嵌入式设备和传感器等终端正在不断创新，变得智能和普及，全球的移动数据呈现出指数级的增长。Cisco 2016 年的全球移动数据预测报告显示，全球的移动数据将会在 2021 年超过 49EB，达到 2016 年的 7 倍（见图 1-2），2016—2021 年增长率将达 47%。事实上，由于短视频等多媒体应用的快速增长，截至 2018 年，全球移动数据的实际增长量比该预测值还要高近 23%。面对海量的数据和自动驾驶等新型的应用对服务质量的严苛需求，云计算的问题正逐渐凸显出来。

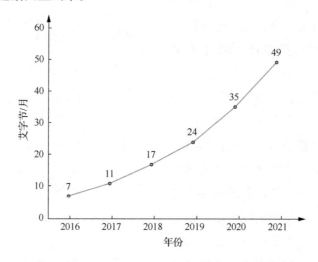

图 1-2　Cisco 在 2016 年对全球移动数据的预测

　　云服务中心是集中式、远程的。对于物联网应用中的大部分数据，这样的存储和分析载体并不是最理想的。该模式的主要问题集中在以下 6 个方面 [2][3]。

　　1. 物联网中的数据非常庞大和复杂，这些数据之间具有很强的冗余性、互补性和实时性，同时又是多源异构型数据，因此在分析与处理数据时需要更长时间。并且将数据从传感设备传输到云计算骨干网进行数据处理的过程需要经过较长的通信链路，其中可能包括接入网、核心网、网络交换机等（或局域网、城域网、广域网等）多个网络实体。数据在链路上的上传和下载都需要花费一定时间。为了使数据分析和相应的决策结果发挥作用，这些操作一般都需要快速实现，有的甚至需要实时进行，这就需要非常低的时延。比如大多数智能室内监控方案都需要支持快速响应（例如，如果在白天检测到客厅中存在运动物体，而居住者外出，则向居住者发送警报）。另外，在一些企业级物联网应用中，系统可能需要与所连接的资产进行实时（或接近实时）的物理交互，来避免机械故障。但是云服务这种集中化和远程的模式很难达到这样的低时延要求。

2．集中的数据处理方式需要有足够的网络容量来处理不间断的数据流，而海量的终端用户访问将会大幅度增加网络流量，可能引发服务中断、网络延迟等问题。并且云服务中心的接收能力始终有限，且当前许多云服务中心是按照流量计费的，基于云计算的集中化数据处理将会带来较高的处理成本。而且，纯粹的集中式环境不适用于对数据实时性要求较高的应用。例如，智能车辆需要与邻近的车辆和交通基础设施互相传输数据以防止事故。

3．云服务中心一般需要物联网终端通过网络远程访问，数据传输到云服务中心往往需要经过互联网中的多重网关、路由等的转发。这种长链路的多跳转发将会带来较长传输时延。这对于延迟十分敏感的应用，如视频流、在线游戏、控制反馈等是难以接受的，特别是在当处理需要本地实时响应的事件时。例如，当传感器检测到烟雾时需要立即自动启动灭火设备，在移动场景下用户的移动性和业务需求也需要被实时感知。

4．物联网与传统移动互联网不同，它包含了大量的行业应用，在行业法规和隐私问题的限制下，数据的完整性和机密性需要予以保证，某些类型的数据可能被禁止异地存储，并且如果把所有收集的数据都发送到云，带宽、存储、延迟和能耗（用于通信）等方面的成本也将会升高。

5．云服务器通信方式以 IP 通信为主，但多种多样的物联网设备与网络使云服务器不得不兼容如 Zigbee、Z-Wave 等其他协议，而这将耗费云服务器中的大量 IT 资源。

6．物联网的广泛分布特性使得其对与地理位置信息相关的应用有较大需求，云计算难以满足根据相关地理位置分布感知环境的实时要求，如遇到大规模传感网络要求传感节点定时向其他节点更新自身的信息的情形。

综合考虑以上情况，如图 1-3 所示将大量不同种类设备直接连接到云是不切实际的。为了解决云计算在面对物联网应用时的上述问题，网络和计算资源需要通过更合适的体系结构[①]进行配置。近年，有些企业开始将边缘计算引入物联网架构，这是物联网中最初的算力分层。在这种"云＋边缘"的体系结构（见图 1-4）中，计算资源可以同时分布

---

① 本书中"体系结构"一词与"架构"基本同义，前者是比较学术化的用法。为避免歧义，本书在泛指构造系统的一组部件及部件之间的联系与结构时采用如"分层的体系结构""中心化的体系结构"的方式来表述，而指代构造特定系统的具体组件与组件结构时，采用诸如"物联网架构""软件架构""雾计算架构"的方式表述

在靠近数据源处的网络边缘（有时也称为"边缘云"或"微云"）和云服务中心，而云服务中心与"边缘云"的通信则借助通信基础设施来完成。数据可以在本地进行初步过滤、分析或进行临时存储，然后再上传到云端做进一步分析或永久性存储。这样的配置可以减少网络引起的延迟，控制网络成本，并将数据丢失或损坏的风险降至最低。

图 1-3 大量不同种类的设备直接连接到云是不切实际的

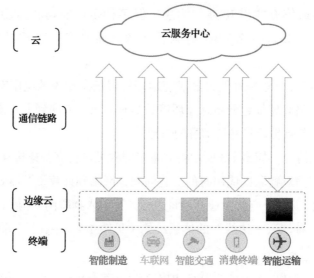

图 1-4 "云 + 边缘"的体系结构

边缘计算最初由 IBM 和 AKAMAI 联合提出，并在其联合平台 WebSphere 上提供基于边缘计算的服务。边缘计算是指在靠近数据源头的一侧，就近提供服务的技术。也就是说，边缘计算模式将网络服务的控制从中心节点（定义为核心）转移到另一端，即传感器本身（定义为边缘）。应用程序在边缘侧发起，以获得更快的网络服务响应；而云端仍然可以访问边缘端的历史数据。边缘计算在物联网传感器附近部署计算资源，并通过使用该资源进行本地存储和初步数据处理，来缓解网络拥塞的问题，同时提高数据处理与分析的速度，进而减少时延。最初的边缘计算设备无法协调应用对其计算资源的竞争，所以当多个物联网应用同时访问该设备时容易形成进程等待，反而增加了数据处理的时延。随着技术的发展，产生了移动边缘计算，即将移动蜂窝网中的基站作为服务提供节点，以及多通路边缘计算，即允许多种网络接入方式的移动边缘计算。

2009 年，卡内基梅隆大学提出微小云（Cloudlet）的概念[4]。微小云是一种和云有着同样技术标准，但比云更加靠近用户的新型计算模式。它能够提供和云计算一样的服务，但所提供的资源有限，不像云计算那样能够提供近乎无限的资源，而由于跟云使用同样的技术标准，微小云可以与远程云端便捷地进行交互，这可以说是雾计算的雏形。Cisco 在 Cisco Live 2014 会议上首次提出"雾计算"的概念[5]。Cisco 强调：雾计算是依托于现今无处不在的物联网应用而产生的一种新型计算模式。相比云计算，雾计算是一种更加先进且使用场景更加广泛的计算模式，更具可伸缩性和可持续性。但是雾计算也不能完全取代云计算，它必须依托于云计算才能更好地发挥其作用[6]。因此，它与云计算的关系是相辅相成、相互联系的。

雾计算是专门针对目前物联网的挑战而产生的技术。它的主要思想是"将数据放到最适合的地方处理"。具体而言，是将云计算集中式处理事务的方式，有选择地部分下放到网络中的不同层次进行处理。在雾计算中，选择处理数据位置的一个合理方式是由相关决策的速度需求来决定。也就是说，对时间敏感的决策应该更接近产生和处理数据的实体。相比之下，历史数据的大数据分析更加需要的是云端丰富的计算和存储资源。

当前一个较为普遍的观点是：在学术界和工业界，术语"边缘计算"和"雾计算"可以互换使用。尽管在这两个概念最初提出时，它们处理数据的方式及实现智能和算力部署的位置都不尽相同。当时，边缘计算的主要思想是将计算资源推向数据源设备（例如传感器、执行器和移动设备）；而雾计算则更关注构建具备层次化算力的网络基础设施，并使用雾计算网络中的计算资源处理来自多个数据源的数据，因此也是分层算力网络的代表性架构技术。彼时的边缘计算平台与垂直行业的业务关联紧密，不强调资源共享，因此一般不支持服务、软件即服务（SaaS）、平台即服务（PaaS）和其他与云相关的服务等基础设施。而这些服务均可以通过雾计算进行扩展。边缘计算和雾计算的主要目标都是减少端到端延迟和降低网络拥塞，随着分布式移动边缘计算、多通路边缘计算等概念的相继出现，它们开始协同发展。因此，本书并不强调边缘计算与雾计算的区别。

1.2　雾计算的基本组成

雾计算环境中包含大量异构的、广泛分布并且分散的设备。这些设备之间可以进行通信，并相互协作来存储数据、为应用任务提供算力支持，且该过程无须第三方介入。雾计算可提供的服务包括基本网络功能、新型服务或者应用程序。这些服务的载体（又称为服务托管设备）一般是智能化的通信基础设施。除此之外，网络中的个人用户或小型设备商等也可以作为服务载体提供额外的算力。具体方式包括出租部分联网的闲置设备来托管这些服务，从而获得奖励或报酬等 ②。由此，雾计算的主要特征可以概括如下 [6]。

- 无处不在。
- 将传统通信网络改进为可托管服务的层次化计算环境。
- 更好地支持设备之间的合作。

在雾计算中，数据、数据处理模块和应用程序不是集中地部署在云中，而是由部署在网络中各个层级的设备来分散托管的。在某种程度上，雾计算是云计算的延伸概念，它的命名源自"雾是更贴近地面的云"这一气象学上的客观描述。也就是说，雾计算并非由性能强大的服务器组成，而是由大量性能较弱、更为分散的各类功能性计算设备组成 [6]。这些计算设备可以渗入工厂、汽车、电器、路灯及各类公共设施或家用设备中。因此，雾计算将云扩展到更接近物联网数据产生和作用的边缘实体上。如图 1-5 所示，雾计算

---

② 相关内容将在第 3 章具体介绍

像在终端和云服务中心之间织就的一张弹性的、可提供计算能力的网。这张网连结终端和云服务中心，构成了一个"云－雾－端"一体化的体系结构[7][8]。雾计算设备可以部署到几乎任何地方，并通过雾计算网络相互连接。这些设备可以分布在如工厂车间、车辆、电线杆顶部、飞行器、铁路轨道或石油钻塔上等各种环境中。同时也可以将具有计算、存储和网络连接能力的设备改造成为雾计算设备，例如，工业控制器、交换机、路由器、嵌入式服务器和视频监控摄像头等。

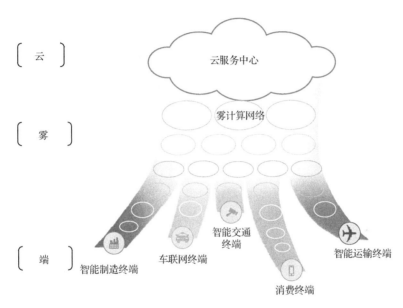

图 1-5　分层算力网络示例："云－雾－端"一体化的体系结构

1.2.1　雾计算与雾节点

在雾计算架构中，物联网业务的工作负载分散在其层次化的算力网络中。无数的"终端节点"（即各个传感器或连接网络的移动终端）不直接与云应用程序通信，而是将数据传输到部署在各个层次的设备，这些设备包括能够采集、汇总、存储和初步分析数据的网络基础设施、额外部署的计算设备、由用户自愿共享的有限计算/存储资源等[9]。这些基础设施、设备和资源等在雾计算平台中被统一抽象为"雾计算节点"或"边缘节点"。只有对时延不敏感的部分数据处理任务（例如，定期、批量的分析）被转发到集中式云或数据中心以供进一步分析和处理[10]。为便于描述，本书将"雾计算节点"和"边缘节点"统一称为雾节点。本书后续图表中将采用图 1-6 所示图形来表示雾节点，该图形来自 OpenFog 参考架构③标准。

图 1-6　雾节点表示图形

　　雾节点部署在云（或数据中心）和用户设备之间的网络传输链路上，主要处理在网络边缘而不是云端的任务。在不同系统与环境中，"网络边缘"一词可能有不同的含义。在工业物联网环境中，边缘一般指生产工厂中驻留在终端中的节点，例如作为机器控制器或网络网关的一部分，边缘智能这一概念中的边缘往往也在这个范围内。而在欧洲电信标准协会（European Telecommunications Standards Institute，ETSI）的定义中，网络边缘经常指与核心网相对的边缘网络，如边缘路由器、基站和家庭网关等设备。从互联网服务提供商的角度出发，网络边缘又可以理解为运营商网络的边界节点，例如 LTE 的基站。本书中提到的网络边缘在没有明确说明的情况下泛指以上各种情形。

　　需要指出的是，当前一些简单的本地物联网实现方法也被称为雾计算，比如在局域网中部署服务器来收集、处理局域网内传感器产生的数据。由于雾计算定义较为宽泛，这种传统本地计算系统往往被归为雾计算的简单实现，但是它并不体现雾计算的核心价值。雾计算作为通向云计算的门户，它以无缝、网状的算力配置方式在多个边缘和云计算环境之间分配任务，并协调这种混合服务托管环境中的工作负载。雾计算可以被理解

---

③　见本书第 4 章

为是一种分布式的计算范式，用来为网络终端设备或用户提供类似云的服务。它利用云到网络边缘的 IT 资源及自己的基础设施来提供服务。也就是说，该技术通过利用终端设备到云服务中心之间的雾节点来实现存储、通信、控制、配置和管理，从而实现物联网的具体业务和应用。

总的来说，雾计算立足于边缘设备与终端节点的近距离通信，同时利用云资源的按需可伸缩性，进而为物联网业务按需提供高质量的服务。雾计算涉及分布式云和边缘设备中运行的数据处理和分析应用程序的组件，有助于数据中心和终端设备之间计算、网络和存储服务的管理和配置。此外，它还支持用户移动性、资源和接口异构性及分布式数据分析，以支持诸多分布式应用并满足其低处理延迟需求。

1.2.2 雾计算系统

雾计算将计算能力定义到局域网的级别（狭义上可以理解为一组相互连接的计算设备），使数据能够由集线器、节点、路由器或网关处理，然后将处理结果传输到适当层次的设备。在包含云、交换机、核心网、边缘基站和客户终端等不同层次设备的网络环境中，从云到客户终端之间的任何地方都可以部署雾计算功能。在某种程度上，雾计算寻求的是实现从云到终端的无缝连续计算服务，而不是将网络边缘视为孤立的计算平台。实际上，由雾节点组成的网络本身就拥有平台系统的性质。它可以用来支持多个行业和应用领域的服务，而不限于传统的电信服务。雾计算架构则需要进一步集合、协调、管理分布在网络环境中的资源和功能，使雾计算平台能灵活地适配多种网络架构。

当前雾计算的相关研究成果已较为丰富，并且逐渐走向商用，相关平台产品也正陆续推出。然而，实现一个雾计算系统不一定非要采用某种类型的体系结构，它更大程度上是代表一种支持将数据分析推向雾（即靠近边缘节点）的概念。因此，雾计算通常使用开放的标准技术。同样，雾计算并不代表所有的分析都需要在最靠近终端节点的设备上完成，而是面向现实业务需求、灵活使用分散在从终端到云之间通信链路上的计算资源，从而优化数据采集与处理的过程[6]。图 1-7 中简单描绘了一个包含公有云、私有云、网络接入设备、网络交换设备和各类终端的雾计算系统。其中，用虚线框出了该系统中包含的雾计算资源，同时也描绘了雾计算网络的边界。

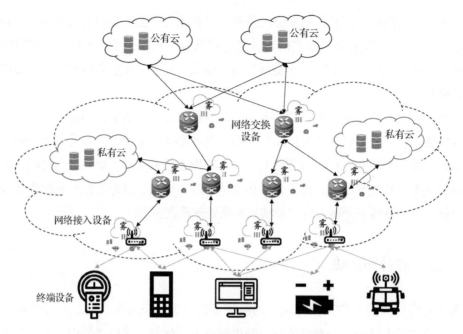

图 1-7　雾计算系统示意

1.2.3　物联网与雾计算设备

物联网功能通常由一组服务和应用程序来实现。而物联网架构决定了其功能的部署和不同功能在具体设备中的分配。物联网架构提出并回答了诸如"谁，在什么时间什么地点做什么？"的问题。物联网架构不仅需要支持当前存在的应用程序，还需要支持一些未来可能的应用。当前在 Web 应用及移动互联网应用中被广泛使用的应用程序架构是以 TCP/IP 为标志的互联网架构，从网络到电子邮件、从 P2P 到视频流等应用均采用此类架构。它包含几个关键性的原则，如寻址、端到端会话控制等。而雾计算和物联网应用之间的关系则类似于互联网架构和 Web 应用程序之间的关系。

一般而言，部署在网络边缘的雾节点将会作为一个最小的分析中心，来执行很多狭义上的数据处理过程。该雾节点的服务对象包括直接连接到网络边缘的终端设备或一组终端设备的集合；其托管的功能包括毫秒级的数据交换、少量数据的短期存储等。具体来说，雾节点首先存储并处理终端产生的大部分数据，再将经过筛选和处理的数据发送到云端。图 1-7 中的箭头说明了数据从物联网传感器传递到雾节点再到云服务中心的过程。对于某些特殊应用（比如存在控制回路的业务），处于边缘的雾计算设备也可以在采集、处理数据后直接将决策结果返回给终端。

　　在终端和云之间，包含各种类别的设备，每种类别设备的能力（例如处理、存储、通信）是不同的。雾计算系统中的大部分设备仅具备较弱的计算能力，设备的价格较低，而云中的大部分设备具有更高的计算能力，需要更高的成本。虽然没有严格的定义，但是在具体的应用中，雾计算设备一般指图 1-8 中分类 5～分类 1 的设备，包括高端计算设备、低端计算设备、汇聚节点（Sink Node）、传感器网络和传感器节点，它们具有一些数据预处理的功能。而分类 6 中的设备一般是没有资源限制的，以云数据中心的计算设备为主。值得注意的是，随着时间的推移，分类 5～分类 1 设备的能力也在大幅增加。例如，几年前，像智能手机这样的设备内存往往不足 1GB。但是，今天智能手机可以拥有 8GB 甚至更高的内存容量。由于能耗、体积和形态等物理因素的限制及价格等方面的局限，雾与云设备之间的差异会一直存在。其中形态等因素限制是指可集中到设备中的计算能力总是与设备的大小和形状相关。这些雾计算设备的共同特征是：接近最终用户和目标终端设备，拥有密集的地理分布和本地资源池，支持服务质量（Quality of Services, QoS）、延迟降低、边缘分析及流数据挖掘[11]。

图 1-8　基于计算能力由大到小的物联网设备分类

1.3　雾计算的特点

　　上文已经多次提到，雾计算可以将计算、存储、控制和网络功能在远离云而靠近用户的边缘设备中实现。雾将带来许多类似云但更接近终端用户的服务，并且具有比云小的开销，因此很多人把雾计算视为小型的云计算。实际上，在具体的架构技术、应用领域等方面，雾计算与小型云计算不尽相同。首先，雾计算系统的大小是灵活的。根据应用需求，雾计算系统的大小可以从仅包含单独的小型雾节点到可与现有云相媲美的大型雾计算系统。其次，小型云倾向于被设计为独立的计算平台，而雾则是一个无缝集成的"云－雾－物"复合网络架构。计算可以发生在云端、边缘或终端之间的任何地方。因此，雾节点之间、雾节点与终端设备之间、雾节点与云端之间的交互是端到端雾计算架构的重点。雾节点之间通过协作来分配计算功能，然后管理、汇集、编排和保护分布式的资源与功能。为实现高效的管理，雾形成了云与边缘实体之间分层的体系结构。在该体系结构中，不同级别的雾节点彼此协作。雾计算系统的层数将依据具体应用需求设定。除云计算功能和存储（缓存）功能之外，雾计算还可以兼顾对网络物理系统和端到端通信的控制。

综上所述，虽然雾计算和云计算的许多功能相类似，如配置计算、存储和网络等，但雾计算存在有别于云计算的特征。和云计算相比，雾计算的主要特点如下。

- 雾计算设备主要部署在边缘，自带粗粒度的位置感知服务，适用于低延迟应用。
- 与集中部署的云相反，雾计算具有更为广泛的地理分布。
- 存在有共享计算能力的网络连接设备，即同时支持计算和网络通信功能的雾节点。
- 使用接入点和服务代理在雾计算网络上设置雾节点很容易。
- 雾计算必须支持移动性和无处不在的无线接入。
- 雾计算旨在支持实时交互，它不是为批处理类型的任务而设计的。
- 雾计算支持雾节点和网络形成异构的系统，它必须服务和管理这样的系统。
- 雾计算需要提供极高的互操作性。
- 部署在雾计算网络中的服务可以与云服务进行交互。

1.4 雾计算驱动的典型应用

需要指出的是，并非所有的物联网应用都需要雾计算。事实上，很多小型物联网应用简单地通过互联网将所有设备直接连接到云端，就可以运行得非常好。但是，对于具有下列任一场景特征的应用，雾计算将会是更为理想的选择 [12]。

- 数据源在地理分布上较为密集。
- 应用对时延敏感。

- 瞬时数据量可能超过可用的网络带宽。
- 网络环境不完全可靠。
- 网络传输成本过高。
- 应用中包含敏感数据。

下面以具备上述特征中几项的机器视觉服务和物联网智能数据分析作为典型例子来介绍雾计算驱动的应用。

1.4.1　机器视觉服务

多媒体传感器网络在物联网中起到了不可替代的作用，随着机器视觉的相关支撑技术（如镜头、图像处理单元和深度神经网络等）的逐渐成熟，机器视觉服务已成为物联网中必不可少的应用。当下，监控和安全摄像头已在全球大范围部署。智慧城市、智能家居、零售商店、公共交通等行业和相关企业应用日益依赖摄像头来保护人员和场所的安全，识别未经授权的访问，提高安全性、可靠性和效率。

然而，作为机器视觉服务的数据源，摄像头随时会产生大量的数据，单台摄像头每天有超过千兆字节的流量。另一方面，这些摄像头随时在捕捉与后续决策密切相关的现场人物、事物或场景。因而，隐私与数据安全在提供机器视觉服务时尤为重要，需要确保图像不会泄露个人隐私，或者系统不会向任何未授权方泄露机密信息（例如制造工厂中的生产流水线信息）。

视觉数据所需要的大量网络带宽使得将所有数据传输到云中以获得实时反馈成为不切实际的目标。传统的云计算架构模型仅支持使用低分辨率摄像头，在网络传输的可用性和成本方面限制较多，因此难以支撑终端设备使用 1080P、4K 及更高分辨率的摄像头。并且，公有云也不利于用户数据的隐私保护。

一个普遍的观点是：将视觉服务下放到网络边缘可以解决网络传输瓶颈与数据隐私问题。视觉服务提供商也在这方面进行了诸多尝试，例如，发展将安防决策等相关领域业务部署在摄像头或其安装位置的边缘智能技术，以及人脸识别芯片等。但芯片等硬件开发周期较长、更新成本高，使得以专用硬件为基础的边缘智能系统面临着升级困难、进入市场缓慢等问题，这种系统更适用于中低层图像处理（图像滤波、特征提取等）。

因为此类问题，雾计算受到日益广泛的关注。雾计算技术可以通过在终端和云之间的传输网络中部署可共享的计算设备与加速器，一方面缓解云端的网络传输压力，为构建实时、延迟敏感的分布式监控系统提供框架；另一方面，它利用雾计算节点分担摄像头和云端的视频处理任务，同时将敏感数据下放到本地处理，保持数据的隐私性。这样可以同时实现雾计算网络中的目标跟踪、异常检测等实时视频分析算法，以及云端的批量大数据处理。下面介绍几个相关的应用场景。

1. 目标识别、追踪

城市规模的机器视觉服务部署包括将摄像头放置在远程区域的交通信号灯处、与视频通信适配的网络基础设施等位置。这些设备一般配备高速光纤，以便直接将数据通过网络交换机上传到云端。但是，云端的接收带宽不足以同时接收来自海量终端的视频数据，而视频数据又是不断产生的。此类应用中往往包含大量异常情况检测业务，这些业务均需要高实时性的监控，这就对视频处理系统提出了严格的等待时间要求。在机场对大型摄像头网络的控制就是这种应用的一个典型例子，本书第 9 章将对该应用进行具体介绍。

2. 移动机器人

传统移动机器人的定位和导航受限于磁道铺设和二维码布设，成本居高不下的同时系统灵活性也不高。而随着机器视觉技术的发展，越来越多的研发人员考虑使用基于机器视觉或激光雷达的同步定位与建图（Simultaneous Localization And Mapping，SLAM）移动机器人。此类机器人通过视觉里程计等技术实现自身的定位与环境感知，因此它们的移动不受磁道等固定路线的限制，从而为开展更多类的业务提供了可能。SLAM 机器人当前已成为工业生产等领域的新趋势，相关应用包括单机的巡检、仓储、搬运、泊车，甚至载人自动驾驶等。多个机器人通过协作还可以完成更复杂的任务，如生产、服务和竞技等。移动机器人受本机电池与计算能力限制，很多业务与决策都需要部署在雾节点或云端[13]。在 2019 世界移动通信大会上，英特尔展出的基于 5G 的智慧城市服务就包含了雾计算驱动的移动机器人应用，如图 1-9 所示。

3. 智能制造与工业检测

工业自动化应用程序可以从与工厂操作有关的数以千计的数据点收集数据，同时监控设备本身，并检测数据的质量和数量。应用程序会分析这些数据，其中一些数据位于专有的工业协议中，不易采集到云应用程序中，那么就触发本地操作（例如，检测到异物，则发送警报；检测到温度升高，则关闭设备）。数据由本地雾计算节点进行处理和分析，根据需要发出本地指令和警报，并将原始数据发送到云端以供存储和进一步分析。

图 1-9　英特尔展出的雾计算智慧城市服务

1.4.2　物联网智能数据分析

随着大数据技术的发展，智能数据分析逐渐应用于各行各业，它可以帮助企业了解业务运营情况、管理供应链、发现问题、快速决策，甚至把握市场动向等。当前，物联网技术正逐步实现与传统业务的融合，已产生了智能电网、共享单车、智慧物流等一系列典型应用。这使得企业可以利用物联网平台更深入、精细地管理企业资产、劳动力等资源。这种融合同时也实现了各类信息在统一平台上的整合，这样不但能更好地利用物联网数据，也为跨行业业务的发展提供了广阔空间。

当前，传统的 IT 服务领军企业大多基于云计算构建其物联网平台，包括谷歌云物联网（Google Cloud IoT）、IBM Watson 物联网平台、亚马逊 Web 服务物联网（AWS IoT）、阿里云、微软 Azure 物联网中心（Microsoft Azure IoT Hub）等。但近期，一些融合了边缘计算和雾计算的物联网平台陆续推出，包括华为 OceanConnect、SAP 云平台、Cisco 物联网云平台等，已经与传统物联网平台隐隐形成分庭抗礼之势。出现这样的情况，一方面是因为雾节点的本地计算特性能灵活满足产业链条中各个企业不同程度的隐私保护需求；另一方面雾计算的低时延特性也能为终端用户提供较好的服务性能[14]。智慧城市管理就是一种适用雾计算的物联网应用场景[15]。联合国预测，到2050年，全球居住在城市的人口将从2018年的占比55%增长到68%，城市人口将增加25亿左右，因此城市需要为智能化管理和生活提供可持续的解决方案。从城市管理的角度出发，利用诸如传感器、无线通信和控制等新技术，提高城市生活质量，减少环境污染，主动感知、防范居民健康风险，并提供突发事件或灾难应急响应将是十分必要的。这其中包括交通管理、城市废物/垃圾处理、人口管理、健康管理、安全监控和灾难应急管理等方方面面。因此，智慧城市管理所涉及的管理与数据分析任务将是极其庞大的，所耗费的管理成本也将是极高的。

以环境保护为例，城市垃圾管理是每一个城市必须妥善对待的重要工作，它由收集、运输、处理、管理和废物监测等多个过程组成。其中每一步都将耗费较高的物质、时间和劳动力成本。图1-10展示了基于物联网的智能垃圾管理系统，其后端是基于雾计算的数据分析处理平台。通过该平台优化垃圾管理流程有助于节省开销、促进垃圾分类，进而减少垃圾污染。

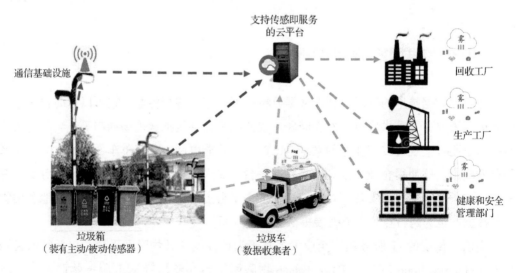

图 1-10　智能垃圾管理系统

在该平台中，垃圾箱中布设的传感器可在附近基础设施（如充当网关雾节点的路灯和垃圾车）的帮助下进行数据预处理，并将传感器测得的数据上传到云[16]。这些传感器可检测各种信息，包括垃圾箱的填充情况、垃圾的数量和类型等。例如，垃圾箱中的压力传感器可以记录垃圾箱的填充情况，而湿度传感器可以记录垃圾的干湿分离情况。为了减少云端的数据通信，网关雾节点可以只在垃圾箱快填满时向云端发送垃圾回收请求；而其他诸如垃圾分类错误（比如将湿垃圾丢入干垃圾桶中）等情况统计与提醒则直接发送至本地用户或（本地）管理终端处理。

在后续的操作过程中，回收公司可以使用传感器数据来预测和追踪进入其工厂的废弃物数量，以便优化内部处理流程。卫生和安全部门可以监督废弃物管理过程，不需要花费大量资金进行人工监测检查。最终，云管理中心可以使用来自多领域的综合数据来优化垃圾收集策略，从而节省垃圾车的燃料成本与整个垃圾处理体系的运营成本。

此外，为了降低碳消耗，也可利用雾计算架构来使公用事业和交通网络等动态适应外部条件和用户行为，实现智能电网的局部能源和电力控制，以及清洁和可再生能源的统一协调。如图 1-11 所示，碳排放管理应用程序需要从海量的智能电表终端收集大量的用电读数。如果数据全部直接送到云端，那么在一些建筑密集地区，上传数据可能会占用大量网络带宽。这种情况下就可以在城市街道、工业园区和商业办公楼等地部署区域雾节点，对电表数据进行收集和初步分析，汇总数据后再分时发送到云端与其他社区或区域单位的数据进行汇总，以便后续分析和进一步报告。

智慧学校

智慧办公楼

智能家居

云

智能交通工具

雾

智慧工厂

智能电表

图 1-11　基于雾计算的智能电网与碳排放管理

随着时间的推移，这些分属不同行业和领域的应用将逐渐融入可交互、协同控制的智慧城市平台。雾计算和云计算也会逐渐统一为完整的端到端平台，实现从云到端整个连续系统中的集成服务和应用程序托管。

1.5　小结

本章主要介绍物联网的算力分层需求和发展趋势，并着重介绍雾计算这一分层算力网络的典型架构技术，包括雾计算的定义、相关概念、雾计算的特点和一些由雾计算驱动的典型应用。首先，雾计算是一种端到端的体系结构，包含大量异构的、广泛分布而且分散的设备。它可以将计算、存储、控制和网络功能都部署在靠近用户的分层算力网络中，该网络中提供算力支撑的设备之间可以进行通信，并相互协作进行存储和处理任务而无须第三方介入。简单来说，就是"将数据放到最适合的地方处理"，即在算力网络中为数据选择能够有效权衡数据传输链路长度、传输开销与任务处理速度的数据处理设备。在大数据时代，云计算和雾计算相互合作、相辅相成。

雾计算设备主要部署在边缘，它们自带粗粒度的位置感知服务，适用于低延时应用，雾计算设备的特点是"接近终端用户和客户端目标，密集的地理分布和本地资源池，支持服务质量、延迟降低和边缘分析／流数据挖掘"。雾节点是指部署在本地的设备，可以接收来自各个传感器或连接网络的移动终端传输的数据。

与集中部署的云计算不同，雾计算具有更为广泛的地理分布；使用接入点和服务代理在雾计算网络上设置雾节点很容易；雾计算必须支持移动性和无处不在的无线接入；雾计算旨在支持实时交互，它不是为批处理类型的任务设计的；雾计算支持雾节点和网络形成异构的系统，它必须服务和管理这样的系统；雾计算需要提供极高的互操作性；部署在雾计算网络中的服务可以与云服务进行交互。

由雾计算驱动的典型物联网应用一般包含以下特征之一。

- 数据源在地理分布上较为密集。
- 应用对时延敏感。
- 瞬时数据量可能超过可用的网络带宽。
- 网络环境不完全可靠。

- 网络传输成本过高。
- 应用中包含敏感数据。

在雾计算网络中实现目标跟踪、异常检测等实时视频分析算法，在云端批量处理从长时间间隔中收集到的大量数据的机器视觉服务；还有主要通过云雾结合对物联网大数据进行合理分析，从而优化社会服务的物联网智能数据分析，都属于雾计算驱动的典型物联网应用。

第 2 章
雾是如何工作的

当前，人们对雾计算系统的一个较为普遍的认识是：雾计算系统是一种包含计算体系结构、通信体系结构、存储体系结构和控制 [1]体系结构的复合系统 [17]。其中，雾通信体系结构指的是设备在间歇性的全局连接中互相通信的方法；雾存储指的是在广泛分布的雾计算节点中存储与获取数据的方法；雾控制实现雾计算系统的感知网络条件和自我配置，并在启用反馈控制环路时尽可能降低延迟。这种计算体系结构主要用于托管仅靠云计算资源难以支持的服务，特别是那些对实时性有较高要求的服务。

托管在雾节点上的物联网应用程序一般由开发人员或物联网服务提供商经由网络边缘端口或雾计算平台部署。雾计算系统需要从物联网终端设备中获取数据，并将不同类型的数据指向最佳的分析地点。一般来说，在最接近数据源的雾节点上分析对时间最敏感的数据。例如，在 Cisco 智能电网配电网络中，对时间要求最高的业务是验证保护和监控控制回路是否正常运行。这部分业务一般托管在离网络传感器最近的网关雾节点上，因为如果有问题产生，此类节点可以快速发现，并向执行器发送控制命令来消除问题。而可以等待几秒钟或几分钟后再处理的数据将被传递到网关上一层的汇聚雾节点进行分析和操作。汇聚雾节点负责监控并报告每个下游设备和横向设备的运行状态。最后，对时间不敏感的数据将发送到云端，并在其中进行历史分析、大数据分析和长期存储等操作。表 2-1 简单列举了一些雾计算所能够托管的服务及部署方案，以及与云的对比。该方案仅起参考作用，在实际部署时，可根据实测网络性能进行调整。

---

① 网络本身的控制和网络物理系统中的控制的总称

表 2-1 雾节点能够托管的一些服务及部署方案与云的对比

节点类型 对比项	直接有线连接传感器的雾节点	最接近终端设备的雾节点	汇聚雾节点	云
响应时间	毫秒	毫秒到秒	数秒到数分钟	几分钟、几天、几周
应用实例	工业叉车的自动驾驶等	机器对机器通信应用、远程医疗和培训等	简单的可视化分析	大数据分析、图形仪表面板
物联网数据存储时长	暂时性	暂时性	持续时间短：几个小时、几天或者几周	几个月或者几年
地理覆盖	无覆盖	本地（如一个城市街区）	更广阔	全球覆盖

为了实现这样分层级的算力网络，并支持各类对性能需求不一的应用，相关研究与开发人员探索了系统中管理设备与网络、分解计算任务、处理数据、感知环境等多个关键层面的新方法。这些新方法共同构成了雾计算的基础功能。

2.1 雾计算的基础功能

2.1.1 设备管理

不同层级雾节点的加入有助于改进从终端用户到云端的数据处理流程。雾服务不仅可以在受控制的"中央"服务器上运行，还可以在终端用户设备上运行。第 1 章已简单介绍了雾节点和物联网中可被用来实现雾节点功能的设备种类。这些设备包括传感器、智能插座、移动设备、智能手表、自动驾驶汽车或智能冰箱等。然而物联网中的设备数以亿计，且多种多样，管理运行拥有数亿异构设备的网络是一项非常具有挑战性的复杂工作。其中大部分设备可能计算能力较弱或者存储资源少，并不适合处理较复杂的计算任务。如果要确定哪些设备适合处理何种任务，除了依据网络通信状况，还需要综合考虑设备自身的计算能力、存储资源、软件与数据资源等。

1. 设备资源描述

由于物联网应用与相关设备种类繁多，暂时还没有统一标准来对设备进行划分。这里可以借鉴因特网的相关标准。国际因特网工程任务组（The Internet Engineering Task Force，IETF）提出了受限节点网络的概念，目标是对功耗、内存和处理资源受到严格限制的小型设备进行标准化分类。通常由于成本限制，物联网设备的尺寸、重量、功率和能量等参数难以获得。其功耗、内存和处理资源决定了设备状态、代码空间和处理周期的硬性上限，使得能耗和网络带宽使用的优化成为数据处理任务分配过程中的主要考虑因素。此外，由于网络本身的限制，某些设备可能缺乏广播或者多播服务，以至于在该设备完成数据处理后无法支持其后连带的数据传输需求。IETF 基于多个标准对设备分类，包括存储器的可用性、能量的可用性和通信的可用性。根据每个分类标准，IETF 可以按照排列组合的方式确定多个不同的设备类别。下面是基于 IETF 设备分类标准划定的几个简单设备指标，用以举例说明设备分类方法。

（1）存储器可用性。

—C0：< 10 kB 数据大小（例如，RAM[②]）；<100 kB 代码大小（例如，闪存）。

—C1：大约 10 kB 数据大小（例如，RAM）；100 kB 代码大小（例如，闪存）。

—C2：大约 50 kB 数据大小（例如，RAM）；250 kB 代码大小（例如，闪存）。

（2）能量可用性。

—E0：事件性限制能量（例如，基于事件的能耗）。

—E1：周期性限制能量（例如，电池定期充电或重新放置）。

—E2：寿命性限制能量（例如，不可更换的原电池）。

—E9：对可用能量没有直接的数量限制（例如，交流电源供电）。

（3）通信可用性。

—P0：日常关闭（需要时重新连接）。

—P1：低功率（呈连接状态，可能伴随高延迟）。

—P9：始终开启（始终连接）。

在实际应用中，用户可以用上述示例中（C0, E1, P1）的方式对设备进行标记，以便于用户在具体的处理任务分配中选取合适的设备。在为特定行业设备设计相关的分类准则时，也可以参考 IETF 的标准。

---

② RAM 是指随机存取存储器，全称为 Random Access Memory

2.　设备的配置与维护

一般来说，设备只有在合理配置后才能有效部署，而设备上所托管的服务也需要不断维护才能保持高效。当前普遍的配置和维护方法是将运行于设备上的服务和设备本身分开进行管理，从而简化在海量设备上运行的许多不同类型服务的维护过程。云计算采用虚拟化技术，通过将服务部署在由基本同构的服务器组成的大规模数据中心，使得少量管理员就可以处理运行单一服务类型的数千台计算机。

与云计算不同的是，雾计算主要由异构设备组成，且雾计算网络中的计算设备并不总是通过光纤直接连接，而是通过各类有线、无线网络连接。这些设备的配置及其网络连接方式各不相同，传输与计算性能各有高低。因此，雾计算需要更均衡的方式来管理设备及其运行的服务。当前，一种理想的方式是完全由软件平台来实现自动化管理。单个设备上的资源管理一般可用硬件虚拟化、容器等技术实现，而设备间的连接配置则需要通过网络功能虚拟化等技术来实现[18]。

网络功能虚拟化技术来源于电信运营商，是其应对敏捷部署需求和不断追求可靠基础设施的产物。网络功能虚拟化给系统提供按需动态部署的网络服务（例如，防火墙、路由器、新的 LAN 或 VPN）或用户服务（例如，数据存储与查询）能力。网络功能虚拟化的一个支柱是软件定义网络，这是因为一些网络服务（例如，在物理基础设施之上创建新的"虚拟"网络）只能通过软件完成。但是，当前网络功能虚拟化技术大多只能迎合电信运营商和供应商的要求。而网络基础设施设备只占雾计算网络中设备的一小部分，网络功能虚拟化本身还不能满足终端用户设备或传感器层面的设备管理要求。目前存在一些有潜力且轻量级的服务中间件，它们将网络中的设备资源直接定义为服务，从而可以通过服务计算技术，灵活地配置和管理广大物联网终端设备上的资源。但当前该技术多应用于特定的行业，还没有统一的标准和成熟的通用产品面世。因此还需要类似的技术来应对未来数十亿用户手持终端设备和潜在的数万亿传感器设备与网络的配置和维护。

2.1.2　数据的处理

雾计算架构可以迅速将数据转换成为有用信息。其中，具有长期价值的数据将被发送并存储在云中，而具有短期价值的数据则在雾节点上被立即使用，并在一小段时间后被删除，从而缓解系统的存储压力。这种仅具有短期价值的信息可能包括室温读数、用于激活冷却或加热系统的数据等。快速发展的无线通信技术使通信网络的承载能力大大提升，这使得终端设备中的数据可以迅速地传输到网络边缘。表 2-2 列出了一些边缘网络用到的无线通信技术，并给出了相应的典型传输速率。

表 2-2　边缘网络用到的无线通信技术及其典型传输速率

网络种类	网络标准	典型传输速率
个人区域网络 / 身体区域网络	ZigBee	250 kbit/s
	低功耗蓝牙	1 Mbit/s
	ANT	1 Mbit/s
	蓝牙 3.0	24 Mbit/s
局域网	802.11n	150 Mbit/s
	802.11ac	860 Mbit/s
城域网 / 广域网	3.5G HSPA	14.4 Mbit/s
	WiMax	37 Mbit/s
	HSPA+	168 Mbit/s
	WiMax2	183 Mbit/s
	4G LTE	300 Mbit/s
	4G LTE-Advanced	1 Gbit/s
电信网	5G R15	10-20 Gbit/s

尽管云计算也支持类似的解决方案，但是云计算的实时数据分析大多直接采用严格的自下而上的方法来应用分析技术，而不考虑数据的来源和时效性。这种方式使开发人员必须专门针对网络边缘可用的计算基础设施（比如智能网关）来定制解决方案。这通常要求开发人员非常了解底层基础设施与终端设备。另外，因为解决方案是专门针对某个任务手动编程与部署的，所以在开发过程中也容易出错，并且不便于更新维护。因此，采用此类传统方法时，面对基础设施中大规模的异构资源，执行有效的数据分析是很困难的。

根据数据来源及使用方式，可以将数据划分为很多不同种类。一个系统中可能同时拥有不同种类的数据。有些数据可以直接被感应或测量，例如前文所述的温度传感数据；

有些数据则需要通过一些分析或处理方法，从另一种类的数据推导或转换得来。这些数据常常与那些可直接测得的数据相结合，来帮助用户做出更好的决策或进行更详尽的分析。另外，数据的真实性和实时性也将直接影响数据分析结果的可靠性。例如，从值得信赖的高质量传感器收集到的温度读数可能非常好，但这种数据在经过一次或多次转发后可能就会变得不太可靠。

大部分的物联网技术依赖通信服务提供商（例如电信运营商）的网络和服务。通信服务提供商的核心网经过长期演进，大部分功能已经"云化"和服务化，因此，可以较为容易地扩展到靠近用户的"迷你云"（或实现为边缘服务器）上。通过这样的核心网功能下沉方法，可以在边缘网络提供接近用户的服务，并在软件定义网络的帮助下解决传输路径过长的问题。此类方式在当前由运营商开发的各个物联网平台中已有详尽介绍，此处不再赘述。

当前，无服务器的计算范式也可以用于实现类似雾计算的数据处理与存储。这是一种新兴的基于云的执行模型，其中用户定义的功能由一个分布式平台无缝、透明地承载和管理，能够有效减轻效率低下、易出错而且成本高昂的基础设施和应用程序管理的负担。无服务器平台有多种商业产品或开源实现，如 Amazon Web Services Lambda、IBM 的 Apache Openwhisk 或 Microsoft Azure。

另外，对等（Peer-to-Peer，P2P）内容分发网络的许多方法也适用于雾计算。由雾计算系统托管的应用程序可以被视为内容分发网络，其中某些数据在对等体之间交换。因此，在雾计算中，网络和用户设备及传感器元件的子集可以作为小型云。在这种计算环境中，应用程序和数据不再需要驻留在中央数据中心，这提高了网络系统的可伸缩性，并使用户能够保留自己的数据、应用程序的控制权和所有权。应用程序将通过使用小块代码实现，这些代码可以在边缘设备上安全地运行，并最小化与中央协调单元的交互，从而减少上传到数据中心中央服务器的数据。这种方法与运营商网络相比可以实现更好的扩展。类似 Popcorn Time 这样的应用程序已经展现出了 P2P 模式的优势，可以大规模地提供全局服务。

2.1.3　环境感知

在某些情况下，雾节点将是终端设备接入网络中接触的第一个节点，因此它很可能有足够的信息来推断数据的感知情况和终端设备的环境信息，例如位置、环境条件、附近设备及其能力等。在数据分析中，不准确的数据输入将会使处理结果与预期相偏离。这些环境信息的获取将有利于提高数据的准确性，也便于使用环境数据向用户提供更优质的信息或服务，而该环境数据与传感数据的相关性则取决于用户的任务。在理想情况下，雾节点应该具有环境感知能力并且拥有足够的智能。此处的环境不单指与系统交互相关的个人、地点或对象，也包括用户、应用程序和系统本身。如图 2-1 所示，雾节点可以配备传感器直接得到如温度、压力等环境数据，进而推理并发现周边环境变化；也可从终端设备上部署的环境信息感知模块获取诸如位置、电源等级等信息。雾计算对于环境信息的运用一般包括以下 4 个方面。

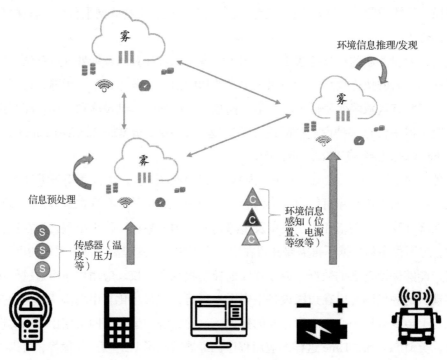

图 2-1 雾计算的环境感知

1. 系统管理

利用环境信息推断某一系统事件是否发生。例如，雾计算网络可以通过比较来自附近雾节点的不同数据识别出某个有故障的终端设备或者网络连接，从而使得云端应用程序不需要时刻监控每一个终端设备和每一条网络链路的运行状况。

2. 机会感知

利用环境信息促进雾节点之间的合作和感知。例如，在数据收集和融合策略选择时可以综合考虑环境信息来确定数据采样率、数据聚合的时间帧等参数。另外，通过多方的环境数据也可以推断出某一传感器的数据质量，这对后期数据融合的结果有直接影响。当有多个可用的边缘雾节点提供的信息较为相似时，可以有针对性地收集最有用的数据，使邻近的雾节点相互平衡工作量，以确保没有因冗余传感而造成资源的浪费。

3. 数据标注

大部分物联网数据是未标注的非结构化数据，因而难以被新兴智能数据分析技术直接利用。雾计算网络可以直接通过数据标注的方法将环境信息注释到传感数据上，解决了这个痛点。环境信息都可能用于注释传感器数据。具体做法是将某种元数据与传感数据资源（音频、视频、结构化文本、非结构化文本、网页、图像等）相关联。元数据是提供其他数据信息的数据，一般可以认为元数据包含结构性、描述性和管理 3 种类型。

● 结构性元数据提供关于数据结构和所存储数据的信息。例如，描述数据是基于它们正在生成的位置的结构还是基于传感器的类型来构造数据。

● 描述性元数据提供了一种注释数据的方法，以帮助识别和发现给定的资源，例如何时产生数据，谁是始发者等。

● 管理元数据则提供关于管理资源的信息。例如，如何创建、管理特定资源、如何访问特定资源等。

通常，数据注释由用户来实时输入，或者由数据库管理者来召集人员进行手动标注。而在雾计算的场景下，可以由雾节点来维系一个资源库，用来从传感器数据推断并注释数据。

4. 环境适配

雾节点可以直接利用环境信息来完成其自身的设备配置。雾节点的环境感知能力使其可以自动配置自身的对外接口表示方法，从而使其他雾节点可以根据各自已部署的能力和拥有的资源与功能来适配数据处理任务。通过对网络环境的感知，雾节点可以较为容易地实现新设备的发现与注册、新服务的感知与调用等，从而提高系统的灵活性和可伸缩性。雾节点也可以基于环境信息来预测系统安全性，从而配置自身的安全策略来预防数据泄露及系统攻击。

2.1.4　网络拓扑与移动性管理

雾计算的一个主要特点是其网络拓扑结构，即执行计算并提供存储和网络服务的雾节点分布。雾计算资源可以与通用网络功能一起集成到接入点、路由器和网关中，从而把这些网络基础设施转化为可共享使用的雾节点。也可以部署专门的雾节点设备作为雾计算资源，如在 LTE 基站部署的移动边缘计算服务器和由 ETSI 描述的接入点，或在家庭中部署的专用雾计算网关等。雾计算执行的具体任务类型取决于其托管的特定应用程序和领域服务，可包含筛选、汇总、分析和临时存储数据等。雾计算任务既可以在单个雾计算节点上执行，也可以在多个节点上共同执行。这种任务执行模式提供了一定的冗余和弹性，使用户在需要更多计算能力时可以便捷地增加更多的雾节点，因此具有较强的可伸缩性。雾计算也共享了云计算的许多设计原则，如使用虚拟化和沙盒等机制来执行应用程序。云计算所用的许多技术和属性（如可弹性扩展等性质），也适用于雾计算，但雾计算的分布式计算能力更加依赖广泛分布的移动设备等计算资源的获取。因此，正如前文反复提及的，雾计算不是一种取代云计算的计算范式，而是作为云计算的扩展，来支持多种多样的应用服务。

如第 1 章所述，移动性是雾计算的一个重要特性。在许多智慧城市应用中，终端设备不需要一直保持与雾节点的通信；在机器视觉应用中，许多传感器与终端本身具备移动性，如移动机器人、可穿戴设备等。另外，因为雾节点具有更复杂的功能，它们的价格相对昂贵，所以部署不必要的雾节点将是一种资源浪费。移动部署可以使分布在广泛地理位置的大量终端节点仅依赖少量雾节点提供的服务而正常运转。具体的方式是依据不同区域的终端设备与用户对雾计算服务的需求，使雾节点在一定地理区域内移动部署。为了实现这种部署方式，雾节点可以是车载移动基站的形式，这种模式能够灵活有效地补充一定区域内的雾计算资源；另外，雾节点也可以是无人机的形式，这种基于无人机的雾节点在诸如灾难恢复、野外监测等物理上不易接近目标的场景中将充当重要角色。在移动的情况下，雾节点将通过无线通信与终端节点进行临时连接，从而执行不同类型的任务，如数据采集、节点配置和设备运行状况评估等。

动态发现和配置是管理这种移动、动态的网络环境的重要措施。每当雾节点或终端设备移动时，雾节点必须能够执行诸如终端 / 雾节点发现、网络配置、服务信息更新、安全措施更新等任务，以保证服务的延续性、网络的安全性与鲁棒性等。其中，终端 / 雾节点发现需要以较高的效率完成。因为在终端或者雾节点的移动过程中，雾节点与终端的可用连接时间是有限的。这需要终端在有限的时间内发现适配的雾节点（或雾节点在有限的时间内发现终端），并执行相关的数据通信与处理任务。这个过程包括对通信技术和应用协议等的解析。例如，在雾节点可能具有 Wi-Fi、蓝牙和 Zigbee 等多种通信功能，而终端节点可能只有其中一种通信功能的情况下，出于能耗的考虑，雾节点不希望其所有通信模块都始终保持开启状态。所以在移动中需要有效地发现特定位置和时间段上哪些通信功能是可以使用的，并综合考虑终端节点和雾节点的功能来适配应用级协议。有许多物联网框架已经针对这个问题提出了解决方案，可以更加便捷和高效地发现物联网终端，如 HyperCat、AllJoyn、IoTivity 等。本书第 6 章与第 7 章将分别从雾节点设备和雾计算服务的角度介绍雾节点及雾节点功能的发现方法。

2.2　雾计算的目标与优势

雾计算的一个重要目标就是通过在"云–雾–端"一体化结构中逐级实现智能感知、过滤、数据分析和存储等功能（即基于给定雾节点在网络中的位置和功能来提取有用数据与信息）来实现 "大数据"逐渐变小的过程。从而应对物联网海量数据处理的挑战。雾计算的主要功能或性能目标如下，这同时也是其优势。

2.2.1　低时延

由于大量的数据处理任务都被下放到网络边缘，雾计算时延更低的优势就明显体现出来了。当将应用程序托管到雾计算系统中时，也需要通过有效的部署方式来维持其低时延的优势。如果将服务托管到不合适的雾节点中，或者用户需求动态改变，反而有可能使系统时延增加。

2.2.2　可靠性

雾计算可以确保更高的可靠性。由于异构的通信协议、设备的移动性、过长的通信链路等问题，终端设备与云的直接通信并不可靠。而终端设备连接到雾计算系统则降低了终端设备对云计算基础架构的依赖。分布式的雾节点网络能够合理地利用数据备份、服务迁移等技术，使得服务在一定时间段内不间断地运行。而且，即使因天气或其他条件导致网络连接发生故障，在终端与云的连接丢失的情况，雾节点也可以代替云执行数据分析。

2.2.3　隐私保护

数据加密认证是物联网设备安全性的基本要求，加密算法可能耗费传感器的大量计算资源并产生能耗，因此在数据源处的加密成本较高。并且许多物联网设备并没有足够的内存，也没有高速的 CPU 来执行认证协议所需的加密操作。雾可以使数据处理资源更接近终端设备或用户，从而使各类终端设备能利用雾计算资源来获取更好的隐私保护，而无须考虑自身资源是否足以运行加密、认证等任务。这些资源受限的设备可以将资源耗费较高的任务外包给可信任的雾节点。而雾节点可以在极为靠近数据源的位置对传感数据加密来提高物联网解决方案的安全性[19]。雾节点的可信机制（将在第 5 章阐述）可以尽可能地减少该过程对隐私和安全敏感的环境信息产生的影响。此外，基于雾计算的体系结构还可以通过减少信息需要传递的距离和链路长度，来降低消息被窃听的可能性[20]。利用地理位置邻近的便利进行雾节点的身份验证可以增强该系统的安全性。最后，雾节点还可以充当终端设备的代理，来帮助管理和更新终端设备上的安全凭证和软件，降低云平台的管理压力。

2.2.4　低运维成本

由于雾节点部署的地理位置靠近终端用户的使用场景，基于雾的物联网应用程序可以收集更多有关本地设置的信息。由于需要对整个网络基础设施进行改造，在初期，采用雾计算的系统有可能比直接在网络边缘部署计算设备花费更高的成本，也会因此增加整个物联网解决方案的成本。然而，从长久运维的角度来看，基于雾计算的系统具备运维费用低、服务质量高的优势。并且，随着雾计算、边缘计算等类似技术的相关商业模式逐渐成熟，可选择的第三方计算资源将逐步增多，初期的部署成本也将因此降低。

首先，雾节点靠近数据生成端，因此与完全基于云计算的数据处理相比，由雾节点来预先处理数据可以减少要发送到云端的数据量，从而可以显著减少主干网的网络负载。其具体表现为：原始数据可以在网络边缘处被过滤、分析、预处理或压缩，所以只需要向网络深处传输较少量的数据。如果使用雾节点所托管的服务就能够解决设备的请求，那么该设备将不需要与云端进行通信，进而大大节省传输所需的带宽。其次，通过雾计算，应用程序可以充分利用网络边缘和终端用户设备上大量的闲置计算、存储和网络资源，从而提高资源利用率。并且，雾计算技术也有助于提高电池供电的传感器设备的能源效率。网关雾节点可以作为通信代理来处理请求或更新，在终端设备被唤醒时才将这些任务移交给它们，这样终端设备就可以延长睡眠模式时间，从而降低能耗，对使用电池的终端设备来说，这意味着降低电池的更换或充电频率。

2.2.5　面向需求的敏捷开发

雾计算架构可以建立靠近终端用户的雾应用程序，以便更好地了解并密切反映用户的需求。雾节点通过及时准确地了解客户需求，并确定在云到终端之间执行计算、存储和控制功能的位置，能够有效实现快速创新和成本较低的扩展。在客户有新的应用需求时，雾计算架构可以按照客户需求快速更新设备、扩展系统，而不必等待大型网络和云计算的供应商通过长时间收集所需信息和研讨之后才得出创新的方案。因此，雾计算将使设备的创新与新市场开拓变得更容易，一个人或者一个小团队就可以使用开放的应用程序编程接口、开放软件开发工具包及移动设备来实现业务创新，并开发、部署和操作新服务。

2.3　雾计算的发展趋势与挑战

IT 领域发展至今，我们经历了从大型机转向台式机、台式机转向本地数据中心，再转向云服务中心和移动智能终端的多次计算架构的变革。而目前越来越多的企业将下一次转变的契机锁定在雾计算与边缘计算上。Grand View Research、451 Research、

MarketsandMarkets 等多家领先的市场调查机构在近期均针对雾计算或边缘计算开展过商业调研，结果表明目前的雾计算与边缘计算市场价值已达十多亿美元，且未来几年的年均复合增长率达到了 30%～40%。当前，相关技术已经进入了如医疗、工业制造、监控、农业和公共服务等数十个应用领域，并在其中扮演了重要角色。不难看出，这些也正是雾计算最易发挥其优势（低时延、低运维成本和高可靠性等）的领域。

由于雾计算技术还处于发展之中，就目前市面上出现的雾计算产品而言，其基础设施（即物理上存在的设备和网络等）基本还是由解决方案商连同应用程序一并部署。也就是说，雾计算解决方案商需要完成从设备选址、配置到通信组网，再到程序开发、部署和维护的一系列工作。这种相对封闭、涉及面广的开发模式使其在一段时间内发展较为缓慢。设备连接的不便和通用基础设施的缺乏是阻碍主流计算模式向雾计算转变的主因。但随着第五代通信网络（5G）的全面部署与商用，这种情况将得到极大的改善。边缘计算技术与 5G 的深度结合将为网络边缘带来无数的通用基础设施，而 5G 网络本身也将更好地解决设备连接问题。这也在雾计算技术栈层面做了初步分割，为日后供应商发展为包括网络、计算、存储、应用和服务等各个方向的整个雾计算产业群做了基础设施层面的铺垫。未来各种体量的供应商将能够专精于其自身的雾计算技术或产品，各个突破技术难点，实现雾计算技术的全面成熟与商业应用。

另外，在已到来的 5G 时代，各类终端设备数量迅速增长，智能应用的数量大幅增加，云基础设施上的负载将越来越大。相应地，维持云服务所需的能耗也将居高不下。除了在现有领域中进一步发展之外，雾计算也将作为云计算的计算能力补充发挥重要作用。在这种情况下，凡是需要及时分析终端数据流的行业与政企部门，为了节约成本、提高效率，都将会考虑把计算任务推向网络边缘的体系结构，在此时，真正的变革才可能到来。

雾计算与边缘计算技术本身在 Gartner 2018 年的技术成熟度预测曲线上是处于峰值期的。这意味着大部分技术已臻成熟，但由于商业标准还未落定、最佳商业实践还未形成，在得到业界全面采用前，还需要经历较长一段时期的调整和发展。从技术的角度来说，雾计算商用还面临相当大的挑战，但这也是相关科技公司与研究人员的机会。这些挑战的范围包括从异构和受限节点的计算分解到云雾界面定义，从分布式计算中的状态一致性到应用容量未知的弹性存储，从定价到可伸缩的安全措施等 [21-23]。本节将结合 OpenFog 联盟提出的几个雾计算发展支柱方向具体分析当前雾计算技术面临的挑战。未来，在其中的任何一个方向上的技术突破都可能带来业务模式的变革机遇。

2.3.1　动态性

雾计算环境中有大量雾节点和终端具备移动性。所以，很多时候基于这些设备构建的基础设施也是临时性的。例如，搭载了雾计算功能的车载基站只要经过一个区域，就可以将雾计算服务提供给位于该区域的设备，但该服务会随着车载基站的移动从这个区域消失。终端设备的移动也可能使它离开一个能力较强的雾节点服务区域，而逐渐靠近服务能力较弱的节点。这种基础设施的间歇性存在将导致整个系统的波动，这种波动不管对设备组网、对处理后数据的回传，还是对服务质量的延续性都有较大影响。

面对计算环境的动态性挑战，安装在终端设备上的雾计算应用程序入口需要支持不同管理域的要求，使服务适应基础设施的极端异质性和外部环境的动态性。例如，雾计算应用程序不能仅依靠能力强大的雾节点来执行复杂计算任务。在危急情况下（例如，地震、洪灾等情况下的基础设施破坏），雾基础设施必须能够协调服务，使其在仅具备有限计算能力的环境中，也保持鲁棒性。另一个重要的挑战是创建自适应的应用程序，这些应用程序要能够基于周围环境自动调整其行为。例如，当某些特定服务无法获得时，系统在允许服务质量有所降级的前提下，仍然能够提供用户期望的功能。

2.3.2　开放性

开放性主要表现为互操作性、可组合性、位置透明性和闲置资源回收能力，简介如下[12]。

1. 互操作性：支持计算、网络和存储资源的安全发现，并在执行期间实现动态管理和任务迁移。

2. 可组合性：支持实例化的应用程序和服务的可移植性及服务质量方面的流畅性。

3. 位置透明性：可以替代由网络运营商单独控制的系统方案。每个终端都可以观察本地网络的情况，并决定加入哪个网络。从而，雾计算网络中的每个终端设备都可以优化其到达所需计算、网络和存储资源的路径。

4. 闲置资源回收能力：可以收集闲置处理能力、存储容量、传感能力和无线连接等资源，同时开放式通信可以使网络边缘附近的资源汇聚成为可能。例如，路侧雾节点一般主要用于交通管理和车联网业务，而在夜间车流量小的时候，一部分闲置的路测雾节点资源可以用于如燃气抄表、电网管理等其他应用。

具体来说，系统的开放性可以指雾计算系统能够引入来自不同供应商的雾节点设备。它也可以指同一供应商能够在运行中的系统中引入新设备来扩充容量与服务能力。例如，电信运营商可以动态创建新的软件定义雾节点来解决业务的变更问题。开放性是雾计算生态系统成功的关键条件。单一供应商的解决方案会限制产业链的多样性，不利于系统成本降低、质量提升和系统创新。理想状况是来自一个供应商的服务组件可以较容易地替换来自另一个供应商的服务组件。硬件、操作系统、平台、安全服务、管理服务和应用程序等各个环节的雾计算供应商的加入，将构建充满活力的、多元化的雾计算供应商生态系统。

2.3.3　安全性

当前，开放和安全并重是一个计算体系结构在日益数字化的世界中取得成功的重要先决条件。虽然雾计算本身的特性对于数据的隐私保护是有利的，但雾计算使资源更接近最终用户，并有一定能力对用户行为进行细粒度监控，如果相应的安全机制缺失，可能会使雾计算更高程度地暴露私人信息。

首先，雾计算强调功能的通用性和互操作性，但数据的加密/解密措施和严格的隐私策略往往使得设备间难以交换数据。并且，复杂的加密算法和安全协议也经常被错误地实现或者配置，使敏感的用户数据被更轻易地暴露给攻击者。因此，当下也有不少设备制造商选择在安全和隐私方面做出平衡。其次，雾节点通常由不同的节点提供者所拥有，如高校、企业和组织，甚至个人家庭。还有一些雾节点可能是由两方或更多方共同拥有的。这种所有权分散的情况无疑将进一步提高整个系统的安全保护难度。由于各方提供雾计算服务的动机不同，数据安全的监管难度也较大。极可能出现以提供计算、存储服务为名，实则以收集和转售私人用户数据为目的的雾计算企业或团体、个人。这不仅会损害被泄露数据的用户的利益，更会为整个行业带来灾难性的影响。

2.3.4　可伸缩性

可伸缩性解决雾计算系统部署之后的业务需求增长问题，因此也涵盖了所有雾计算应用程序和垂直行业。这种可伸缩性对雾计算的实现和应用来说是非常重要的，只有通过适当的扩展（与收缩）系统才能适应工作负载、系统成本、性能和其他不断变化的业务需求。雾节点可以通过增减所安装的硬件或软件来实现节点与功能的扩展和裁剪。雾计算网络可以通过增加雾节点来扩大，从而为负荷较重的节点分流任务。存储、网络连接和分析服务等将随着以上基础设施的扩展而扩展，如表 2-3 所示。

表 2-3　雾计算的可伸缩性

扩展点	扩展方式	示例
性能	允许响应应用性能需求	扩展协调管理组件，以管理整个雾网络中资源的划分、平衡和分配
容量	允许雾计算网络的大小随着应用程序、终端设备、用户或对象被添加进网络或从网络中移除而改变	通过添加处理器、存储设备或网络接口等硬件来为单个雾节点添加物理容量；通过软件部署或购买按需付费的授权许可来增加功能性容量；在特定区域中将不再需要的模块或整个雾节点关闭或移除（或者移动到其他地方重新使用）等
可靠性	允许提供可选的冗余雾功能来管理故障或过载	在一个区域的多个雾节点中备份关键数据等
安全性	允许向基本雾节点添加软硬件安全模块	模块化的安全机制，如权限访问、加密处理能力和自主安全功能等
硬件	允许修改雾节点内部组件的配置，以及网络中雾节点的数量和关系	可配置的硬件模块和通信接口等

2.3.5　自治

雾计算系统需要能够适应环境的变化，比如需要能够在外部服务失效的情况下依旧继续提供已设计好的功能。这将取决于其从网络边缘到云端的整个体系结构的自治性。网络边缘的自治能力意味着雾节点不依赖集中式实体（例如，后端的云服务器）进行操作。雾节点自治的一些典型挑战如下[12]。

1. 发现和注册自治：通常用以启用资源。例如，刚上线的物联网设备通常会首先注册，让云端知道它是被激活的，并且其相关功能可用。但是，当到达云端的上行链路网络不可用时，可能会使设备无法上线。自治雾节点可以作为设备注册的代理，从而允许设备在没有后端云的情况下连入物联网系统。

2. 编排和管理自治：使在线服务自动化，并管理服务的生命周期运营过程。自治的编排管理机制包括多种自动化的操作。例如，实例化服务、提供服务周边的环境信息（包括计算环境和物理环境，如天气情况或数据流的路由）、跟踪资源的健康状况等。

3. 安全自治：使设备和服务能够联机，根据最低限度的雾安全服务进行身份验证，并执行其设计功能。另外，自治的安全服务可以存储执行记录以供将来审核，并且仅在需要的时候执行安全机制。雾节点可以自主地对不断发展的安全威胁做出反应，比如更新病毒筛选算法、确定拒绝服务攻击类型等，无须管理人员参与。

4. 运营自治：主要用来支持物联网等应用程序的运营，例如本地化决策等。传感器提供数据，这是边缘自主操作的基础。如果系统层级中单个位置可以独立做出决策，虽然与确保可靠性相悖，但是在此架构下，可以确保操作上的自主性。

2.3.6 自适应接口

雾计算系统必须能够适应动态变化的环境，这需要提升软件的自适应性和硬件的可编程性。不管是重新分配一个雾节点或雾节点集群以适应运行时的需求变更，还是部署新的软件来提升服务质量，都需要完全的自动化。雾计算环境中托管着无数的软件功能单元，同时雾计算本身也存在许多软件支撑单元。需要对这些单元进行适当的抽象，以便让程序员不需要花费大量时间进行复杂的处理，在运行时系统就能够识别这些单元并对它们进行按需调度。易于使用的应用接口将依赖简单的管理机制，因此需要为小功能单元提供正确的抽象描述来屏蔽功能的复杂性。可编程的硬件接口集中体现在硬件的配置与驱动模块上，雾计算将在这些可编程硬件接口的帮助下完成端到端的任务管理与资源分配。除此之外，自适应接口还需要满足如下目标。

1. 自适应的基础体系结构：可以灵活适应不同应用的部署场景，并支持不断变化的业务需求。

2. 资源高效部署：通过使用多种资源调度算法来最大化资源利用率。这需要增加组件的可移植性，并将其作为关键设计目标。

3. 多租户：逻辑上隔离的运行环境可以容纳多个租户。

4. 增强安全性：高度自动化地安装、升级和修改程序，更快速地响应不断变化的安全威胁。

2.3.7　服务质量保障

可靠的部署可以在正常和异常运行条件下提供已预先设计好的功能，OpenFog 联盟服务质量保障具体体现为可靠性、可用性和服务能力（Reliability，Availability and Serviceability，RAS）③。其中，可靠性保证系统各个模块、链路的可靠运行；可用性确保系统在正常运行期间能够持续地进行管理和协调；服务能力保障系统提供具体功能，以及用户使用这些功能的便捷性。

具体来说，可靠性包括但不限于以下特性 [12]。

● 确保软件运行的底层硬件可靠运行，从而实现可靠和灵活的软件及可靠的雾网络，这通常是在正常运行期间测量的。

● 使用增强的硬件、软件和网络设计，保护数据的可用性和完整性，并在边缘网关上进行计算。

● 当系统运行要求启动硬件和软件的自我修复例程，并升级新的固件、应用程序和安全补丁时，可进行自主预测和自适应自我管理功能。

● 通过简化支持、设备自我优化和修复来提高客户满意度。

● 启动预防性维护请求，包括新的硬件和软件补丁、网络重新路由等。

● 在各种环境条件下测试和验证系统组件，包括设备驱动程序和诊断工具。

● 提供警报、报告和日志等。

● 通过互操作性认证测试套件验证系统平台和体系结构。

可用性包括但不限于以下特性。

● 安全地访问各个层级的雾节点，以实现编排、可管理性和控制，其中包括可升级性、诊断和安全固件修改。

● 故障隔离、故障症状检测和基于机器学习的故障修复规划可帮助系统减少故障的平均修复时间，以实现更高的可用性。

● 基于云的后端支持，接口的可用性主要包括以下 6 个方面。

　◇ 从多个设备（不只是一个控制台）保护远程访问。

　◇ 在对等网络的物联网中提供冗余 / 重复设备。

　◇ 传感器或终端有访问网状网的能力。

---

③　RAS 是 OpenFog 联盟的雾计算发展支柱模型对服务质量保障需求的综合描述

◇ 平台的远程启动功能可用性。

◇ 所包含的修改和控制覆盖范围从最低级别的固件（BIOS）到最高级别的软件（云）。

◇ 支持冗余配置以保持稳定的处理能力。

服务能力包括但不限于以下特性。

● 硬件、软件、应用程序、网络和数据在故障后可自动恢复，或可被其他供应商的同类组件替换。

● 可自动部署、安装、维护规模化的雾计算系统。

● 易于在本地或远程实时安全地访问硬件、升级软件、BIOS 和应用程序等。

● 易于在待替换的新系统上将系统配置直接从云端复制下来。

● 支持冗余配置以保持稳定的处理能力。

2.4 小结

雾计算包含计算体系结构、通信体系结构、存储体系结构和控制体系结构（网络本身的控制和网络物理系统中的网络控制），它能够促进云计算无法提供的新服务的部署，特别是那些对实时性有高要求的服务。本章主要介绍了雾计算的基础功能、基于其优势的发展趋势及仍需面临的挑战。雾计算的基础功能主要分为以下 4 种。

1. 设备管理：IETF 基于存储器的可用性、能量的可用性和通信的可用性对设备进行分类，可以利用网络功能虚拟化技术配置和维护在异构设备上运行的服务。

2. 数据处理与存储：具有长期价值的信息将被发送至云中存储，而具有短期价值的数据则在雾中被立即使用；之后为了减少存储的压力，系统可能会释放这些具有短期价值的数据。

3. 环境感知：雾计算对于环境信息的运用一般包括系统管理、机会感知、数据标注和环境适配。

4. 网络拓扑和移动性管理：雾计算的拓扑结构是其主要特点之一，雾计算可以在单个或多个雾计算节点上共同执行，可以提高可伸缩性，并提供冗余性和弹性；移动性也是雾计算的一个重要特性，终端设备和雾节点都具有移动性，移动性允许少数雾节点管理大量终端节点，也突出了动态发现和配置的重要性。

　　雾计算具有时延低、可用性高、可靠性高、安全性高、成本低及支持面向客户进行敏捷开发等优势。当前雾计算或者边缘计算等相关技术已进入了医疗、监控、农业和公共服务等应用领域，并扮演了重要角色。在未来，雾计算将在智能制造和计算公共设施两个领域发挥重要作用。

　　面对物联网海量数据处理的挑战，雾计算的主要对策是从数据源到云端逐级实现智能感知、过滤、数据分析和存储等功能，一步步将"大数据"逐渐变小。这种数据处理方式的主要优势体现在：

　　1. 低时延：由于大量的数据处理任务都被下放到网络边缘，因此时延更低。但需要选择合适的服务托管机制，否则有可能反而使系统时延增加。

　　2. 可靠性：数据传输到边缘网络进行处理的方式缩短了终端设备到数据处理设备之间的通信链路，也缓解了因通信链路不稳定导致的服务质量下滑。分布式的雾节点网络能够合理地利用数据备份、服务迁移等技术，避免因局部网络连接故障导致的服务失效。

　　3. 隐私保护：各类终端设备可利用雾计算资源来获取隐私保护服务，而无须考虑自身资源是否足以运行加密、认证等任务。信息传递的距离和链路长度短，可以降低消息被窃听的可能性。雾节点还可以充当终端设备的代理，来帮助管理和更新终端设备上的安全凭证和软件，降低云平台的管理压力。

　　4. 低运维成本：由雾节点来预先处理数据可以减少要发送到云端的数据，从而可以显著减少主干网的网络带宽负载。通过雾计算，应用程序也可以充分利用网络中的闲置计算、存储和网络资源，从而提高资源利用率。雾计算技术也有助于提高电池供电的传感器设备的能源效率。

　　5. 面向需求的敏捷开发：雾计算架构可以建立靠近终端用户的雾应用程序，以便更好地了解用户的需求并快速反应，使设备的创新与新市场开拓变得更容易。

　　与此同时，雾计算的发展也面临以下挑战。

　　1. 动态性：雾基础设施必须能够协调服务，并具备创建自适应应用程序的能力；在雾和边缘进行处理的降维技术可用于减少需要传送到云中进一步分析的数据量。

　　2. 开放性：主要表现在互操作性、可组合性、位置透明性和闲置资源回收能力上。

　　3. 可伸缩性：主要表现在雾计算设备硬件和软件的可伸缩性。

　　4. 安全性：所有的雾节点都必须采用不变的硬件信任根，然后将信任链扩展到其他硬件、固件和软件组件。

5．自适应接口：可编程、可实现高度自适应的部署，包括支持软件和硬件层的编程。

6．自治：边缘自治的一些典型领域包括自治发现以启用资源发现和注册、自治编排和管理使在线服务自动化、自治安全使设备和服务能够联机、自治运营支持物联网系统的本地化决策。节约成本是自治性的关键动力。

7．服务质量保障：核心是可靠性、可用性和服务能力（RAS）支柱的3个主要领域。即保证系统模块和链路的可靠运行；确保系统在运行期间的管理和协调，使其持续可用；保障服务质量和服务的便捷性。

第 3 章
雾计算资源与服务模式

雾计算作为一种新兴的架构技术，毋庸置疑，将带来许多新的商业机会，不仅会对现有的行业格局和商业模式产生极大影响，还有机会打破现有产业链上的权力平衡。新兴的雾计算系统能够完成云计算无法做到的多种工作（例如，充当连接代理），它也能够为无法直接连接到云的许多设备提供类似云的服务。由此可见，雾计算所支持的场景将更加开放。针对不同客户的需求，雾计算不但允许其基础设施跨越网络边界，而且还能从云覆盖到物体。具体来说，雾计算可以汇集这个连续体中任何地方的资源，并且可以在此范围内的任何位置部署其服务，包括在云、边缘或物体上。因此，雾计算将改变向客户提供服务的传统方式，将市场从大型机构中解放出来，也就是说，它既允许那些有足够能力的组织通过建设和运营功能强大的服务器及大型数据中心来对外提供服务，也允许一些小公司甚至个人在物联网环境中以不同规模部署计算、存储与控制服务。

2017 年年底，Futurum Research 调查了 500 多家北美企业[1]对边缘计算的战略部署，结果显示其中 72.7% 的企业已经实施或正在实施边缘计算战略。2017 年年末，OpenFog 联盟对其组织内的 61 家 IT 领军企业也做了类似调研，结果表明接近 70% 的企业已经或将要部署雾计算业务，这与 Futurum 的结论是一致的。2018 年，一项对雾计算商业价值的大范围调研指出[2]，2022 年雾计算在垂直的市场规模预计将达到 182 亿美元（如图

---

[1]　该调研对象覆盖了员工数量从 500 人到 50 000 人不等的多种体量的 IT 企业

[2]　该调研由 OpenFog 联盟委托 451 Research 调研完成。调研对象覆盖了全球技术领导者、创新创业公司人员、学术研究人员等，调研结果包含交通、工业、医疗、数据中心、零售、公共事业、农业、智慧楼宇、智慧城市、智能家居及可穿戴设备等 11 个具体的垂直细分领域，具有一定的参考意义

3-1 所示）。雾即服务（Fog as a Service）业务模式的增长速度预计将从 2018 年的 14% 提升到 2022 年的 37%。细分领域中，雾计算在公共事业、交通、工业、医疗及农业等板块将占据较高市场份额，分别为 21%、18%、13%、15% 和 12%，其中公共事业占比最高。

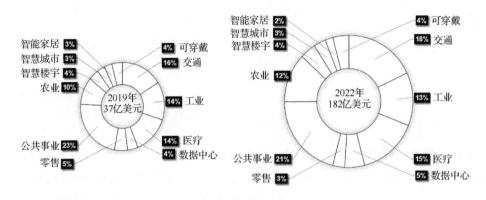

图 3-1　雾计算的市场规模占比

大家知道，在智能制造和交通运输等与实时控制反馈密切相关的行业中，业务往往需要较低的响应时延。而在诸如智慧城市等需要依靠大数据决策的公共事业中，业务需要开放兼容各个垂直行业。在更加细分的行业应用中，医疗业务需要严格保护用户的隐私权，农业监控等业务的应用场景往往在较为偏远空旷的地带。这个调研结果也符合雾计算的开放、低时延、隐私保护和对分布范围广泛的传感设施的支持等优势。对比 2019—2022 年的预测结果可以看到，雾计算市场规模在未来将持续增长，11 个领域市场份额占比情况总体保持稳定，雾计算应用保持热门的领域为公共事业、交通、工业、医疗及农业领域（如图 3-2 所示）。随着雾计算与这些领域的行业应用融合的加深，根据具体应用需要，不同的雾计算组件市场将具备一定的规模，如图 3-3 所示。相应的商业模式也将逐渐形成。探究雾计算商业模式，首先需要考虑以下几个基本问题。

- 雾计算中有哪些可用资源？
- 这些资源的提供者是谁？
- 谁在制定协议来获取这些资源？
- 这些资源将如何整合起来从而实现"雾计算"的能力？

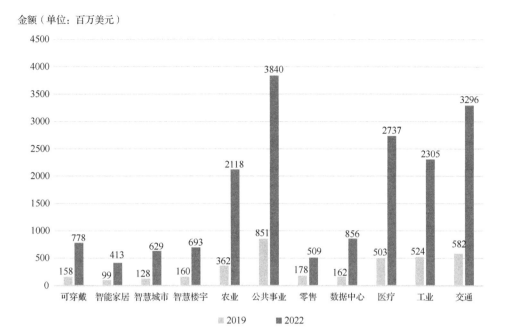

图 3-2 雾计算在一些垂直行业中的市场规模增长预测

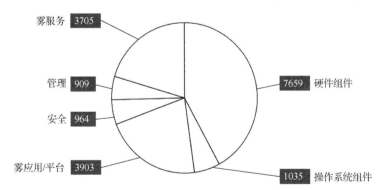

图 3-3 2022 年雾计算组件收入预测

3.1 雾计算的主要 IT 资源类型

IT 资源是指支撑系统运行的物质要素,包括软件资源和硬件资源。根据不同的厂商、分析师和 IT 用户对雾计算的看法，可以将雾计算资源细分为存储与数据资源、网络资源、计算资源与应用软件资源。

3.1.1　存储与数据资源

为满足雾节点收集和处理数据的要求，雾计算系统需要包含多种类型的存储资源。随着雾计算技术的不断涌现，可以看到，通常只有在数据中心才能看到的存储层开始在（雾计算）节点上出现，如下 [12]。

1. RAM 阵列：由于数据是从传感器创建的，雾节点需要在接近实时操作的情况下对这些数据进行操作。在需要非易失性存储器时，RAM 阵列满足此要求，而不产生额外的延迟。许多雾节点也具备封装内存以满足某些场景所需的延迟要求。

2. 固态硬盘：由于固态硬盘可靠性高，数据读写速度较快，功耗低且环境稳定性高，基于固态硬盘的存储介质可用于大多数雾应用。当前的主流固态存储介质包括 PCI-e 固态硬盘和 SATA 连接的固态硬盘。此外，新的固态存储介质类别也正逐渐进入大众视野，包括 3D Xpoint 闪存和 NVDIMM 闪存。

3. 机械硬盘：对于数据量大且对成本较为敏感的存储需求，搭载机械硬盘的雾节点将成为首选存储资源，雾节点有时也包含独立硬盘构成的冗余磁盘阵列（Redundant Arrays of Independent Drives，RAID）。这种方式的数据存储成本低，容量大，但数据读写速度较慢。

在实际应用中，存储介质的选择取决于具体的用例。在给定的雾节点中，通常会有一个存储选项层次结构。更重要的是，存储设备需要满足系统的成本、性能、可靠性和数据完整性要求。

数据资源，指的是雾计算设施上存储的数据，包括终端节点采集的传感数据、从云或者其他设施中获取的缓存数据、系统应用运行过程中产生的执行数据等。

3.1.2　网络通信资源

传统意义上的网络通信资源可以理解为带宽和频谱等。在无线通信中，电磁波作为信号的载波，其频谱资源尤其珍贵。为了合理使用频谱资源，国际电信联盟（International

Telecommunication Union，ITU）为每种通信系统都规定了频率范围，这种频率范围又称为频段。频段的频谱宽度又被称为工作带宽，也是传输信号所占有的频率宽度。这个宽度是由传输信号的最高频率和最低频率决定的，两者之差就是带宽值。因此，网络通信资源的调度可以通过调整用户的发射功率、时域频域资源、调制方式和码率等实现。

　　随着无线通信技术自身的发展和云无线接入网（Cloud Radio Access Network，C-RAN）的兴起，类似流量转发、内容缓存、设备互通和网络安全等服务逐渐下沉到无线接入网侧。这些网络通信系统提供的传输服务赋予了通信资源新的定义，它们均已脱离传统的以分配带宽和频谱为主的通信资源提供方式。并且，在某些特定的情况下，调用这种新型网络通信资源时，也需要控制通信基础设施上搭载的存储与数据资源，例如内容缓存等。作为蜂窝网络中的解决方案，C-RAN 具有物理上接近最终用户和利用边缘网络资源的能力和优势，因此能满足传统接入网无法满足的严格网络延迟要求。

　　在 5G 时代，雾无线接入网（Fog Radio Access Network, Fog-RAN）逐渐成为云无线接入网的替代方案，以其轻量级的优势为用户提供网络通信资源。在目前的设计方案中，Fog-RAN 是包含中央单元和分布式单元的接入网架构。有一部分已知的 Fog-RAN 架构将终端用户的计算和存储资源也纳入整个接入网的组成部分，这是通过在终端设备之间构造临时的子网来实现的。这些深入开发终端的网络通信资源与通信功能的方法，将为基于雾计算的网络通信带来独特的价值。

3.1.3　计算资源与应用软件

　　狭义的计算资源多指类似 CPU 的计算处理单元，或者 GPU 和 FPGA[③]等计算加速单元。但在一般情况下，计算机程序运行是对 CPU 资源、内存资源、硬盘资源和网络资源等多种资源的综合调用与控制。更进一步，用户的计算任务常常由应用软件完成，该过程所需的计算资源由操作系统来实现调用与控制。而应用软件的类型包罗万象，几乎所有能够运行在雾节点上的应用软件都可以作为雾计算的 IT 资源提供给用户。如图 3-4 所示，由雾服务提供者发布的数据、网络和软件应用资源可以托管到雾计算系统中的不同雾节点上。用户再经由这些雾节点来获取所需的各类资源。

---

　　③　GPU 是指图像处理器，全称为 Graphics Processing Unit；FPGA 指现场可编程门阵列，全称为 Field Programmable Gate Array

雾服务提供者　　　IT资源　　　　　　　　　　　雾计算系统

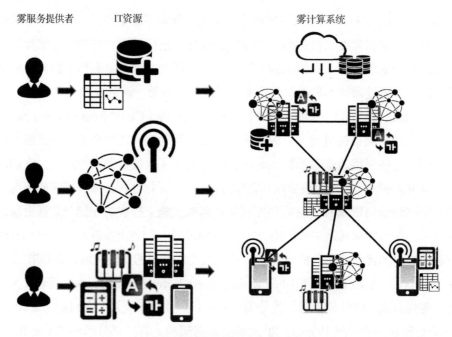

图 3-4　雾计算服务的来源与组成

3.2　雾计算中的角色

根据在服务交付模式中的不同职能，雾计算系统中的角色可以分为雾服务提供者、雾节点和雾用户。

1. **雾服务提供者**：指的是愿意贡献部分或全部备用 IT 资源并执行雾计算控制中心分配的任务的资源所有者。值得注意的是，很多时候使用雾服务的并不一定是终端用户，也有可能是另外的雾服务提供者。

2. **雾计算设备**：雾计算设备一般称为雾节点，它是一个通过硬件虚拟化提供诸如计算、网络、控制和存储等软件服务的实体。

3. **雾用户**：雾节点可以放置在云到边缘这一连续通路内的任何地方，使潜在用户的范围扩展到从物联网终端设备到云物联网平台提供商这一链路中的任何一个实体。

在第 1 章的图 1-8 中已经介绍了几种不同类型的设备，其中分类 1～分类 5 均可承担雾计算任务，从而成为雾节点。这些设备包括传感器、传感器接入设备、智能网关、移动设备、类似个人 PC 机与小型服务器的计算设备等。这些设备中的每一个都可以作为雾节点并执行边缘处理任务。在雾节点内执行的任何数据分析都可以被认为是边缘处理。例如，如果传感器网络利用智能网关自身资源进行数据预处理来避免冗余数据，则不需要为每个读数建立到云端的传输，只需要在雾节点能耗波动或者资源不足时向云端发送数据。通过这种方式，智能网关通过充当雾设备来减少总体的数据通信。换句话说，可以减少通信带宽和在一定时间段内发送到云的数据的总量。

3.3　雾计算服务交付

在一般的资源提供过程中，雾计算与云计算所提供的资源服务差异并不明显。有一种看法是将雾视为小一点的云，其服务交付模式相当程度上借鉴了云计算的既有商业模式。而由于系统结构的区别，雾计算也有其特有的交付模式。

3.3.1　云计算服务交付模式

云计算兴起时，共享经济的模式还未成熟，实际上，云计算可以说是 IT 行业较早践行共享经济的一个典型范例。早期的 IT 设备服务和软件服务提供模式大多是一次性交易，即设备或软件及其维护、升级服务的采购。随着 IT 服务在企业中的重要性凸显及 IT 技术日新月异的发展，相应 IT 服务的扩容、升级和新技术替换等带来的开支也与日俱增。这使得 IT 业务变为企业不可割舍但又越来越难以负担的部分。云计算这一共享 IT 设备与服务的技术便在此背景下应运而生。

根据美国国家标准及技术协会（National Institute of Standards and Technology，NIST）的定义，云计算的服务模式有软件即服务（Software as a Service，SaaS）、基础设施即服务（Infrastructure as a Service，IaaS）和平台即服务（Platform as a Service，PaaS）这3 个大类（如图 3-5 所示）。这也是目前被业界最广泛认同的 3 个经典模式。但为了便于大家探究雾计算的应用，这里不仅会探讨成熟的云计算服务模式，也将对这 3 个大类形成过程中产生的一些重要或典型服务模式进行简要介绍。

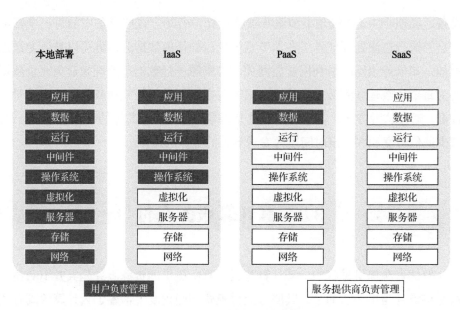

本地部署　　IaaS　　PaaS　　SaaS

用户负责管理　　服务提供商负责管理

图 3-5　云计算服务交付模式

效用计算（Utility Computing）：这种类型的云服务早期是作为企业计算能力的补充储备出现的。在早期企业计算需求相对稳定的时候，这种模式仅仅作为一种预防性的资源扩展方式存在。而随着云服务中心的发展，一些供应商向用户提供解决方案来帮助 IT 企业将内存、输入输出（I/O）、存储和计算容量通过网络集成为一个虚拟的资源池来使用。最初，一些分析师和厂商将云计算狭义地定义为效用计算的升级版本。但当考虑 IT 的实际需求时，云计算的概念也逐渐清晰起来：那就是在不需要增加基础设施投入、新员工培训或者最新软件授权的前提下提升资源性能和能力的一种方法。云计算包含了通过网络实时提供订阅（Subscription-Based）或者按次付费（Pay-per-Use）的服务模式，扩展了 IT 行业现有的能力 [1]。

管理服务：管理服务是云计算最古老的形式之一，管理服务是面向 IT 厂商而非终端用户的一种应用软件，例如电子邮件内置的病毒扫描服务。由 SecureWorks、IBM 和 Verizon 提供的管理安全服务就属于此类，还有已被谷歌收购的以云计算为基础的反垃圾邮件服务 Postini，以及桌面系统管理服务等。

SaaS：这种类型的云服务最初是通过网络浏览器提供的。它通过多租户的体系结构使服务器上的单个应用软件能被数千用户共享使用。这一方面省去了用户前期在设备或软件许可证授权上的投资；另一方面，软件供应商只需维护一个应用软件，节约了大量系统更新的成本。后续这种模式也出现在了谷歌浏览器等桌面系统甚至手机应用系统上。

网络服务：网络服务与 SaaS 是密切相关的，网络服务供应商以提供应用程序接口（Application Programming Interface，API）的方式，帮助软件开发商通过网络来拓展其产品的功能。这与提供完整的可直接使用的应用程序不同，以 API 调用的服务功能粒度更细，调用方式更加灵活，可以有机地与软件开发商自身的产品相结合。他们的服务范围从提供分散的商业服务（诸如 Strike Iron 和 Xignite）到谷歌地图、ADP 薪资处理流程、美国邮政服务、彭博（Bloomberg）专业服务和常规信用卡处理服务等全套 API 服务。

PaaS：是 SaaS 的延伸，这种形式的云计算将开发环境作为服务提供给用户。用户可以创建自己的应用软件，并在供应商提供的基础架构上运行，然后通过网络从供应商的服务器上传递给用户。但这些服务会受到厂商设计和容量的限制，因此用户没有足够的自由[1]。代表公司包括 Salesforce 和 SAP 收购的 Coghead。

IaaS：IaaS 也是源于 SaaS 的概念。PaaS 和 IaaS 可以直接通过 Web 服务向平台用户提供服务，也可以作为 SaaS 模式的支撑平台间接服务于最终用户。当前的大型互联网企业多数都提供以 IaaS 为核心的云计算服务，例如，AWS、Azure、Oracle、IBM Cloud、谷歌计算引擎、阿里云和腾讯云等。虚拟服务器、存储和数据库服务是 IaaS 在实际应用中的典型例子。

IaaS 通常分为公有云、私有云和混合云 3 种。AWS 在基础设施云中使用公有云，这也是一个公共服务器的池。私有云则会使用企业内部数据中心的一组公用或私有服务器池。如果在企业数据中心环境中开发软件，那么这两种类型（公有云、私有云）都能使用，也就是混合云。结合使用两者可以更灵活、更快地开发应用程序和服务，缩短开发和测试周期。公有云用户可通过动态的按需购买服务方式来构建主机、存储和计算等 IT 基础设施。IaaS 的定价是一个复杂的问题，有一系列的实例规格和付费选择，从每秒计费到多年计费模式都有。AWS 还有基于预留实例的定价模式④。

以上几种云计算服务交付模式的区别如表 3-1 所示。

表 3-1　几种云计算服务交付模式的区别

模式	客户	访问方式	粒度	定价模式
效用计算	IT 企业	/	存储和计算容量	/
管理服务	IT 企业	软件接口	选择调用软件	授权等

④　更多 AWS 定价模式参见其官网

模式	客户	访问方式	粒度	定价模式
软件即服务	终端用户	浏览器或其他客户端界面	选择调用软件	时间 / 流量计费
网络服务	IT 企业	服务接口	选择调用服务	授权等
平台即服务	IT 企业	平台软件或其他客户端界面	部署的应用程序	流量计费
基础设施即服务	IT 企业或终端用户	平台虚拟机或其他客户端界面	操作系统的选择、存储空间、部署的应用、某些网络组件	时间 / 规格计费

3.3.2 雾计算自有的交付模式

雾计算与云计算都是实现 IT 资源共享的技术，对于解决方案提供商而言，它们减少了这些提供商构建和维护自己硬件的需求和开销。在很多场合下，云计算的服务交付模式可以直接迁移到雾计算中，如微小云"Cloudlet"的交付模式。雾计算将云扩展到边缘意味着 IT 厂商可以借此提供各种"即时服务"模型（例如，实时数据分析、安全监控和数据共享）。这些"即时服务"模式降低了解决方案提供商软件和维护的复杂性。由于物联网中的某些硬件、安全功能和数据分析已经在向雾计算平台上转移，部分 IT 服务商已逐渐在探索适用于雾计算的策略和业务模式。

传统的云计算服务交付模式难以适应雾计算的某些特性，各大厂商在采用雾计算技术时，雾计算自有的交付模式是需要考虑的重要一环。未来将会不断出现各种创新的雾基础设施与应用服务，包括雾计算网络、雾计算系统和雾即服务等。云和雾将融合到统一的端到端平台中，并提供综合服务和应用程序，现有云计算业务模式也可能出现根本性的变革。各种规模的用户将能够部署雾计算系统并运行雾服务。

多数雾计算设备是与通信网络紧密结合的，因此雾计算流量会占用大量网络资源，网络服务提供商也将入局成为参与者。事实上，电信运营商纷纷开始面向 5G 时代提供移动边缘计算服务，例如路由和交换等网络功能、应用程序服务器和存储功能已经实现了在边缘节点的融合、集成，并且投入商用。由于多方雾服务提供者入局，服务等级协议的制定与协商也将出现新的模式。同时，原先电信运营商按流量计费的方式和云计算按使用时长或用量计费的方式，也将复合成新的模式。

雾计算环境中存在电信运营商、设备提供商和服务提供商等不同的雾服务提供者，这也意味着雾计算服务的交付过程将涉及多个利益相关方。利益相关方之间如何权衡和分配收益，是提供雾计算服务首先要考虑的问题。这里简单介绍增量计费（Pay As You Grow）、用量计费（Pay As You Use）、收益分成（Revenue Sharing）和资源众筹（Crowdsourcing）等商业模式在雾计算中的潜在价值。据此，雾计算中的不同利益相关方可基于风险共担的原则，按照其业务性质、业务量或业务收入，向 IT 资源提供者支付相关服务费用。当前，这几类商业模式已被电信运营商、云计算提供商全部或部分采用，只不过在雾计算中，这些模式需要被有机组合来应对不同利益相关方间的博弈。

1. 增量计费

雾服务提供者根据一定时间周期，如每周、月度、季度等，按客户新增的使用资源收取费用，适用于可以通过平滑扩容来实现按需投入的资源。在这种模式下，雾服务提供者一般提供的是雾节点（设备）。而雾用户利用这些节点构建雾计算基础设施，包括无线局域网、接入网、服务器和存储等。对于雾用户来说，这种方式无须购买并安装整个设备，只需要按使用需求购入相应的资源量，因此资源的单价较高。这种模式适合承载资源需求类型与数量都较稳定的业务，比如基础业务。设备中未划拨给雾用户的资源依然归雾服务提供者所有。在该类型的合同期内，按照每个时间周期所增加的资源需求（如每 TB 数据、每个应用或硬件的授权等）乘以该资源的单价计费。合同到期后，雾服务提供者可按剩余价值回购已销售资源，从而收回物权。该模式下雾服务提供者的收入取决于未来雾用户业务的峰值容量，即发展高峰。如图 3-6 所示，箭头表示用户在一段时间内的实际业务使用量，而灰色柱状图显示了该时段内实际计费的业务量，即用户业务量的增长。因此，一段时间内的业务使用费用 $F = p \times \sum_{i=0}^{k} T_i$，其中，该时间被分为 k 个时间分段，T_i 为一个时间分段 i 内增加的业务量，p 为增量业务的单价。

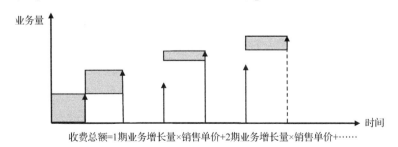

图 3-6　增量计费模式

2. 用量计费

雾服务提供者根据一定时间周期，如每周、月度、季度等，按照客户当前所使用资源量收取费用，是一种类似资源出租的模式，因此资源的单价较低。对于雾用户来说，这种方式适合资源需求不确定、风险相对较大的业务，主要应用于增值业务类产品和应用类产品。该模式下雾服务提供者的收入取决于雾用户未来业务发展的总量，收入是不确定的。如图 3-7 所示，箭头表示用户在一段时间内的实际业务使用量，而灰色柱状图显示了该时段内实际计费的业务量，即用户实际使用的业务量。因此，一段时间内的业务使用费用 $F=q \times \sum_{i=0}^{k} T_i$，其中，该时间被分为了 k 个时间分段，T_i 为一个时间分段 i 内实际使用的业务量，q 为所使用业务单价。

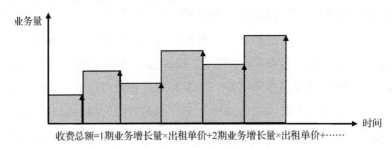

收费总额=1期业务增长量×出租单价+2期业务增长量×出租单价+……

图 3-7　用量计费模式

54

3. 收益分成

雾服务提供者将 IT 资源提供给雾用户，雾用户部署业务并获得业务收入后，按照双方约定的分成比例，向雾服务提供者支付费用，类似共同经营。对于雾服务提供者与雾用户来说，这种模式适合风险相对较小的业务，且该业务一般需要有比较稳定的收费项目或产品。雾服务提供者通过未来业务的实际收入来盈利，这与业务总量、业务单价和分成比例均密切相关。此类模式一般应用在雾计算用户对业务量的消耗可以作用于第三方，从而产生收益，且业务量消耗程度与收益额增长呈正相关的场景下。例如，雾计算用户租用雾计算资源来给第三方客户提供增值服务，第三方客户支付的费用是该业务产生的收益，这个收益将以预先约定的比例分成给雾服务提供者作为业务使用费用。如图 3-8 所示，箭头表示用户在一段时间内的实际业务使用量，而不同灰度的柱状图分别显示了该时段内资源提供方与购买方预先约定的收益分成对应的实际计费的业务量。因此，一段时间内雾服务提供者的收益分成为 $F=s \times c \times \sum_{i=0}^{k} T_i$，其中，该时间被分为了 k 个时间分段，T_i 为一个时间分段 i 内实际使用的业务量，c 为所使用业务产生的单位收益，s 为雾服务提供者的收益分成百分比。

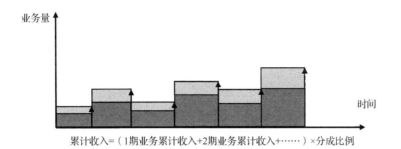

累计收入=（1期业务累计收入+2期业务累计收入+……）×分成比例

图 3-8　收益分成模式

以上 3 种商业模式均将雾用户的利益与雾服务提供者绑定，使发展良好的业务收益可以分享给雾服务提供者，一方面提高了雾服务提供者提供优质 IT 资源的积极性，另一方面也降低了雾用户在 IT 资源投入上的风险。雾用户也可根据实际业务和资源需求将以上商业模式进行有机组合，比如有明确收益的基础业务采用收益分成的方式，而某些增值业务引入用量计费模式。

4．资源众筹

雾计算技术允许来自不同提供者的设备有机地协作，从而实现本地计算设施的扩容。以小型企业或大学建立的本地雾计算数据中心为例，这些本地数据中心所能提供给终端用户的计算和存储服务是有限的。通过整合网络内其他设备的闲置资源，本地计算中心可以实现性能与容量的提升。在这种情况下，需要促使潜在的雾计算基础设施提供者共享其闲置的资源来托管应用程序。一种可能的方式是建立适当的激励机制。激励可以是提高资源租赁费用或免费数据、更高带宽等其他交换方式。提供者所贡献资源将形成本地资源池，从而以一种类似众筹的方式组建本地雾计算网络。从而使雾计算数据中心的资源池得到有效扩展，增加了任务的容量，减轻了对数据中心带宽的压力，服务提供者也会得到相应奖励。图 3-9 所示为本地雾计算资源的众筹与激励机制。众筹模式的计费方法往往根据众筹的资源类型有所差异。

与一般的众筹机制不同的是，本地雾计算服务在很多场景下不是一次性贡献资源即可。调用资源池中的服务是一个持续的过程，因此提供服务需要有延续性。为了避免服务提供者获得了奖励之后，拒绝继续提供资源，系统需要监控服务质量与相应报酬的一致性。在服务提供者或者用户数量较少时，可以由本地雾计算数据中心直接监控。但对于较大的用户群体和数量众多的服务提供者，这种中心化的监控方式将会占用大量的网络与计算资源。此时，采用如博弈理论、模糊推理等去中心化的激励策略则较为合适。

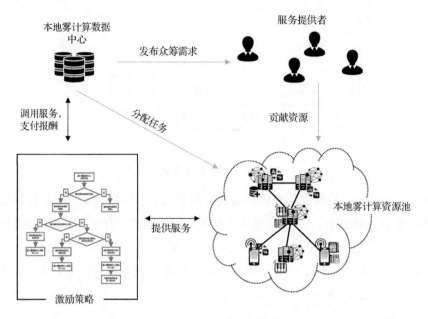

图 3-9　本地雾计算资源的众筹与激励机制

表 3-2 对比了上述几种雾计算交付模式之间的区别。

表 3-2　几种雾计算交付模式区别

交付模式 比较方面	增量计费	用量计费	收益分成	众筹
收费机制	资源买断	资源租赁	共同经营	众筹
扩容机制	触发性扩容 限定扩容容量	触发性扩容 限定扩容容量	触发性扩容 限定扩容容量	资源池，非限定扩容容量
雾服务提供者退出机制	合同到期自动退出。雾服务提供者可在合同到期后折旧购回余下资源	合同到期自动退出	合同到期自动退出	收回资源，或脱离雾计算网络
应用产品	基础业务	增值业务类、应用类产品	有稳定营收的业务	不限
雾服务提供者收入	基于使用增量付费，收入稳定，收入增长不确定	基于业务总量付费，收入不确定	收入不固定，与业务总量、业务单价和分成比例相关	收入固定，与所提供资源数、资源质量成正比
雾服务提供者盈利点	未来业务发展的峰值容量	未来业务发展的总量	未来业务收入	资源的未来受欢迎程度（被派发任务次数）

3.4　小结

　　雾计算将带来许多新的商业机会，并将对现有的行业格局和商业模式产生极大影响，打破行业食物链上的权力平衡。本章主要介绍了雾计算中包含的 IT 资源类型、IT 资源在雾计算中作为服务进行交付时参与其中的角色分类，以及在雾环境下服务交付的自有商业模式。雾计算中包含的主要 IT 资源类型如下。

　　1. 存储与数据资源。

　　（1）存储资源包括 RAM、固态硬盘和硬盘（包括 RAID）等。

　　（2）数据资源是指雾计算设施上存储的数据。

　　2. 网络资源：在 5G 时代，雾无线接入网逐渐成为云无线接入网的替代方案，以其轻量级的优势为用户提供网络通信资源。

　　3. 计算与软件资源：用户的计算任务常常由应用软件完成，该过程所需的计算资源由操作系统来实现调用与控制；几乎所有能够运行在雾节点上的应用软件都可以作为雾计算的 IT 资源提供给用户。

　　雾环境下参与服务交付的主要角色一般分为以下 3 类。

　　1. 雾服务提供者：愿意贡献部分或全部备用 IT 资源并执行雾计算控制中心所分配任务的资源所有者。

　　2. 雾节点：即雾计算设备，它是一个通过硬件虚拟化提供计算、网络、控制和存储等软件服务的实体。

　　3. 雾用户：从物联网终端设备到云物联网平台提供商这一链路中任何一个实体覆盖范围内的潜在用户。

　　在一般的资源提供过程中，雾计算与云计算所提供的资源服务差异并不明显。云计算的服务模式包括效用计算、管理服务、软件即服务、网络服务、平台即服务和基础设施即服务等。考虑到雾计算服务交付过程中涉及的多个利益相关方之间的收益分配问题，可以考虑这样几种商业模式：增量计费、用量计费、收益分成和资源众筹。本地雾计算服务在很多场景下都不是一次性贡献资源即可，因此在资源众筹方式下提供的服务需要保证延续性。

第 4 章
雾计算系统模型与 OpenFog 参考架构

　　雾计算是一种新型的计算范式，开发人员需要直观且有效的系统模型与架构框架，帮助他们编排动态的业务和异构的资源，以便在不同的雾计算平台上构建兼容的应用程序。本章将结合 OpenFog 提出的参考架构标准，对雾计算系统模型进行解读，该架构的全称为开放雾计算参考架构标准（IEEE Standard for Adoption of OpenFog Reference Architecture for Fog Computing，下文简称为 OpenFog 参考架构）。它是一个通用参考体系结构，涵盖了硬件和软件平台以及复杂的功能。它最初由 OpenFog 联盟于 2016 年规划，于 2017 年 2 月发布第一版，并于 2018 年在 IEEE 正式发布，标准序号为 IEEE P1934。OpenFog 参考架构以雾计算价值链中不同利益相关者各自的视角描述了一个开放的雾计算参考系统模型与架构。

　　首先，它从使用者的角度提出了系统的功能逻辑视图，包括雾计算系统的部署和服务提供等视图；同时，面向不同的服务提供者（例如，芯片制造商、系统制造商、系统集成商、软件开发商和应用程序开发商等），提出了结构视图，结构视图包括软件视图、系统视图和节点视图等；最后，从共性问题的角度，提出了交叉视图，交叉视图包括安全性、性能和尺度等。图 4-1 展示了 OpenFog 参考架构分别在结构视图和交叉视图两个视角下的雾计算系统架构。其中，结构视图包括以下 3 个部分。

　　1. 软件视图：在 OpenFog 参考架构的前 3 层，包括应用服务、应用支持，以及节点管理和软件平台。

　　2. 系统视图：在 OpenFog 参考架构的中间层，从硬件平台基础设施到硬件虚拟化。

　　3. 节点视图：在 OpenFog 参考架构的最底层，包括协议抽象层，以及传感器、执行器和控制器。

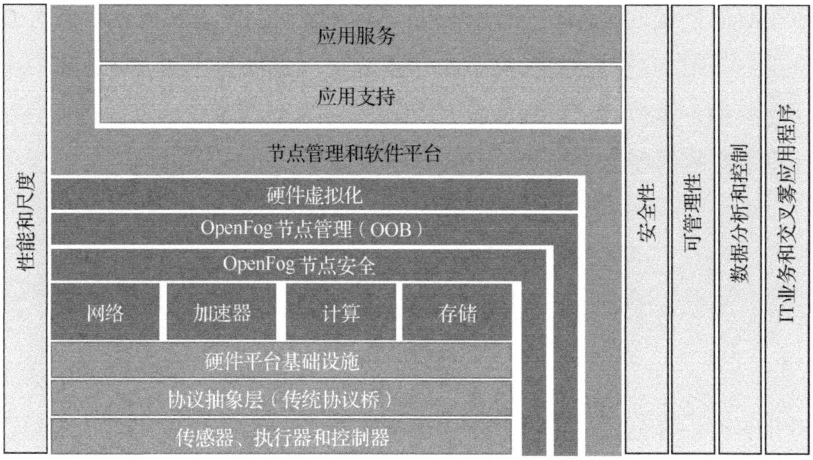

图 4-1　OpenFog 的多视角架构

交叉视图在图 4-1 中以灰色垂直条显示，包括的部分如下。

1. 性能和尺度：开发者采用雾计算架构的主要驱动因素一般是它的低延迟和高可靠性等性能优势，因此，为了实现低延迟性能，雾计算对各个服务提供者有多种要求和设计考虑，包括限时计算（Time-Critical Computing）、时间敏感网络（Time-Sensitive Networking，TSN）和网络时间协议等。

2. 安全性：端到端安全对雾计算部署方案来说是至关重要的。如果底层芯片是安全的，但上层软件有安全问题，解决方案也是不安全的，反之亦然。因此，这是多个服务提供者都需要考虑的问题。它包括软硬件安全、隐私、威胁和防篡改机制等。

3. 可管理性：作为一个大型分布式系统，每个层次各自的可管理性，以及跨层管理和协同也是雾计算层次结构的关键。它包括微服务技术和系统预警等。

4. 数据分析和控制：雾节点需要本地化的数据分析和控制来实现节点的自治，包括机器学习算法、规则引擎和认知算法等。而与硬件相关的驱动和与具体业务关联的控制功能则需要在特定场景下最合适的或该场景业务所规定的层级完成。也就是说，它并不总是处于物理边缘，依据不同情况可能处于更高的层次。

5. IT 业务和交叉雾应用程序：在多供应商的生态系统中，应用程序需要能够迁移并在任何级别的雾部署层次上正确运行。应用程序还应具有跨越层级来部署的能力，从而最大限度地发挥其价值。

需要注意的是，当前版本的 OpenFog 参考架构旨在帮助工程师、架构师和业务负责人了解他们使用雾计算时的具体技术要求，并了解将雾节点应用于其所需的应用场景的方法，而对于具体的架构技术并未过多涉及。本书第 4、第 5 和第 6 章将对 OpenFog 参考架构的基础框架结构进行解读，并进一步扩充所涉及的技术与实施细节，分别对雾计算的系统部署模型、雾节点与网络、雾计算软件与应用程序 3 个方面进行介绍。本章主要介绍雾计算系统的部署与管理。

4.1 分层算力网络部署模型

本节将介绍雾计算分层算力网络部署模型的结构，阐明部署要点，并辅以简单的部署示例来帮助读者了解针对具体业务需求的算力部署方式。

4.1.1 层次结构

在讨论部署模型前，先简要了解一下雾计算系统的层次结构。物联网的终端普遍不具备充裕的存储空间，因此它们一般不是先进行数据收集，再批量上传数据到云端，而是将数据以流式传输的方式直接上传，再利用部署在云端的物联网应用程序进行数据处理。云端的物联网应用程序能够从大量终端中同步接收海量数据流。然而，每个雾节点的计算能力与网络资源相对于云端都是有限的，因此它能够一次性处理的数据也是有限的。

终端设备的一些简单业务需求可以直接通过访问邻近雾节点中的服务来实现。但对于复杂的数据分析业务，如果将所有业务都托管在邻近终端的网关雾节点上，少量终端设备的数据请求将占用这个雾节点的绝大多数资源，这将大大限制边缘雾节点的服务覆盖范围和服务能力。OpenFog 参考架构建议雾节点只按需安装某些特定的功能，例如，将最常用的数据分析（取平均值、过滤异常值等）托管在邻近终端的网关雾节点上，而将高层的数据分析（数据驱动的事件预测等）托管在更高层次的雾节点上。因此，在某些包含多种业务与 IT 资源类型的应用中（如端到端物联网系统），采用一个逻辑层次结构划分 OpenFog 参考架构中的计算资源，将大大降低管理其中不同业务类型与数据的难度，同时减少资源开销，也增加了额外的系统扩展机会。但是，必须说明的是，OpenFog 参考架构中定义的体系结构并未要求所有雾计算系统都具备分层特性。

具体来说，根据所处理场景的规模和性质，OpenFog 参考架构定义的层次结构可以是以物理层或逻辑层排列的网络，该网络可以分解为单个的物理系统。以智慧城市的楼宇自动化管理为例，管理单一办公楼的系统可以将整个雾计算系统部署在本地；而需要管理分布在不同地区的多个办公楼的商业物业管理公司，则需要在本地和地区层级都部署雾节点，并连通成为一个分层的雾计算网络。在该网络中，本地雾节点将信息提供给地区雾节点。其中，每个雾节点都是自治的，以确保其管理的设施能够不间断运行。图 4-2 从企业物联网系统中计算任务分配的角度描绘了该系统的逻辑视图。它分为终端设备、监控、运营支持、业务支持 4 个层次，其中每一层都解决了物联网系统的特定问题，分别介绍如下。

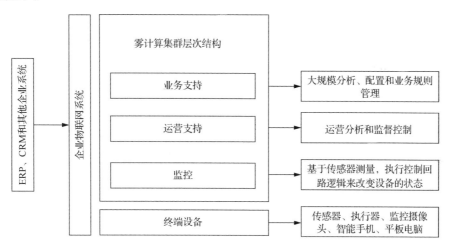

图 4-2　雾计算应用系统的多层逻辑视图

1. 终端设备：终端设备包括各类传感器和执行器，如监控摄像头、温度传感器和智能手机等。传感器产生对本地环境、人员或物品的感知数据供监控层使用。执行器接收系统对环境变化的反应，依据其设置的参数，自动操作改变其作用对象的状态。在物联网系统中，如果被监测的对象偏离期望的状态，则监控层分析感知数据并生成相应的执行命令，再将执行命令传回终端设备层的执行器。执行器作用对象的状态一般由一组测量参数表示，这些参数值取决于执行器的设置。根据运动的能量来源，执行器可分为机械执行器、液压执行器、气动执行器和压电执行器等。不同领域的系统有不同的感知与反馈需求，所以不是所有系统都需要配备执行器。例如，移动网络加速场景的核心功能需求是加速内容交付，不是监控和控制；而诸如建筑管理操作之类的系统则需要执行器，用来实现如根据空间占用情况来调节室内温度和照明强度等管理控制任务。

2. 监控：设备层之上是监控层。传感器和执行器均连接到有监视与控制功能的微控制器。微控制器的主要职责是通过状态检查来确定被检测对象的状态，生成并执行控制逻辑，包括计算分析、生成警报和生成控制事件等。

3. 运营支持：运营支持层相对监控层而言增加了存储功能。它负责存储必要的传感数据，并将历史数据与实时的传感数据结合起来进行分析，从而执行一些较为复杂的计算处理。分析过程可以通过控制仪表面板和移动应用程序等界面呈现给系统用户。该层可以由多个雾节点组成的代理网络构成。计算处理任务被委托给不同的代理节点，从而有效利用相邻节点的资源。例如，在虚拟现实（Virtual Reality，VR）业务中，终端设备为智能眼镜等可穿戴设备，由于受体积与重量影响，计算和续航能力均较弱。在 VR业务中，用户的位置信息与动作抓取可以在 VR 眼镜上执行，而高层的关联设备可以处理信息检索和图像渲染等业务。这种分层架构可以同时利用网络中所有相关设备的能力，通过它们之间的层次化分工实现良好的运营效果。

4. 业务支持：业务支持层的主要职责是针对跨多个垂直系统的物联网业务，存储和分析其全部历史记录。它一方面记录物联网的运营情况，使其符合相关行业法规所定义的规范和记录保留政策要求；另一方面，这种规模化的集中分析有助于增强系统用户对业务运营的洞察力，从而实现业务动态规划，进一步提升运营效率。

4.1.2 分层雾部署

在 4.1.1 小节中提到，面向特定功能需求，雾计算系统中的计算资源可依序划分为 4个逻辑层次。但并不是所有的系统都仅由雾节点构成，在许多应用中，云服务中心与雾计算网络组合的方式，将会是更为理想的选择。图 4-3 较为概括地列举了 4 类云、雾组合的场景，以契合不同领域的情景与业务需求。为了便于描述，每一层的雾节点在图中仅用单个雾节点符号表示。下面我们进一步分析每类场景适合什么用例，并在表 4-1 中从业务实时性、本地计算要求和终端设备密度方面进行比较。

1. 场景 1 是完全独立于云的纯雾计算部署。这种模式较适用于因业务的时延敏感性、区域法规、军事级别的安全性和隐私或地理位置等因素，使得终端无法获取云计算服务或云服务中心难以保障服务性能的情形。相关应用可包括武装部队作战系统、无人机操作、一些医疗系统、工厂和银行 ATM 系统等。

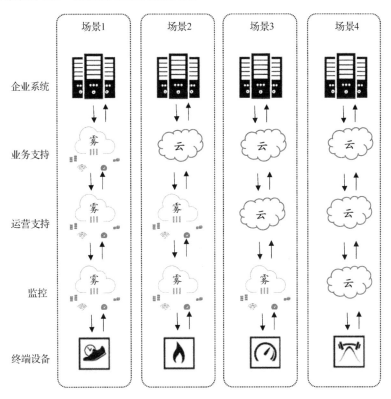

图 4-3　分级雾部署场景示意

2. 场景 2 中，业务支持功能由云服务中心完成。该场景中业务时延的容忍度取决于系统中不同的业务类型，跨度较大，可以从秒级到几天、几个月，能够完成实时的监测与控制反馈，需要较长时间周期的业务统计分析。该场景常见于商业楼宇管理、商业太阳能电池板监控和连锁零售管理等。

3. 场景 3 中，雾计算网络主要负责监控业务的处理。该场景中的本地监控业务需要即时处理，本地的数据分析与处理过程相对耗费较少的计算资源，且无须历史信息辅助。这种部署方式常用于商用不间断电源（Uninterruptible Power Supply，UPS）设备监控、移动网络加速和内容分发网络（Content Delivery Network，CDN）等。

4. 场景 4 则是完全由云计算服务构成的，在传统的因特网应用中采用较多。在该场景下，终端设备可能会具备一些安全相关的监控功能，上层逻辑结构相关的业务均托管在由公有云和私有云等组成的云计算系统中，相关应用可包括农业、偏远气象站等用例。

表 4-1　分层级雾部署场景选择参考

比较方面＼场景	场景 1	场景 2	场景 3	场景 4
业务实时性	整体实时	本地实时	本地实时	无须实时
本地计算要求	高	中	低	极低
终端设备密度	均匀密集	区域密集	相对稀疏	稀疏

在 3.3 节中，已经讨论了在实际的雾部署中，可能有多种 IT 资源组合作为雾计算服务交付给用户，这也意味着面向特定需求，可以部署涉及多个雾服务提供者的雾计算系统。图 4-4 描绘了 4 种不同的部署结构，分别对应图 4-3 所述的 4 种部署场景。其中，本书使用单个雾节点符号表示雾计算资源，使用云符号表示所采用的云服务集合，方框表示终端设备。由于本书并不主要讨论云计算，故图中不再细分云计算中的层次结构。

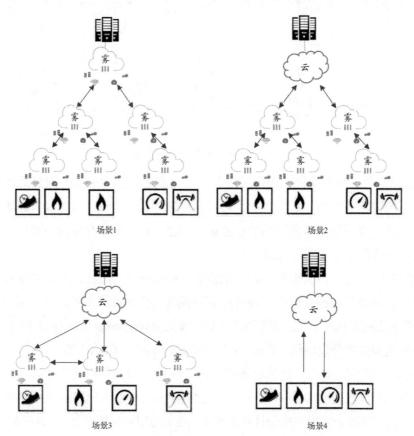

图 4-4　雾分层部署结构分布模型

创建分层是为了将大量数据进行有效处理，并提供更好的操作性能和系统智能。OpenFog 参考架构给出了原始数据处理与智能数据处理的部署建议，如图 4-5 所示，大部分原始数据的处理和预处理过程部署在接近终端设备的雾节点上，而多数智能数据处理则部署在计算资源更丰富的上层雾节点上。但需要说明的是，在一些应用场景中，某些数据的高层分析可能需要部署在网络最边缘的雾节点中（例如，监控摄像头上的视频分析与视觉目标跟踪）。这样部署是因为网络带宽不够大，所以无法经济有效地将原始传感器数据传输到更高层的雾节点进行处理。但随着计算能力的增长和智能算法的发展，底层节点的数据分析能力也会增长。这将使雾计算网络的智能处理能力随着时间的推移而全面增长。比如，机器学习算法不仅可以训练计算模型，还可以推理或评价这些模型，使其表现接近边缘的实时响应需求。所以，通过在雾计算系统中的不同层次应用机器学习算法，就可以在网络边缘进行智能决策，优化供应链和生产线等业务模型，甚至改进城市设计。

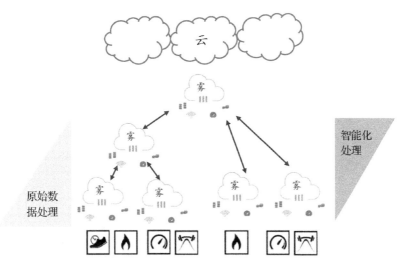

图 4-5　雾计算中原始数据处理与智能数据处理的部署建议

　　本节提到的雾分层更多是在逻辑上区分其业务目的，实际应用中的雾计算部署可能有更多（或者更少）的层次。而一个应用在不同地区的部署也可以依据地区业务特性设计不同的层数，具体数量将由场景要求决定。一般来说，在设计部署层次时需要考虑的场景特征包括如下内容。

- 每层所需要的工作量和工作类型。

- 终端设备的数量与分布密度。
- 每层节点的功能。
- 节点之间的延迟，以及传感器和执行器之间的延迟。
- 节点的可靠性 / 可用性。

4.1.3　节点一致性

在雾计算系统架构中，雾节点的功能将根据其角色和部署位置而有所不同。如前文所述，相对部署于较高层次的雾节点，处于网络边缘的雾节点可能配备较低的处理能力、较弱的通信能力和较少的存储空间；而为了便于收集传感数据，边缘处的雾节点可能具备能力更强的 I/O 加速器。图 4-6 描绘了云层级节点和边缘层级节点的主要区别。在同一层级中，雾节点可以相互连接来形成雾计算网络，通过在节点间合理调度数据处理任务，实现负载平衡、弹性、容错、数据共享及云 - 雾间通信最小化。

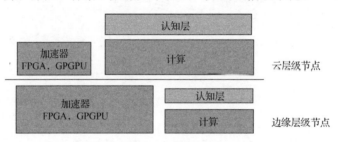

图 4-6　云层级节点与边缘层级节点 [①]

为了实现雾节点之间的灵活任务调度，雾节点自身的配置必须满足一致性需求。也就是说，每个层次中运行的软件、任务等应能够迁移到同层次的其他节点上。在结构上，这要求雾节点依托节点间的通信网络，在雾层级内部及层级间实现互相连通，如图 4-7 所示。同时，雾节点还要能够发现和利用其他雾节点的服务。这些雾节点间的一致性需求将通过节点软硬件架构、节点间通信、节点安全与隐私策略等共同实现，这些内容将在本书第 5 章中详细介绍。

[①]　GPGPU 指通用图像处理器，全称为 General Purpose Graphics Processing Unit

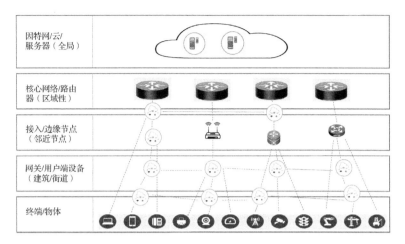

图 4-7　通信网络中的雾节点

4.1.4　交叉雾应用与全局分析

雾节点的一致性不但可以实现同层次雾计算网络的扩容与资源调度，还是构成业务互操作性的先决条件。在同一个雾节点层次中托管的、来源于不同行业的服务之间，可以实现数据的共享与业务互相调用。这有利于催生大量跨行业交叉的创新雾计算应用，称为交叉雾应用（Cross-Domain Fog-based Applications）。但这也要求托管在雾计算环境中的应用程序和服务具有一定的灵活性，能够在雾计算层级结构中实现同层级，甚至跨层级的互操作，同时支持多厂商的生态系统。一个跨层级雾节点的交叉雾应用可以整合来自多种类型、多个领域的传感设备的数据，包括生活用水系统、智能家居和能源等，如图 4-8 所示。

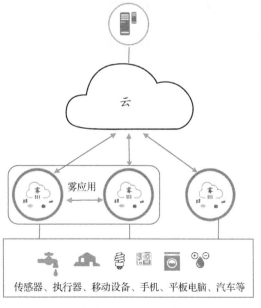

传感器、执行器、移动设备、手机、平板电脑、汽车等

图 4-8　交叉雾应用

67

在物联网、大数据和人工智能高速发展的今天，雾计算承载的不仅仅是智能数据处理，更重要的是与云计算结合，实现从环境感知、智能数据处理，到分析决策与决策执行的闭环。数据分析与决策的链路可能跨越从传感器到雾节点，再到云服务中心的整个系统。雾计算层次间的互操作性加强了云服务中心与网络边缘的联系，也使得细致、及时的全局智能业务分析成为可能。

全局智能业务分析是从不同来源的各种数据中精细地提取可用的业务知识，从而帮助行业中各个企业、机构与组织更及时、深入地了解其业务和技术流程。在全局智能业务分析的需求方面，有些机构需要尽可能地了解从系统运行状况，到用户数量、需求和服务性能等的全局知识；而另一些机构只关注他们当前的运营状态，希望获取正在发生什么或已发生了什么的描述性分析报告；还有一些机构则对诊断性的分析感兴趣，需要追溯某个问题的根源，并围绕该问题进行深入的分析；近期，预测性分析的需求与日俱增，预测性分析使用系统的历史知识，并将其与关于流程和工具的其他知识相结合，来推测即将发生的事件，预测性分析可以帮助企业自行优化行业流程。由此可见，在行业用户中，不同的企业和机构对全局业务分析的需求是不同的。这无疑能加深企业对业务的把握，有利于优化业务水平，降低行政管理成本，并且有效防范潜在的风险。

企业希望了解的业务与运营情况越多，系统需要采集的相关数据、计算量和数据资源就越多。正如前文所述，通过将上层数据中心或云应用程序的智能数据处理业务嵌入到尽可能靠近数据源的边缘雾节点中，此节点将拥有捕捉、存储、分析和传输相关数据的能力。这意味着，通过在数据源和商业智能分析应用程序之间进行集成，"网络"或"边缘"将从源中捕捉数据，对其进行处理以用于本地特定的分析，将操作传回的同时向数据中心或云发送相同或其他数据集以进一步进行"业务或操作特定"处理[12]。雾的分层特性有助于分析算法的不同组件在不同的雾层级上运行的效果。商业智能的有效应用取决于定义良好的流程、安全的边界、各种数据处理组件之间数据捕捉和交换的便利性，以及能够理解这一切的数据科学。

OpenFog 参考架构针对实现全局智能业务分析给出了系统设计建议，如图4-9所示。该系统包括全局应用和服务、本地应用和服务、网络嵌入式智能和（进程中生成的）数据4个主要构成部分。图中还给出了系统各个部分之间的集成方式与数据交换要求。其中，全局应用和服务包括基于云的商业智能、全局运营效率和影响生产的市场条件等；本地应用和服务主要执行数据分析，根据预设的阈值请求更多的数据，调整数据分析并记录这个过程，该过程产生的数据被报告给本地服务，或由网络嵌入式智能捕捉并分析；

进程中生成的数据包括状态日志、温度、压力、水平、产量和能耗等。另外，该系统还要求能够控制访问授权，使企业应用程序和合作伙伴、供应商的数据能够被安全地访问。图 4-9 显示的业务流程中的集成和数据交换对于商业智能分析的实时性和准确性是必不可少的。雾计算与边缘计算的相关企业正在继续研究和开发各类商业智能解决方案，以促进企业内部及企业与其合作伙伴和供应商之间的交流。

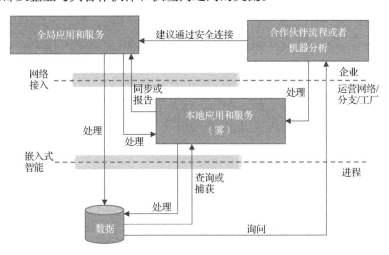

图 4-9　全局智能业务分析

4.2　雾计算系统管理模型

系统管理是保证雾计算系统稳定运行的关键，它主要体现在雾节点（设备）管理、节点资源管理、软件管理、安全性与隐私管理等方面。具体来说，雾节点管理包括节点的注册、发现、分配和更换等；节点资源管理包括资源监控、调度和回收等；软件管理包括任务分配、实例创建、工作流构建与监控和数据流监控等；而安全性与隐私管理覆盖面更为广泛，包括威胁感知、可用性确认、数据完整性监控、访问控制和身份保护等。

雾计算的服务托管环境是由大量异构的计算节点构成的分布式网络，因此传统的系统管理模型不一定能在该环境下取得良好的效果。首先，雾计算系统会大量接纳诸如机器视觉等智能数据处理业务。在这种业务流程中，雾节点需要处理观察、反馈、记忆、移动和决策等动态过程，因此在雾计算系统中，对相应软硬件组件、系统资源和运行时工作流等管理均与常见的静态管理模型有所不同。其次，雾节点还具备分布广泛、节点间异构的特性。雾计算系统的管理还需要兼顾远程管理、移动与固定节点管理、恶劣部署环境下的系统管理等。OpenFog 参考架构提出了雾计算系统的管理接口、管理层次、节点控制与交互模型，本节将围绕这几个方面来展开。

4.2.1　带内管理与带外管理接口

OpenFog 参考架构定义了带内（In Band，IB）和带外（Out of Band，OOB）两种类型的管理接口。雾节点的各类管理操作均可以通过下面两种类型接口完成。

1. 带内管理：意味着管理接口对一个雾节点系统的软件和固件是可见的。如果将带内管理控制接口集成在给定的硬件节点上来构成雾节点，那么它们可以与节点上的系统服务处理器（System Service Processor，SSP）或基板管理控制器芯片（Baseboard Management Controller，BMC）通信。如果将带内管理功能集成在软件系统中，带内管理可以在单独的操作系统线程或周期性服务上运行。例如，有许多系统使用"心跳"机制来管理给定系统的健康状况。这种情况下，带内管理线程将会持续向上级的管理实体发送脉动信号，当该脉动信号停止时，意味着该线程或该服务可能出现问题，此时，上级管理实体可能会重新启动或警告服务系统来解决该问题。

2. 带外管理：通常是指管理系统与雾节点分离的，且管理系统的接口未运行在雾节点操作系统上的情形。带外管理系统可以在任何电源状态下保持激活状态并进行系统管理。具体来说，当雾节点设备关机或主机平台没有运行任何软件时，仍然可以使用带外管理接口与该节点进行通信，实现库存控制、系统健康监控和上电等功能。例如，智能平台管理接口（Intelligent Platform Management Interface，IPMI）就是这样一个带外管理设备，用于动态地监测系统中传感器的工作状态。一般在低功耗状态下，带外管理系统使用的这些物理接口更容易维护。同时，带外管理不受管理节点自身状态的影响，因此在业务关键型物联网应用程序中具有一定的安全优势。

4.2.2　层次化管理

如前所述，雾计算系统的管理包括了整个系统的方方面面。OpenFog 参考架构以一

种层次化的模型来明确整个管理系统的功能，并区分其职责，如图 4-10 所示。例如，与
设备相关的层次可以负责发现、注册与提供新的设备；与系统升级有关的层次将负责系
统的软硬件升级等。在层次化的管理模型中，可以依据管理需求灵活地选择带内管理或
者带外管理方式。例如，当新的雾节点在系统中注册时，该节点的资源情况和运行状况
等需要被系统中的其他实体所感知，该过程也被称为节点发现。带内管理系统通常使用
操作系统或软件代理来发现这些雾节点，而带外管理系统通常经由无线通信接口和系统
管理总线（System Management Bus, SMBus）接口等发现新的雾节点。

图 4-10　OpenFog 参考架构定义的层次化管理模型

4.2.3　管理系统的设计要点

在雾计算环境所托管的业务与应用程序中，很大一部分是直接从云端或者终端设备

上迁移而来的。由于雾计算环境与此类软件系统原本的工作环境有所区别，为降低迁移难度和避免重复开发，较为理想的管理系统设计模式可归纳如下。

1. 尽可能保留软件系统中原本存在的系统管理模块，例如分布式缓存、工作负载平衡和系统监控等。

2. 灵活地利用雾节点的带内与带外管理接口，补充新的管理模块，使软件原本的管理系统能够适应新计算环境的特点和需求。

另外，雾计算平台的开发者也可以提供管理系统。雾计算平台是一个将多个雾节点组织在一起的统一平台系统，能够对外提供软件托管服务。它一般会面向其所集成的雾节点及其用户特性，定向地集成一些典型的管理服务，目的是提高其所托管服务的性能或提高平台自身的寿命或者收益。雾计算平台的管理服务包括任务迁移、服务发现与编排、数据管理、隐私与安全管理等。本节仅简要介绍雾计算平台的管理系统设计，更全面、细化的介绍将集中在本书的第 5、第 6 和第 7 章。

雾计算环境区别于传统的云或终端设备计算环境重要的一点，就是任务可以在不同级别的物理设备（客户端设备、终端设备、雾节点和后端云服务器）之间迁移，因此任务的调度相对较复杂。这就需要根据业务的性能需求（时延、能耗和移动性满足），设计合适的任务调度与管理策略（见表 4-2）。而在具体的策略实现上，开发人员还需要考虑更多问题。例如，如何使用简单的标记来抽象化可以迁移的任务；应当保留用户的何种选择和偏好；如何使迁移规则能够适应各种不同的设备等。

表 4-2　雾计算任务管理策略示例

环境特性	管理策略	策略调用时机	性能优化目标
异构雾节点且用户终端时延敏感	任务向性能更优的雾节点迁移	任务执行前	降低延迟
异构雾节点且用户终端隐私要求高	敏感任务向可信度高的雾节点迁移	任务执行前	保护隐私
出现热点区域	任务向非热点区域的雾节点迁移	任务执行前	降低延迟
雾节点电池供电	任务向剩余电量较多的节点迁移	任务执行前	权衡系统寿命与雾节点可用性
用户移动	任务向用户移动方向的雾节点迁移	任务执行前或执行时	降低延迟或保证服务的连续性
雾节点移动	任务向邻近雾节点迁移	任务执行时	保证服务的连续性

服务的自动发现是雾计算平台的关键功能之一。雾节点因部署的地理位置不同而覆盖不同的终端用户。终端用户可以移动到新的位置并利用该位置附近的雾节点提供的各种服务。雾节点中托管的服务依赖最初的服务部署，由于雾节点的容量往往有限，所以一般在一个节点中部署所有的服务是不切实际的，单个节点中的服务有可能难以满足某个用户的全部业务需求。因此，在雾计算平台中，常常通过服务查找与编排的方式，将附近多个雾节点中的服务组合起来，从而满足用户需求 [24][25]。也就是说，当需要特定的业务时，雾计算平台将现场进行服务编排。在由雾节点构成的网络中实现服务发现与编排协议是非常具有挑战性的，因为服务的发现与编排不仅仅是简单地为用户找到最符合需求的服务，还要面对包括系统中雾节点工作量的平衡、能源和效率的权衡、服务需求的预测、大量高并发服务请求的应对等各个方面的考量。本书第 6 章将对服务管理问题进行具体讨论。

应用程序的数据管理也是雾计算平台的关键功能。雾计算技术使得以本地信息存取的速度实现大量数据的随时访问与存储成为可能。实现这样的数据管理需要解决一系列问题，包括高效的雾节点间数据共享、确保数据一致性、数据的缓存机制、命名空间方案设计和隐私数据保护等。

4.3　小结

雾计算对物联网应用是至关重要的，因为它能够实现低延迟，可靠的操作，并且不需要持续的云连接来处理当今许多新出现的情况。本章立足 OpenFog 参考架构，详细介绍了基于雾计算分层算力网络部署模型和系统管理模型的主要特性。其部署模型通常包括以下 4 点特性。

1. 层次结构：从计算的角度给出了物联网系统的逻辑视图，层级结构自下而上分别为终端设备、监控、运营支持和业务支持。

2. 分层部署：列举了 4 类雾和云组合应用的场景，用于解决不同领域的情景和业务需求；同时从业务实时性、本地计算要求和终端设备密度 3 个角度对 4 类场景进行对比，为算力部署选项提供参考。

3. 节点一致性：雾节点内部运行的软件、任务等能够迁移到同层次的其他节点上，雾节点能够在雾层级内部及层级间互相连通。

4. 交叉应用与全局智能分析：交叉应用关键在于理解和采用智能对象及相关数据模型；全局智能业务分析主要是从不同数据来源中提取可用业务知识，帮助行业中的企业与组织了解其业务和技术流程。

许多雾计算部署涉及机器视觉和相关的人工智能功能，这需要比传统的静态模型更高的可管理性，以做出自主决定参与其他雾服务。一般来说，雾计算中的系统管理模型从以下 3 个方面考虑其特性。

1. 带内管理和带外管理：雾节点的各类管理操作均可以通过带内管理和带外管理接口完成；带内管理接口对一个雾节点系统的软件和固件是可见的，带外管理系统可以独立于雾节点电源状态保持激活状态并对雾节点进行系统管理。

2. 层次化管理：在层次化的管理模型中，可以依据管理需求灵活地选择带内管理或带外管理。

3. 管理系统的设计主要包括两种模式：（1）尽可能保留软件系统中原本存在的系统管理模块。（2）在灵活利用雾节点的带内与带外管理接口的基础上补充新的管理模块。

第 5 章
雾计算节点与网络

第 1 章已经对雾节点做了简要介绍，本章将深入到设备和软件层面，进一步说明雾节点的开发、多个雾节点的组网和相关技术。根据雾节点在雾计算系统中的位置和作用，它主要有以下功能。

- 提供网络连接。
- 提供用以支撑雾计算应用程序执行（通常是数据分析和处理）的硬件资源。
- 临时收集和汇总数据。
- 提供数据与应用的安全保障。
- 提供节点资源管理和分析平台。

图 5-1 是 OpenFog 参考架构中的节点视图，同时也是 OpenFog 参考架构最底层的视图。它主要为芯片设计人员、芯片制造商、固件架构师和系统架构师等提供节点设计指导。根据该节点视图，开发人员在将一个雾节点引入雾计算网络之前，首先需要考虑以下 8 个方面的实现[12]：

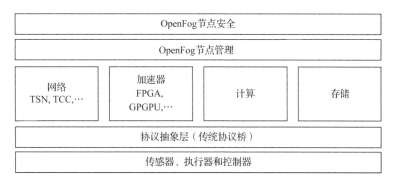

图 5-1　节点视图

1. OpenFog 节点安全：节点安全对于系统的整体安全性至关重要。这包括对雾计算节点本身的接口保护、计算系统防护和数据安全等。在很多场景下，雾节点以网关的形式存在，因此它也需要能够充当安全网关，为其所覆盖的终端节点（如传感器或执行器）提供安全服务。

2. OpenFog 节点管理：如第 4 章所述，雾网络是有层级部署结构的边缘分布式系统。因此，雾节点的管理不仅指单个节点管理它自己的本地资源，雾节点还需要向上一级节点提供管理接口，使更高级别的系统管理节点或者代理节点能够查看和控制低级别的节点。为了实现协同管理，这些接口需要使用相同的管理协议。

3. 雾网络：每个雾节点必须能够通过网络进行通信。并且，根据不同雾计算应用的业务需求，雾计算网络还需要实现特定的网络功能。例如，许多雾应用对时间敏感或有感知时间的需求，针对这些应用的雾计算网络可能需要支持时间敏感的组网机制。

4. 加速器：某些雾应用程序需要利用 FPGA 等加速器来满足计算性能需求。

5. 计算：节点应具有通用计算功能，同时支持标准软件（例如商业软件或开源软件）在此节点上的运行，使雾节点之间具有更高的互操作性。

6. 存储：雾节点中的本地环境数据、日志记录、代码镜像，以及在节点上运行的服务和应用程序都需要在本地独立存储。存储类型可包括本地硬盘、固态硬盘，以及用于密钥和其他机密资料的安全存储介质。连接或嵌入到雾节点的存储设备需要满足系统和场景所需的性能、可靠性与数据完整性要求。此外，存储设备还应提供有关存储介质的运行信息和非正常运行预警，来支持节点的故障自主修复和面向任务的资源分配。

7. 传感器、执行器和控制器：这些基于硬件或软件的设备被认为是物联网中最底层的设备。一个雾节点可能与几百甚至上千个这类节点相关联。这类节点中有一些可能除其本身功能外没有额外的处理资源与能力，而另一些可能具有一些基本的雾计算功能。这些设备通常具有一定的网络连接能力，包括有线或无线协议，如 I2C、GPIO、SPI、蓝牙 LE、ZigBee、USB 和以太网等。在物联网中，这类底层节点在仅作为数据资源的提供者时，有时也可被视为雾节点。

8. 协议抽象层：当前市场上的许多传感器和执行器协议或数据具有异构性，不能直接与雾节点连接。协议抽象是物联网中来自不同厂商的雾节点和终端设备能够实现互操作性的关键。协议抽象层在逻辑上使这些设备能够在雾节点的监管下，将它们的数据用于分析或给更高级别的系统和软件使用。具体的实现方法是在设备间接口之上增加一个抽象层次，使供应商可以共享所支持的雾计算架构的元数据，从而加强多个厂商的数据互操作性和服务可组合性。这些元数据也可以用于跨层优化，例如，使用信息中心网络（Information-Centric Networking，ICN）在雾节点之间优化路由数据，或者像软件定义网络（Software Defined Network，SDN）一样创建动态雾计算网络拓扑。

接下来，将参考以上节点视图所包含的内容，具体阐述如何面向应用需求，利用相关技术构建雾节点和雾计算网络，并保障其安全性。除此之外，本章还将简要介绍 OpenFog 参考架构中所提出的雾节点与雾计算网络的安全模型。

5.1　节点的软硬件组成与管理

大多数雾节点的硬件都是模块化的。一个小型雾节点可以由包含常用固定组件的主板及可以安装可配置组件的模块化插口组成。这种模块化的雾节点相对单一整体的雾节点，可以提供更高级别的灵活性和可维护性。但需要注意的是，在节点设计时需要适当地权衡，避免一些开销较高的维护工作，例如，升级某些适配器模块可能需要更换机箱等额外操作，所以节点设计之初应当权衡这类组件的升级与初始配置的开销。一般来说，雾节点包括以下的组件配置选项。

（1）更快的 CPU。

（2）不同的 RAM 组件。

（3）不同的存储配置。

（4）可配置的输入 / 输出，支持边缘接口和网络接口。

● 网络接口，包括不同数量的光纤等线路接口，以及可配置的物理层选项。

● 边缘接口，如 RS-232 接口和 Modbus 等。

（5）FPGA 等加速器。

中等大小的雾节点可以用一块底板来替代主板，并且通过将一些扩展板安装到该底板上来支持模块化。这种雾节点通常作为部署在网络边缘附近或室内的雾节点。大型雾节点与大容量刀片式服务器相似，支持包括高端多路 CPU、大型 GPU 阵列、PB 级存储及数千个 I/O 链路等模块。模块化雾节点需要内部模块之间相互连接。这些连接可以发生在主板和子板之间、扩展版和底板之间等。模块互联可能需要千 Gbit/s 级的传输速度。

传输方式可以是电、光或其他手段。大型雾节点模块之间的连接有时被称为拓扑结构。在服务器级别的雾节点上，可以使用光纤模块作为中心集线器。CPU、加速器、存储和网络模块构成以中心集线器为核心的星形拓扑结构。在理想情况下，这些互联设施应符合 PCI-e 或以太网等开放标准，从而构成能够广泛互操作的硬件生态系统。

雾节点和终端设备不一定是物理上分离的，雾节点可以嵌入到终端设备中，与终端设备模块通过总线相连。例如，在支持机器视觉的雾计算系统中，系统可以利用靠近边缘的大型雾节点来训练神经网络。中等大小的雾节点可用于部署训练好的神经网络模型，并收集来自不同终端的视频流，从而动态推断或识别图像。在这个例子中，小型的雾节点模块甚至可以嵌入终端的摄像头中，并利用嵌入式加速器来识别单一摄像头数据源产生的图像，从而完成一些数据的预处理工作。

5.1.1　硬件虚拟化和容器

硬件的虚拟化机制几乎可用于所有雾节点的处理器硬件。I/O 接口和计算资源的硬件虚拟化使多个雾用户能够共享同一物理系统（即雾节点）[26]。同时，虚拟化技术在系统隔离方面非常便捷，也就是说，它可以限制虚拟机使用本非它们应该使用的指令或系统组件，因此也可在系统安全中扮演重要角色。例如，可以将有些网关部署为虚拟机，并且由雾节点以软件形式定义网络功能，使得经由该网关的传输可以得到严格的控制。围绕路由器和服务器构建的经典硬件驱动业务的"软件化"部署会带来更低的成本和更灵活的操作。路由器本身也可以成为一个软件定义网络的虚拟化基础设施。

容器是一种重要的平台级技术，已被互联网企业广泛用于支撑分布式集群。顾名思义，容器本质上是一种隔离技术，在这点上它与虚拟机类似，但容器主要隔离软件程序。它使软件能够以标准化镜像的方式进行打包和发布。在这种镜像中，软件的安装过程和配置参数等都已被固件化，从而可以使用一个简单的镜像运行命令来创建镜像、启动容器。与虚拟机不同，软件容器通常不需要单独的操作系统。容器使用 CPU、内存和网络等资源隔离，并分隔命名空间以隔离应用程序的操作系统视图。容器中可以配置应用程序、隔离资源并限制服务。多个容器共享相同的内核，但是每个容器被限制为只能使用预先定义好的资源数量。

在雾节点中，硬件虚拟化解决了多个业务和多个雾用户共享雾节点的问题，而容器技术实现了雾节点软件开发与服务部署过程中的自动化，比如在环境搭建与配置、应用部署和系统升级等环节可以降低对人工的强依赖。以上两个技术使雾计算系统中多个应用程序能够在单个物理计算节点上，或在多个虚拟机、多个物理计算节点上运行，从而实现高度分布式的架构。这是雾计算所需的弹性计算环境的关键特性。容器与硬件虚拟化可以提供轻量级的隔离机制。该机制下的隔离无须完全依赖芯片，而是可以仅由操作系统来完成。这将隔离需求从芯片转移到了芯片上运行的软件，从而简化隔离操作，并使得隔离本身具有灵活性。并且，基于安全与隐私考虑，在雾节点上运行的实例通常也要求使用容器或虚拟机来进行隔离。当前，容器引擎中使用最为广泛是 Docker[27]。

5.1.2　雾节点分布式存储

雾节点的存储需求主要集中在：提高内容分发效率的数据缓存、传感数据的短期存储、存储计算任务的中间结果等。在前文关于雾计算 IT 资源的介绍中，已经提到其存储介质可以包括 RAM、固态硬盘、机械硬盘等。存储资源可以作为独立的雾存储介质节点提供给雾用户；也可以作为雾节点的一部分，以存储服务的形式提供给雾用户。当实际应用时，雾用户将根据用例与数据特征选择存储介质或存储服务。本节将面向存储技术，分析雾计算中存储系统构建与选择的方法。

当雾节点上的数据存储设备作为整个节点结构的一部分提供给用户时，存储资源可以是内置的存储器，也可以是直接连接到雾节点内部总线上的外置存储设备。这种方式下的雾节点具备较强的计算能力，其数据存储资源适用于存储计算任务的中间结果。对于使用外置存储设备的节点，在选择时必须首先优化存储设备的每秒读写性能（Input/Output Operations Per Second，IOPS），从而避免中间结果数据的读写成为整个业务的性能瓶颈。

随着多种物联网业务的增长，与计算能力密切相关的存储方式难以满足特定业务大容量、高可用性、高可靠性、高性能、易维护和可动态扩展等多方面的存储需求。因此逐渐出现了一种专门的存储雾节点。它采用将存储功能从以计算服务为主的雾节点中独立出来的方式，将访问模式从以计算服务为中心转化为以数据为中心，从而实现扩展容量、提高性能和延长距离的目标。相关存储技术包括网络附加存储（Network Attached Storage，NAS）和存储区域网（Storage Area Network，SAN）等。

1. 基于 NAS 的存储雾网络

基于 NAS 的存储雾节点集成了系统、存储和网络技术，它包含一个优化的文件系统和瘦操作系统以提供跨平台的文件共享服务；它与雾用户之间的通信基于 IP 协议，采用网络文件系统（Network File System，NFS）和通用因特网文件系统（Common Internet File System，CIFS）等作为上层传输协议，如图 5-2 所示。因此，在该技术支持下的雾节点具有可伸缩性强、使用与管理简单等特点，并且可实现雾用户的跨平台文件共享。但是，该节点对数据库的支持较差，且备份与恢复较为困难。因此，不适合依赖大量数据库存储处理结果或中间结果的业务，更适用于文件长度比较短的应用。

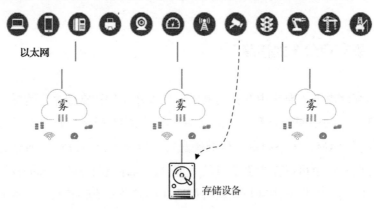

图 5-2　基于 NAS 的存储雾节点构造

2. 基于 SAN 的存储雾网络

基于 SAN 的存储雾网络通过专用高速网将一个或多个网络存储设备与计算节点连接起来，形成一个专用存储雾网络。存储的管理集中在相对独立的计算节点内，网络拓扑结构是可伸缩的，内部任意节点之间存在可选择的多路数据交换，如图 5-3 所示。它可以提供高性能数据管道和集中管理的共享存储设备，从而实现最大限度的数据共享、最优的数据管理及系统的平滑伸缩，能够满足网络数据的存储备份、故障恢复等需求，且具备高可用性。通过将本地存储迁移到基于 SAN 的存储雾网络上，可确保大量数据的访问、备份和恢复不影响本地网络的性能。因此，该方案适用于对性能要求高且存储量大的业务，如物联网专网应用等。其性能与存储网络的带宽和延迟密切相关。

雾计算相比云计算更加“贴近地面”的一大原因是，它除了面向大型 IT 供应商与垂直行业应用，也允许中小型企业甚至个人对外提供雾计算资源和使用雾计算服务。这些小型雾服务提供者所能共享给雾用户的存储能力相对较低，同时他们作为雾用户时需要的外界存储量也较小，且不一定有长期的存储需求。与此类型需求相关的存储技术包括对等（P2P）存储和网格（Grid）存储等。基于 P2P 和网格的雾存储特征如下。

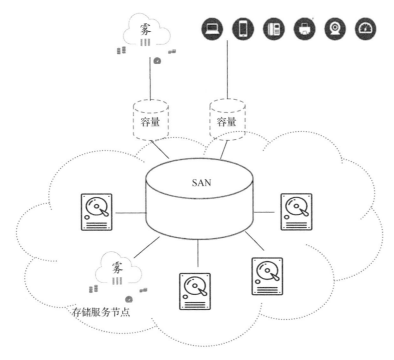

图 5-3　基于 SAN 的存储雾网络构造

1. 基于 P2P 的雾存储系统

从用户的使用方式来看，基于 P2P 的雾存储系统中每个用户既向其他用户提供资源，也从其他用户那里获取资源。从体系结构的角度来看，基于 P2P 的雾存储系统为无中心结构，节点之间是对等的，通过互相合作来完成用户任务。在使用 P2P 方式构建的分布式雾存储系统中，雾用户使用雾节点提供的存储空间并向其付费，雾用户也可通过该平台发布自身的空闲存储空间。这种基于 P2P 的雾存储结构的优点在于：可用性高、没有中心节点、不易形成系统瓶颈、不易受攻击、可伸缩性强、自配置功能强且自组织性好。

2. 基于网格的雾存储

基于网格的雾存储将所有被雾节点共享的存储资源、服务器和网络资源虚拟为一个资源池，它可以在异构的雾节点之间实现快速简单的容量共享。这种共享方式能够支持短期的存储服务需求，也可以实现企业级数据的统一管理，具有灵活性高、性能易优化、服务质量易升级等特性。这些优势使得即使是中小服务提供者也可以联合起来提供容量大、稳定性高的存储服务，也易于通过资源众筹的方式大幅降低雾用户在购买服务、扩容和管理时的费用。

表 5-1 分析了各类雾节点分布式存储的设施、可伸缩性、可用性与业务需求。除此之外，雾节点的分布式存储还应支持以下功能[12]。

- 当存储设备部署在没有物理保护机制的空间时支持静态数据加密。
- 通过支持 AES-256 和 TCG Opal 等标准来实现加密、密钥管理及认证。
- 提供有关存储介质运行过程的实时信息和稳定性预警，并支持自我修复等。
- 在虚拟雾计算环境中，通过向特定应用程序或虚拟机提供如每秒读写性能、带宽等可调整的存储资源，实现面向不同用户的性能分配。

表 5-1　雾计算相关存储技术分析

存储技术 ＼ 特性	需具备专用存储设施	可伸缩性	可用性	业务需求
节点内存储资源的共享	非	不佳	低	无偏向
基于 NAS 的存储雾节点	是	不佳	高	非结构化数据、小型文件
基于 SAN 的存储雾节点	是	较好	高	长期、大型、结构化数据
基于 P2P 的雾存储	非	好	高	无偏向
基于网格的雾存储	非	好	高	无偏向

5.1.3　节点管理

4.2.1 小节中简要介绍了 OpenFog 参考架构所定义的雾节点的带内、带外管理机制，雾节点设计者可以依据管理需求配备其中一种管理接口或两者都配备。雾节点最常用的管理功能为系统软件和固件的更新、异常系统操作的远程警报。由于某些雾节点经常在恶劣环境条件下或偏远的地区工作，因此通常需要支持固件和软件无线远程更新。前文中提到，OpenFog 参考架构的带外节点管理系统并不运行在雾节点的操作系统上，这意味着该管理系统与雾节点本身的操作系统是相互独立的，它可以在雾节点所有电源状态下保持活动状态并对雾节点进行管理，因此比较适合用于雾节点的系统更新与远程警报等节点管理操作。雾节点的带外管理平台一般也被称为硬件平台管理（Hardware

Platform Management，HPM）系统。

大多数雾节点需要配备硬件平台管理设备，它主要负责控制和监视节点内的组件（例如，存储介质、加速器等）。在雾节点中，硬件平台管理设备通常是在 CPU 或主板上的一个小型辅助处理器，它可以通过各种传感器和监测点来跟踪系统变量，如温度、电压、电流和各种系统误差。雾节点可能会定期向节点外部的可靠性管理系统报告这些信息。如果检测到严重错误，则可以通过硬件平台管理设备生成警报，并将其发送至可靠性管理系统。

HPM 系统还负责控制雾节点的内部配置，它可以设置如 IP 地址、传输速度等通信参数，也可以配置新的硬件模块。如果某模块出现故障，将由 HPM 系统负责将其隔离并尝试恢复其功能。HPM 系统还与系统信任链中的可信组件进行合作，从而安全地进行整个节点的软件更新。与雾节点硬件的物理操作有关的传感器也会通过硬件平台管理设备发送数据，数据包括环境温度、气流、风扇速度、电源电压、电源电流和湿度等[12]。

OpenFog 参考架构在雾节点的平台硬件层与软件层之间还设置了带内管理层，该层负责将雾节点的硬件和软件配置为所需状态，并使其保持在指定水平，以实现节点的可用性、弹性和性能。在设计具备不同能力与功能的雾节点时，节点管理层的组成将因为具体的设计需求而有所不同。对于单独部署的嵌入式模型，一般远程进行节点管理。通常，雾节点的硬件平台管理设备与主处理器上的相关带内管理软件协同配合来完成节点管理任务。雾节点带内管理系统所具备的功能一般包括以下 5 项。

1. 配置管理：即管理和维护操作系统和应用程序运行时所需的状态。配置管理也可以通过软件代理实现。软件代理是节点部署的可选项。

2. 操作管理：雾节点的操作将被捕获、存储，并提供给负责监控基础设施的系统管理人员或自动化系统。这些操作信息包括网络、操作系统和应用程序产生的网络运行事件与警报。监控系统将管理用于处理关键警报的操作工作流程。根据警报的类型和内容，系统将设置相应的补救措施。补救措施可以是自动实施或人为手动修正的。

3. 安全管理：安全管理包括密钥管理、加密套件管理、身份管理和安全策略管理。

4. 容量管理：监视节点容量，并根据工作负载的要求调入额外的计算、网络和存储资源。

5. 可用性管理：当发生系统故障或软硬件崩溃时，关键基础架构需要能够自动修复。如果硬件发生故障，工作负载将被重新分配到其他硬件节点；如果软件发生故障，虚拟机或容器可能会被回收。因此，应该保持足够的备用系统容量，以满足给定场景的服务等级协议（Service Level Agreement，SLA）①。

5.1.4 节点的生命周期

即使是最小的雾节点，也有一个管理生命周期，用于管理其交付给雾用户的（服务）单元，如系统资源、软件服务等。OpenFog 参考架构将节点的生命周期定义为委任、供应、运行、恢复和终止 5 个阶段，如图 5-4 所示。在所有雾计算系统中，都有一个或多个分立的系统或软件服务来实现管理代理[12]。设置管理代理的目的是确保雾节点中每个单元都成功地经历其生命周期。由于人工干预对于大型雾计算网络是不切实际的，因此自动化需要涵盖生命周期的所有阶段。

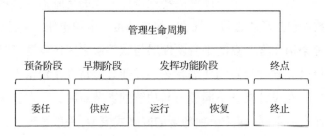

图 5-4　雾节点管理生命周期的主要组成

委任是雾节点生命周期的最早阶段。在将共享任务委任给雾节点中的某个单元时，在对外公布该单元之前不仅需要执行包括标识、认证和时间校准等操作，还需要确定以下节点特性。

- 该节点在未来阶段的可信度、安全性、可靠性、可用性和可服务性。
- 敏捷的数据收集和监测机制。
- 开放性，以便控制该节点并获取其资源的实时信息。

供应也属于早期阶段，雾节点中的单元必须被预先登记到雾计算系统中。该登记过程包括发现、定义标识、广告其特性和功能、信任和功能部署。雾节点正常运行时，节点的管理须涵盖可靠性、可用性和可服务性的所有方面。

恢复阶段是指当一个雾节点运行超出预期的规范时，它必须能够完成自我修复并执行恢复操作。恢复操作可以由节点自治地完成，也可以由其他雾节点协助完成（分别通

---

① SLA 是服务供应者和用户间签订的合同，其中定义了服务类型、服务质量和客户付款等内容。

过 OpenFog 参考架构定义的带外和带内管理接口实现）。

在终止阶段，由于在许多应用交付与资源使用过程中，雾节点可能获取个人识别信息（Personally Identifiable Information，PII）等敏感数据，在服务终止阶段，需要清理所使用单元的所有软硬件执行数据和信息。包括如下内容。

- 解除雾节点实例，释放实例的相关资源，使其可以重新用于其他部署。
- 安全地清除所有非易失性存储，保证将来的应用程序不会访问到以前的雾用户数据。

5.2　节点安全与隐私

端到端安全是在布设雾计算基础设施时必须实现的重要安全目标。它意味着安全保障机制的覆盖范围是从终端设备到雾节点再到云的整个系统。雾节点的安全是端到端安全机制的重要组成部分，如果没有设计适当的安全机制来确保雾节点是可信的，那么就不可能建立起一个值得信赖的端到端雾计算基础设施。而如果雾节点是可信赖的，就可以在节点这一基础设施之上再建立安全的雾网络，为雾节点到雾节点、雾节点到终端设备和雾节点到云之间的安全通信提供基础保障。因此，在具体的雾计算系统架构中，安全机制的设计需要从一个个雾节点及其内部的软硬件系统出发。

5.2.1　恶意节点与节点可信机制

雾计算系统的最终目的是为终端用户提供可靠和安全的服务，这要求在系统中合作的雾节点彼此之间具有一定程度的信任。然而，随着数据逐渐资产化，在数据和信息的巨大价值面前，存在不法分子刻意制作恶意雾节点牟取暴利的潜在威胁。这些雾节点假装是合法节点加入雾计算系统，却实施不法操作，例如收集用户数据或由其他设备生成的数据对外出售，或者向邻居节点发送恶意数据来破坏其行为等。数据加密 / 解密措施可以防止参与传输过程的节点恶意截获数据；而严格的授权许可政策可以从系统中过滤非法雾节点。但是，这些策略将增大雾节点间数据交换的时延，增加该过程的资源占用，也会影响雾节点的通用性和互操作性。

因此，信任在促进雾节点间的交互方面发挥着重要作用。在缺乏信任度量的情况下，终端用户或某个雾节点需要考虑是否放弃使用某些服务来避免信息泄露，这将影响服务的可用性。因此，在雾节点的设计过程中，开发人员需要考虑如何保持服务可靠、防止意外故障、处理和识别可疑行为、正确识别恶意行为，并在大规模网络中引导建立基于信誉的信任模型。

1. 信任模型和信任基础

信任问题在雾计算环境中实际上是双向的。一方面，终端设备请求服务时，提供服务的雾节点应能验证该设备是否是真实的；另一方面，终端设备向雾节点发送数据或其他有价值的请求时，终端设备应能够验证目标雾节点是否安全可信。这就需要建立一个可靠的信任模型来确保参与某项业务的雾节点和终端设备的可靠性和安全性。为建立信任模型，在选用各类雾节点、执行器和传感器等设备时，需要考虑以下几个方面。

- 能够以何种程度信任系统中的设备？
- 有没有一种有效的机制可以衡量何时及如何信任物联网设备？

在云计算中，建立信任管理模型是一种有效识别恶意节点的方式。其中，基于历史信誉的模型已在电子商务、在线社交网络等依赖多个云服务提供者的应用中得到了广泛认可。此类模型需要根据全局视角，汇集云服务提供者的历史服务情况，结合云服务与终端用户之间的服务等级协议得出其信誉的量化参数，再将该参数提供给其他用户，作为其选择云服务的参考。然而，这种模式较难直接迁移到雾计算中。一方面因为雾计算环境中缺乏集中的管理机制，因此难以获得全局信息；另一方面雾节点本身可能具备移动性，这为服务等级协议的监控和验证增加了难度。可行的解决方案是引入专业的、有许可证的第三方中立雾节点来建立和维护信任度量模型，从而检测环境中的恶意节点，进而选择有针对性的安全策略。

安全策略指定在什么情况下谁可以访问哪些资源。有些安全策略可能直接嵌入到节点的硬件和软件中，有些安全策略可能会从带外雾计算管理系统推送到雾节点中，并由授权的管理员进行策略的添加、更改或删除[28]。雾计算部署层级结构中的每一层都需要添加安全策略。在极端情况下，可以为雾节点中所有实体无差别地设计最高级别的安全机制，比如用严格的加密措施保护节点间所有的数据传输。这的确有助于保护隐私信息，但也将妨碍雾节点的直接信息交换、增大数据传输的时延，进而损害互操作性和系统的灵活性，这在许多应用中是得不偿失的。一种更加合适的方式是充分了解系统中需要保护的目标，围绕目标本身的特性寻找系统弱点，依据弱点分析可能的攻击与威胁，进而设计实施安全保护机制，并依照系统与环境的变化随时按需升级安全机制。

由此可见，雾节点的可信程度取决于其内部组件采用的安全策略。一般认为：如果雾节点中的一个或多个组件（例如，硬件、固件或软件）受到侵害，则该节点及节点内部的软硬件系统将不再可信。OpenFog 参考架构提供了通过检查各层次历史行为的方法来判断系统及其组件是否在以可靠的方式运行，从而确定其是否安全可信。

雾节点的可信计算基（Trusted Computing Base，TCB）是指雾计算平台的硬件、软件和网络组件。TCB 中的组件和代码越多，就越难保证它没有错误和安全漏洞。一般在节点设计过程中都希望 TCB 尽可能小，最小化其可攻击面。然而，有时候系统需要具备一定复杂性来满足特定需求，所以 TCB 最小化在实际应用中是难以实现的。一般的解决方法是在系统的其余部分创建多个隔离和保护区域，从而保持更小的 TCB，以缩小复杂系统环境中的可攻击面[12]。

TCB 的关键和雾节点的安全保障来源于信任这一基础。为了保证攻击者没有任何机会劫持早期的节点初始化或启动过程，系统的安全策略需要被固化在硬件上，让其无法被绕开。硬件信任根（Hardware Root-of-Trust，HW-RoT）是雾节点 TCB 的关键。硬件信任根是一个受信任的硬件组件，通常是可信硬件芯片，主要用于接受控制指令。由于雾计算系统的硬件平台管理可以在主要计算单元中以带外方式运行，因此在许多部署中，配备在硬件平台管理设备中的硬件信任根也可以拥有自己的可信计算标准模块，比如可信平台模块（Trusted Platform Module，TPM）、可信密码模块（Trusted Cryptography Module，TCM）和可信平台控制模块 (Trusted Platform Control Module，TPCM)。

2. 节点可信机制

可信计算组织（Trusted Computing Group，TCG）[②]认为：如果信息系统由一个初始的可信根开始，在平台控制权每一次转换时，通过完整性度量，将这种信任传递给下一个组件，则平台计算环境可认为是始终可信的。这种信任传递链条称为可信链，转换时的度量过程称为可信度量。硬件信任根通过芯片厂家植入在可信硬件中的算法和秘钥，以及集成的专用微控制器对其他硬件、固件和软件组件进行度量和验证来确保其可信，从而将信任链扩展至系统的其他模块。因此，雾节点的可信机制可以从它的硬件信任根开始构建。

---

② 由微软、惠普、英特尔、IBM 和 AMD、组成的非营利组织，旨在建立个人电脑的可信计算概念，当前已发布多项可信计算标准

（1）安全或已验证的启动。

雾节点应该支持硬件信任根功能来验证启动过程。安全或经过验证的引导是一个体系化的过程，包括加载和验证已签名的固件镜像，加载引导程序、内核和模块。需要注意的是，即使可信平台模块存在，在启动时也不一定需要使用它。验证启动有许多实现方法，例如，从不可变的只读存储器（Read Only Memory，ROM）加载的代码开始执行。由于签名一般难以规避，所以雾节点中的计算实体仅可操作有密码签名的固件映像。安全启动引导可能是专有的，所以需要由系统架构师验证启动引导程序的安全强度和功能。此外，硬件信任根不应当执行未验证的代码，包括来自 PCI-e 存储设备的可变 ROM 中的代码等。

（2）可信或已度量可信度的启动。

可信启动与安全启动的不同之处在于对软件的依赖。可信启动利用更高级别的软件证明（以编程方式验证）运行的固件是安全的。例如，可以使用可信平台模块执行固件代码，代码执行时将创建加密后的汇编代码模块，并存储在可信平台模块中。可信平台模块中的平台配置寄存器将作为该过程的存储器。平台配置寄存器可以被认为是用于某个特定目的的单一可信链。

（3）确保安全的启动过程。

雾节点的安全建立信任根需要通过启动过程的剩余部分来验证和扩展，以确保节点可以被信任。雾节点在执行某个组件之前必须确保该组件固件和系统软件没有被篡改。实现这一点的方法较多，例如，可信计算组织规范中定义的可信引导与安全引导、麻省理工学院提出的 AEGIS 等。具体解决方案的选择和实施应该与安全分析和威胁评估协同起来。

（4）标识。

雾节点必须能够向网络内的其他实体标识自己。从雾节点请求服务的实体也必须能够向雾节点标识自己。这种识别的最佳方法是使用一个具有证明能力的不变标识符。证明能力是系统向远程第三方验证者提供一些不可伪造证据的能力 [12]。采用直接匿名证明（Direct Anonymous Attestation，DAA）是较为常见的方法，它是使雾系统在保证隐私的同时证明给定系统可信的凭证。

（5）远程可信认证。

终端节点访问雾节点时需要执行一个可信认证过程，这个过程认证了终端用户眼中的雾计算系统的安全状态与可信程度。在雾计算层次结构中，可信认证过程通常采用远程认证或软件认证的方式实现，实现手段包括度量和验证。度量指采集所检测的软件或系统的状态，验证指将度量结果和参考值进行比对，看结果是否一致，如果一致则验证通过，如果不一致则验证失败。度量和验证的目的是证明运行在雾节点上的固件和软件已知或可信。如果在雾节点上运行的固件未通过认证，则不应使用该节点，并且需要进行系统修复[12]。虽然有许多实现方法可用于远程证明，但为实现跨越多个接口的远程证明，需要使用可信计算组织和其他标准组织认可的证明方法。

5.2.2　威胁模型

OpenFog 参考架构中将雾节点中被保护的目标称为资产，并提出了包括信息技术基础设施、关键基础设施、知识产权、财务数据、服务可用性、产能、敏感信息、个人信息和声誉等资产类型划分。这些划分可以帮助开发人员合理定位其资产类型，并设置不同的安全策略类型和级别，来消除安全威胁。

威胁是可能破坏资产或导致安全漏洞的行为。为了便于区分各类系统威胁，可以采用威胁模型描述一个系统可能面临的威胁，描述对象包括系统需抵御的威胁类型及还未考虑的威胁类型。

面向雾计算环境设计威胁模型时，开发人员首先需要了解系统的各个视角及整体的部署模型[29]。这是因为威胁模型不能超出被保护目标的物理范围，否则将额外增加对雾平台的设计与开发要求。同时，一个好的威胁模型应该明确指出对系统、用户和潜在攻击者所做的假设。威胁模型不需要描述攻击的细节，而是应该说明对业务系统的潜在攻击来源。例如，是源于系统外部，还是由内部人员在开发过程中实施的。这是因为内部攻击通常更加难以防范，如果节点设计与开发人员在系统中植入一个可以被后续利用的后门，那么利用这个后门的攻击将很难被察觉。在物联网等一些大范围应用中，大多数攻击主要以降低应用效率为目标，使系统反应速度降低乃至瘫痪。实际上，在大规模、广泛地理分布和高度移动的环境中，通过技术手段检测内部和外部的攻击是较为困难的，当前的做法以构建防御为主。

另外，关于隐私的威胁也是雾节点需要着重考虑的问题。可以认为隐私是数据的一种属性。雾计算系统必须给予用户设定他们所拥有数据的隐私属性的自由。隐私权与保密性是不同的，前者指雾计算系统有保护秘密或敏感信息的义务，后者是指终端用户或雾服务提供者拥有决定如何使用个人信息的权利。资源受限的设备缺乏对所生成数据进行加密或解密的能力，这使其更容易受到攻击。

一种容易被忽略的隐私是可用于推断终端设备位置的位置隐私信息。雾计算托管的许多应用程序都是基于位置的服务，尤其是移动计算应用程序，这使得与终端用户相邻的雾节点可能收集有关用户身份、公共设施使用状态（例如，智能电网度数或最终用户位置）等敏感数据。此外，由于雾节点分布范围较广，安全性较差的偏远雾节点容易成为入侵者进入网络的入口。入侵者一旦进入网络，就能更加容易地挖掘和窃取节点间交换的用户隐私数据。

还有一个隐私问题是保护用户对物联网设备生成的一些数据的使用模式。除了由终端设备直接产生的隐私数据以外，隐私信息的间接泄露也是雾计算中棘手的威胁。雾计算一般的工作行为是终端用户将其任务分发到最近的雾节点。许多终端设备（如可穿戴设备、智能手机和自动驾驶车辆）的位置与其所有者是密切关联的，因而可以直接从雾节点处发现终端用户的位置、轨迹，甚至移动习惯。还可以通过分析用户对雾服务的使用习惯来揭示用户习惯。例如，车联网中的传感数据直接包含车主位置、轨迹和驾驶习惯等敏感数据；智能电表的读数可以推测出房屋空置时间、家中人口数量和某些电器的使用时间，甚至用户喜欢看的电视节目等。

这里举一个常见的威胁例子。拒绝服务（Denial of Scrvice，DoS）攻击是利用被破坏或出现故障的雾节点或终端设备的攻击行为，处于不同位置的多个攻击者同时向一个或数个目标发动攻击称为分布式拒绝服务（Distributed Denial of Service，DDoS）攻击。这些恶意节点或设备不断重复地向其他雾节点发出处理、存储等服务请求，从而阻塞网络内合法设备发出的请求。当一组恶意节点同时发起这种攻击时，攻击的强度和覆盖面将会大幅增加。并且，这种攻击方式不一定需要依托物理上存在的终端设备或节点，通过伪造多个设备的地址并发送虚假的服务请求便能达到同样的攻击效果。

在雾计算环境中，DoS 攻击一方面来源于未被认证的终端设备，另一方面来源于恶意的雾节点。因为难以部署集中化的管理与控制机制，所以终端设备难以通过邻近雾节点进行身份验证。而恶意的雾节点本身也是雾计算网络的合法组成部分，所以其发出的恶意请求在初始阶段将很难分辨。

针对 DoS 攻击的安全策略可分为防御性的方法和进攻性的方法。防御性的方法多种多样，例如，引入受信任的第三方系统来验证终端设备，第三方系统通过颁发某种形式的证书来验证终端设备身份。还有各种类型的加密和访问控制策略。但面向规模较大、涉及节点数量和类型较多的应用系统时，构建全面的防御需要复杂的安全策略。在此类安全策略部署的过程中，任何错误的服务配置与实现都将使防御失效，因此它更适合结构较为简单的系统。进攻性的安全策略重点在于异常检测和异常定位，包括对雾节点行为（数据与服务访问的频率、数量和持续时间等）的检测与分析，通过检测终端用户的异常行为，从而预测恶意攻击。一种确认异常行为的方式是发送诱饵信息。诱饵信息一方面可以主动探测可疑节点的行为，另一方面可以通过向已确认的恶意节点发送大量垃圾数据及时阻塞恶意节点的行为。

面向 DoS 攻击的安全策略还有很多，依据系统自身的特性，这些安全策略将具备不同的内容与形式。面临 DoS 攻击时，雾节点的广泛分布也有助于保持应用服务的弹性。表 5-2 中包含了几种典型的威胁和针对雾节点的攻击行为。

表 5-2　威胁与攻击的案例 [12]

威胁类别	保密性	完整性	身份验证	可用性	隐私
意图 攻击位置	通过明显 / 隐蔽的渠道泄露信息	无适当授权情况下，修改数据 / 代码	将一个实体伪装成另一个实体	资源无法访问 / 不可用	泄露实体的敏感信息（包括身份）
内部攻击	数据泄露	数据更改	身份 / 密码 / 密钥泄露	设备破坏	数据 / 身份泄露
硬件攻击	硬件木马，旁路攻击	硬件木马	硬件木马	无线电干扰、带宽耗尽	硬件木马、旁路攻击
软件攻击	恶意软件	恶意软件	恶意软件	DoS / DDoS、资源耗尽	恶意软件、社交网络分析
网络攻击	窃听	消息 / 事务重放	欺骗、中间人攻击	DoS / DDoS、子网泛滥	交通模式分析

5.2.3　数据安全与软件安全

雾计算的安全策略一般围绕保密性、可用性和完整性 3 个核心展开 [30]。

1. 保密性：防止系统向未经授权的实体披露机密或敏感信息。

2. 可用性：系统根据需要，持续依照预先商定的服务等级协议级别向授权实体提供服务的能力。雾节点的可用性判断不仅要考虑软硬件故障使其服务能力下降的情况，还必须考虑因受外部攻击而使自身服务能力受损的情况，例如 DoS 攻击。

3. 完整性：防止未经授权修改受保护的数据或代码（例如，保证某个接收凭证未被修改过）。

数据安全和软件安全是安全策略要达成的关键目标。

1. 数据安全

随着终端设备数量的增加，雾计算系统中生成和处理的数据量也在不断增长。终端设备的资源限制使其将产生的数据发送到雾计算系统或云端来做进一步的处理和分析。这意味着，数据安全不仅要体现在处理层面，还涉及通信层面。数据保密性不能随数据的转移、处理而变化，数据访问时的可用性需要得到保证，数据应在数据处理阶段和之后保持完整性。

系统中的数据一般有 3 个主要的驻留位置：在处理过程中存在于系统内存中、存储在某种非易失性存储器上或存在于网络接口上发送和接收的消息中。根据其位置和性质，可以对应地将数据分为使用中的数据、持久化数据和传输中的数据。

（1）使用中的数据：指在数据处理期间驻留在存储器系统层次结构中的数据。存储层次结构一般包括：静态随机存储器、动态随机存储器、高速缓存和交换空间等。在这些数据中，密钥、个人数据、公司专有数据，甚至某些专有算法都被认为是需要保密的，因此需要防止被未授权方读取或更改。保护存储器免受来自其他地址空间（比如虚拟机）和物理设备未授权访问的常用方法是采用存储器管理单元，包括内存管理单元和输入输出内存管理单元等。

另一种保护使用中数据的方法是内存加密。内存加密用于在雾节点执行任务期间保护该任务所使用的代码和使用 / 产生的相关数据，保证即便系统的其他部分已经被泄露，内存中的数据和代码也是安全的。它还有一个额外的作用是可以防止攻击者将代码注入正在运行的实例中。这是因为攻击者解密代码的过程可能导致代码被破坏，使运行中的程序实例失效，同时攻击也因此失效。

内存加密方案通常使用对称密钥加密技术，因为它的加密 / 解密速度较快。但内存加密过程本身也需要一定成本，一方面该功能通常需要额外的软硬件支持，例如，驻留在存储器管理子系统中的加密设备、用于管理加密硬件的一些操作系统支持，以及用于管理与加密后存储器相关联的密钥的方法；另一方面内存的动态加密 / 解密过程中，数据将先被提取到缓存中，再将加 / 解密后的数据从缓存写回内存，这个过程本身也会影响内存的响应时间。

（2）持久化数据：也称为静态数据，是指驻留在某些非易失性存储设备上的数据。非易失性存储设备包括机械硬盘或固态硬盘、USB 驱动器和光盘等。保障持久化数据安全性的前线防御是数据加密，它使访问范围限定在使用正确密钥的用户，从而可以维持个人识别信息的隐私性和其他敏感数据的机密性。数据经过加密后，即使其存储介质受到物理损害，密钥依然可以有效防止未经授权的用户获取数据。对持久化数据的保护一般包括全盘加密及对文件系统和数据库加密。

① 全盘加密。

全盘加密能够自动加密写入磁盘中的所有数据并自动解密从磁盘读取的所有数据。它通常使用磁盘固件中基于硬件的加密机制来实现，但也存在基于软件的磁盘加密机制。基于硬件的全盘加密优点是不会因软件或安全管理系统运行增加额外开销。如果使用软件加密，由于硬盘上包括操作系统在内的所有内容都被加密了，加密／解密过程将会增加数据访问时间。所有类型的全盘加密机制均依赖正确的身份验证密钥。如果没有正确的身份验证密钥，那么即使将硬盘驱动器移植到另一个运行相同软件、相同操作系统的计算机中，也不能顺利读取。全盘加密适合位于公共位置（例如，商场、灯柱、街角、路侧和车辆等）的雾节点设备。由于采用一个密钥加密整个硬盘，所以安全管理系统应该提供密钥备份机制，以防在进行数据检索或提取等操作时，由于系统密钥丢失等原因导致数据无法使用。

② 文件系统和数据库加密。

文件系统加密是提供基于密钥的访问和身份验证机制来保护单独的文件或某些目录、文件夹下特定文件的方法。当存储在磁盘（或其他介质）上的单个文件需要保护时，能够访问该加密介质的任何应用程序或用户都可以对该文件进行加密操作。在加密过程中，系统使用对称文件加密密钥对文件进行加密。文件加密密钥本身则使用文件所有者的公钥进行加密。加密后的文件加密密钥嵌入加密的文件一并存储。为了解密文件，文件系统首先使用与所有者的公钥相匹配的私钥对嵌入文件的文件加密密钥进行解密。然后再使用文件加密密钥解密文件。整个数据库或记录中的单个记录甚至字段都可以加密。在雾节点中，一般由运行在虚拟机中的应用程序执行文件加密，被加密的文件包括有数据专有权的文件或包含敏感、私有数据的文件。

仅仅依靠加密手段不能确保对数据的全面保护，还必须在安全的存储中管理密钥、策略和证书，确保它们不会被篡改或窃取。数据访问者可包括数据库、应用程序、操作系统和文件系统等。在一次数据访问事件中，存在谁、何地、何时、如何访问、何种数据等多个访问事件属性。这些访问事件属性都可能存在安全威胁，例如，访问敏感信息和未经授权的访问尝试。因此，所有的事件属性都需要进行监控并记录，以供后续取证分析和操作。

（3）传输中的数据：在雾节点网络的发出或到达接口（包括虚拟网络接口）上发送和接收的分组数据，也就是正在通过网络传输的信息。对于传输中的所有敏感或私有数据都应该执行数据保护。加密连接或加密文件可以用来保护传输中的数据。加密连接可以保护数据在传输过程中不被泄露，而加密文件则使数据在传输过程中不以明文形式显示。加密连接自动加密通过网络连接发送的所有内容，这个过程不考虑要发送的信息本身的加密状态。例如，如果发送一个已经加密的文件，它将在发送时被再次加密，两次加密使用的密钥不相同。

除此之外，驻留在类似缓存等交换空间内存中的数据也应受到保护。未授权方对交换空间内的数据盗用包括将数据移出加密内存，并在另一个未加密的内存系统上读取等。为了防范此类威胁，开发人员可以使用全盘加密，该方法的开销也相对较低。

2. 软件安全

保障雾计算系统内软件可用性和信息保密性的主要策略是访问控制。访问控制通过限制对资源或对象的访问来构建安全系统，确保只有授权实体可以访问特定资源（例如，某物联网设备）或使用系统中的应用程序。访问控制包含认证、授权和记录等过程。其中，认证过程可以理解为访客回答"你是谁？"这个问题。认证用于人与机器之间，以及机器与机器之间。在建立雾节点之间的关系时，认证将起到避免恶意雾节点接入系统的重要作用。授权过程回答了"你被允许做什么？"的问题。记录是指在系统中实施的记录保存和跟踪机制，包括跟踪和记录对系统资源的访问。但建立初期的访问控制机制还不够，因为在运行过程中设备还是会出现故障，也容易受到恶意攻击。另外，还需要物理访问安全控制，以确保只有授权人员才能接触硬件。表 5-3 简要介绍了几种访问控制机制的常见使用时段与访问控制手段。

表 5-3　访问控制机制

访问控制机制	时段	常见手段
认证	访问初期	公私密钥、RFC 2617 基础认证、RFC 7519 JWT 框架等
授权	数据 / 服务请求期	OAuth 授权框架等
记录	活动全过程	访问控制列表、日志等
物理访问安全	全时段	地理位置选择、硬件保护选择等

要访问雾节点上托管的服务，终端设备必须先通过雾计算网络的身份验证，进而成为该网络的一部分 [31]。这是防止未经授权的节点进入网络的重要步骤。在身份认证方面，

由于公钥密码系统（Public Key Cryptosystem，PKC）可以用于建立长期的网络身份，故常被用于认证过程。在公钥密码学中，密钥是按照每个用户、实体和计算设备进行公钥和私钥配对的。某实体密钥对中的私钥如同数字身份识别号一样，只能由其拥有者访问，并代表该私钥拥有者在网络空间中的数字身份。例如，使用设备 A 的私钥执行的操作可以将正在进行该操作的设备认证为 A。所以，为保护其拥有者的数字身份，私钥必须是保密的。由于雾节点本身的电源、处理能力或存储资源限制，传统的证书和公钥基础设施（Public Key Infrastructure，PKI）认证机制不一定适用。一种替代做法是将身份验证作为一种服务来提供，服务提供的过程与存储和处理服务类似，由指定的第三方认证机构完成身份验证服务。

为了保证雾节点所托管应用程序的完整性，首先需要防止恶意用户对其进行访问。因此，雾节点上的操作系统还需要实现对文件与目录的访问控制机制，从而管理访问权限。常见的做法是通过用户 ID 或组 ID 来限制对特定文件或文件组的访问。以 Linux 文件系统为例，基本文件权限应用于使用该权限类型的权限组。每个文件和目录都有以下 3 个基于用户的权限组。

- 所有者权限：对文件或目录的拥有者开放权限。
- 组权限：对已分配给文件或目录的一组用户开放权限。
- 所有用户权限：对系统上的所有用户开放权限。

每个文件或目录对特定用户所开放的权限一般都包括以下 3 种基本权限类型。

- 读取权限：指用户读取文件内容的能力。
- 写入权限：指用户写入或修改文件及目录的能力。
- 执行权限：用户执行文件或查看目录内容的能力。

在传统操作系统环境中，通常由系统管理员负责定义用户标识和组标识，并设置访问权限。在雾节点操作系统中，类似 Linux 文件系统权限设置的实现也较为常见。如果不同的应用程序在同一个雾节点的操作系统或虚拟机环境中运行，每个应用程序都需要对共享文件系统中的数据进行不同的访问。例如，对某些数据只进行读取，对计算中生成的数据则进行读、写操作。

在雾计算中，由于数据传输与处理链路上所涉及的雾节点或终端设备较多，数据对象的所有权可能发生多次转移。例如，为了实现无缝的服务交付，移动终端设备利用移动方向上的多个代理雾节点来访问某应用。而随着雾节点或终端设备的移动，雾节点所托管的软件的使用权可能也发生转移。在类似这样的过程中，设置数据或服务的使用授权机制是防范相关威胁的一道屏障。具体的授权方法可以是对雾节点进行分组授权。例如，使数据对象在特定时间段内只授权一个或一组雾节点读写。

除了通过限制恶意用户的访问权限来保护雾节点中的代码或数据模块，还可以用哈希值对代码或数据的完整性进行验证。具体方法是使用已知代码模块的哈希值作为唯一的全局名称来标识该模块。两个具有不同文件名的相同代码或数据模块将具有相同的哈希值，这表示它们具有相同的身份。如果一个代码模块被恶意软件感染，那么它的哈希值将会被改变。因此，可以通过判断哈希值是否一致来确认该值所标识的模块是否完整。

5.2.4　物理安全和防篡改机制

雾节点的物理安全等级由它的位置和该地点与节点间存在的物理接触途径决定。例如，在不考虑由行业标准或企业对雾节点设备给予额外防护的前提下，位于开放公共场所（如商场、街角和电线杆等）的雾节点更容易遭受物理攻击。因此，可以说雾节点支持的物理安全等级决定了接触其系统组件的困难程度。物理安全的相关机制还包括系统一旦遭到破坏后的应对措施。在设计雾节点时，只有该节点的物理安全机制应与该节点所采用的安全策略和威胁模型级别保持一致，才能有效地保证雾节点系统的安全性。

物理安全主要依靠防篡改机制。其目的是防止攻击者对设备进行未授权的物理或电子攻击。防篡改机制可以分为4类：篡改预防、篡改证据、篡改检测和篡改响应。需要注意的是，防篡改机制本身不应干扰雾节点的正常维护，也不应降低节点本身的互操作性。为了防止防篡改机制带来影响，雾节点需要预先设置一个可以由授权实体进行配置的维护模式，以便在节点维护过程中禁用篡改响应，在维护结束后重新启用。

1. 篡改预防

篡改预防机制包括使用专门的物理封装材料封装雾节点及其对外的接口，以提高篡改雾节点的难度。封装材料包括钢外壳、锁、封装胶囊或安全螺钉等。例如，将机箱内的组件和电路板密闭封装，使入侵者在不打开机箱的情况下，就难以使用光纤探测雾节点的内部结构。片上系统（System on a Chip，SOC）制造商启用的所有接口尤其需要部署篡改预防机制模块。许多制造商留有接口，用来开启一些特殊的操作模式，例如，制造或测试模式。在部署节点后，这些预留的操作模式接口极易成为系统的物理弱点，从而被攻击者利用，因此必须严格部署篡改预防机制。

2. 篡改证据

篡改证据机制的目标是确保在发生篡改时留下明显的证据。篡改证据机制是对最小风险攻击者（例如，不确定的攻击者）的主要威慑手段[12]。篡改证据材料和设备多种多样，如特殊的密封件和胶带等，这些材料和设备的主要特性是在物理篡改发生后会有很明显的外观改变。篡改发生后可以通知硬件平台管理设备，使系统在无须人员物理介入或现场观察的情况下，更高级别的管理实体即可确定篡改行为。

3. 篡改检测

篡改检测机制指系统需要能够感知到不必要的物理访问[12]。篡改检测机制被触发时通常会向安全监控器提供硬件安全违规信号。用于检测篡改（入侵）的机制通常分为以下4类[12]。

● 开关（如微型开关、磁性开关、水银开关和压力触点）可检测开启设备、侵入物理安全边界的行为或某种特定组件的移动。

● 温度和辐射传感器等传感器检测环境变化。电压和功率传感器可以检测到故障攻击。离子束分析可用于检测在集成电路内特定电子门上发生的高级攻击。

● 电路（如柔性电路、镍铬合金线和包裹在电路板上的关键电路或特定组件上的光纤）用于检测包装破损或试图对其进行修改的行为。例如，当镍铬合金线的电阻发生变化，或者通过光缆的光功率下降时，系统可假定存在物理篡改。

● 网格机柜，如戈尔篡改响应表面机柜（Gore's Tamper Responsive Surface Enclosure）等特殊机柜，旨在保护雾节点的物理安全边界，并结合了一些篡改证据和检测功能。

4. 篡改响应

篡改响应机制是检测到篡改时采取的对策。这种事件响应一般可以针对不同情况进行配置。因篡改产生的雾节点故障可以分为软故障与硬故障两种。软故障的响应包括清除敏感数据，并在之后发送一个中断信号到安全监控器，来确认该过程已经完成，以便系统重新启动处理器并继续执行；硬故障的响应需要执行软故障的所有操作，加上缓存和内存归零、系统重置等操作。较好的结果是无须额外操作即可排除篡改影响，或者事件可以被记录下来以供日后分析。较坏的结果则可能是将所有敏感数据、缓存和内存置零后，雾节点依旧不能再次启动，必须进行更换。雾节点的篡改响应过程应能够被它所在体系结构中更高级别的实体理解和规划，这种依赖在系统部署中经常被忽略，因此可攻击面通常被利用。因此，雾节点的篡改响应必须被雾计算系统及运行其上的软件所理解③。

---

③　OpenFog 参考架构中对此方面也有要求

5.2.5　OpenFog 雾节点安全模型

OpenFog 参考架构提出了雾节点的安全模型，该模型将雾节点安全技术抽象化，使用户能够利用模块化的安全技术灵活地创建计算环境，从而解决从物联网设备到云，以及两者之间雾网络的各种安全问题。架构中包括了 OpenFog 节点安全、OpenFog 网络安全、OpenFog 管理和编排安全几个方面。OpenFog 节点安全模型描述了所有适用于从芯片到软件应用的雾节点的安全机制。在实际部署中，雾节点的具体安全需求将由目标市场、垂直用例及节点本身的位置等因素决定。但是，其安全模型必须首先保证某些共性的基础安全需求，才能构建安全的执行环境。安全模型的实现涉及许多不同的描述和属性，如隐私、匿名、完整性、信任、证明、验证和度量，这些也是 OpenFog 节点安全模型的关键属性。

OpenFog 雾节点安全模型的基本要素是：系统中存在一种方法来发现、证明和验证所有设备和组件，然后才能建立信任。在许多应用中，对于安全能力不足的小型设备和传感器，雾节点可能成为此类设备安全进入雾计算层次结构和云的第一个安全点，也可以利用雾节点对当前已部署的系统提供额外的安全支持。OpenFog 雾节点安全模型从基本构建块的定义开始，所有的雾节点都必须采用基于硬件不变的信任根。随着更复杂的拓扑结构的构建，这些拓扑会继续作为从雾节点到其他雾节点和云的信任链。由于雾节点也可能被动态实例化或拆除，所以硬件和软件资源应该是可以证明的。不能被证明的组件不应该被完全允许参与雾节点，或者不能被视为完全可信的数据 [12]。

OpenFog 雾节点安全结构由下至上分为 4 个水平层次，如图 5-5 所示。最底层是硬件组件层，这一层也包括外部设备。取决于用例要求，在这一层可能有一些可选的硬件加速器。图 5-5 所示的硬件加速器是片上系统上的加密设备，它也可以作为外部设备或作为处理器中的特殊指令存在。这一层还包括内存管理单元、输入输出内存管理单元和硬件信任根等。

硬件组件层之上是系统固件、选项固件（Option ROM）和平台非易失性随机存储器层。这些组件本身是依据平台需求进行选择的。为了支持硬件信任根和信任链的扩展，必须有一个不可更改的固件实现驻留在受信任的系统 ROM 上，一般是开机后首先在平台上执行的代码。

再上一层是管理程序层，主要实现虚拟设备的实例化并管理这些实例。例如，生成图中所示的虚拟 SoC 设备（Virtual SOC，VSoC），并按照操作和管理系统的指示将其分配给虚拟机。它还可以实例化代表物理外设的其他虚拟设备，比如图中所示的虚拟网络接口控制器（Virtual Network Interface Controller，VNIC）。这些虚拟设备完全可以由绕过数据的管理程序（如单根 I/O 虚拟化兼容设备）的硬件或作为软件模拟的虚拟实例（如共享的硬盘）来支持。如果物理内核支持并发多线程（Simultaneous Multi-Threading，SMT），那么，虚拟内核不一定需要是硬件线程，这意味着系统允许出现额外的虚拟内核。

　　最上层是虚拟机实例化层。管理程序将物理资源映射为虚拟资源。虚拟机中的操作系统管理应用程序地址空间，这些空间可能被实例化为单独的应用程序地址空间或成为 Linux 容器。

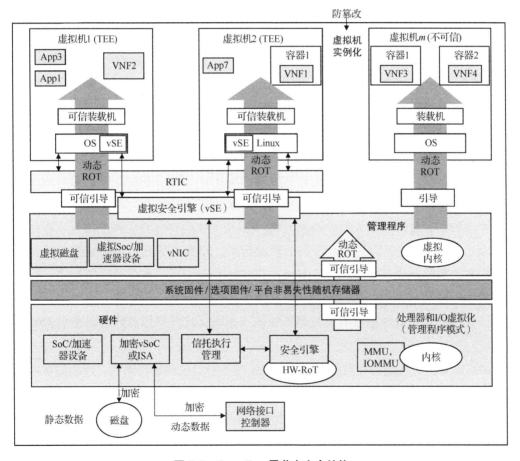

图 5-5　OpenFog 雾节点安全结构

　　各层之间许多功能相连接，从而提供系统服务来创建由可信组件组成的安全信任链。这些连接由各层之间的垂直箭头表示，如图 5-5 所示。例如，安全引擎实例化可信执行环境（Trusted Execution Environment，TEE）并向管理程序提供服务。管理程序反过来虚拟化该安全引擎，即生成管理程序层中显示的虚拟安全引擎（Virtual Security Engine，vSE），每个可信的虚拟机中都驻留了一个代理程序。另一个例子是可信引导固件和软件，它们用于验证与测量固件或软件的每个后续负载，从而建立包含该虚拟机的信任链。可信引导及可信加载程序机制旨在确保每个固件或软件的连续代码加载都是可信的，从而使信任链得以扩展。

　　非可信软件也可以在虚拟机中被实例化，从而创建一个不受信任的环境，但这不是构建系统所必需的。这种配置可以用于在非可信的环境中测试非可信单元，但需要使用前文描述的其他安全机制对该环境进行隔离，以此保护系统其他部分。

　　虚拟机实例化层有一个重要的安全机制：运行时完整性检查（Run-time Integrity Checking，RTIC）。它存在于管理程序的上下文中，并在执行期间监视内存区域的状态。这是因为可信引导不能确保软件被安全地实例化。软件本身可能会存在缺陷、感染（病毒或木马）或在执行过程中受影响。RTIC 的目的是在执行期间监测对镜像中代码和静态数据的更改行为。具体是通过在执行之前运行一组 RTIC 专用工具来理解镜像的构造，即代码和静态数据页面的位置来实现的。RTIC 机制一般由管理程序来托管，并假设管理程序本身是可信的。RTIC 仅用于检查虚拟机，并且所使用的机制大多是被动的。它通过修改页表（Page Table）来检测在内存分页上发生的写入操作。安全策略决定 RTIC 是否检测未经授权的修改行为。通常当更改行为被检测出时，相应的应对方法是终止该虚拟机。另一种解决完整性检查问题的方法是存储加密。这样可以保护加密的存储器中的代码和数据，使其免受外部攻击。不过这仍然难以避免程序错误，且依然会受系统中原有的被感染镜像的影响，且存储器外的代码或数据都不受保护。

　　最后需要注意的是，在系统部署后应关闭所有形式的软硬件调试、性能监视和分析控制。因为这些能为第三方提供物理访问或远程访问的途径，使得攻击者可以使用某种技术来绕过现有的安全机制，或者使攻击者对系统的行为有所了解，从而导致未来的旁路攻击。如果雾节点部署现场需要人员进行调试或展开系统的其他监控与分析，那么必须设计机制来确保只有合法人员持有特定访问的授权，从而进行安全配置。

5.3 雾计算网络

　　相对于传统的计算范式，雾计算最大的价值在于能够以毫秒甚至微秒为时间单位进行反馈，从数千乃至数百万设备中收集数据并分析。这些均是在由雾节点构成的雾计算网络中实现的。在雾计算网络中，通信发生在雾节点与传感器或其他终端设备之间、同一层次中的雾节点之间、雾节点与上层雾节点及包括云的更高级别节点之间。以上通信过程将经由各类网络和通信手段实现。图 4-7 中涉及了全局、区域性、邻近和等范围中可用的雾计算网络类型。这些底层网络的性能、移动性、灵活性、可靠性和可伸缩性等无不影响着雾计算系统的服务质量[32]。同时，雾计算网络还应该提供优先处理关键或延迟敏感数据的管理方法来保证服务交付质量。

　　本节中，将从雾节点的连通性和通信需求的角度探讨各种网络类型与技术。根据部署方案的不同，雾节点很可能与接入设备、网关或路由器等网络基础设施结合。为简化描述，在本节提及的雾计算网络架构中，假设不管雾节点的位置如何，其网络要求都是相同的。这个假设显然会根据具体部署需求而改变，在实际开发过程中可以通过测试平台和其他开放部署来完善网络架构。

5.3.1 网络类型

　　有多种标准、类型和物理连接接口可以用来构建雾计算网络。一般来说，雾节点的网络连接介质取决于雾节点自身的用途和位置。例如，在智慧工厂中，用于收集和分析制造过程数据的雾节点，一般使用有线网络连接上层系统和下层传感设备；用于收集和分析操作人员或叉车位置的雾节点，一般使用无线网络连接到位置传感器[12]。雾节点之间内部的通信一般使用诸如远程直接数据存取（Remote Direct Memory Access，RDMA）等低延迟技术实现。

1. 有线连接

　　雾计算网络的有线网络连接通常是由一个或多个以太网链路组成，支持从 10 Mbit/s 到 100 Gbit/s 的传输速度。开发人员可以选用铜缆、光纤链路等来满足不同的覆盖要求，支持的速度范围可以从 10Mbit/s 到 1Gbit/s。对于需要高速度和长距离的连接，可以使用光纤。光纤通过不同的波长和传输模式支持所需的距离和容量。单模光缆比多模光纤支持更长的距离。

终端设备的通信协议与其本身所处行业的解决方案密切相关。为了将雾节点与如物联网设备或传感器等的终端设备相连接，可以选择多种非以太网协议标准和接口。例如，在工业环境中，雾节点可能需要支持控制器局域网总线（Controller Area Network，CAN）或其他现场总线标准，从而实现与下层应用程序和进程的通信[12]。

另外，对于工业自动化应用，保证数据传输的时效性至关重要，这种类型的网络也就是时间敏感网络，也称为确定性以太网。TSN 使用基于标准的时间同步技术（如IEEE 1588）和带宽预留技术来优化标准以太网环境中的流量控制。如果要求雾节点通过以太网与工业自动化、汽车或机器人环境中的设备连接，则一般需要支持 TSN。表 5-4中列举了雾计算中常见的有线局域网及其适用场景和性能。

表 5-4　雾计算中常见的有线局域网与性能

类型	以太网	现场总线	时间敏感网络
范围	1～2km	0.01～10km	1～2km
带宽	10～1000Mbit/s	5～1Mbit/s	优先适用机制
场景	较为广泛，用于雾节点之间的连接	工业自动化、船舶、医疗设备、建筑管理和工业设备等	工业自动化、汽车和机器人等
协议	100BASE-T、1000BASE-T标准	ISO11898、ISO11519、SAE J1939/ISO11783、CANOpen、CANaerospace、DeviceNet 和 NMEA 2000 等	IEEE P802.3br、IEEE 802.1AS-Rev 等

2. 无线连接

无线连接同样是雾计算网络的重要组成部分。无线连接具备极高的灵活性，能有效提高生产力和效率。无线接口包括各种协议、标准和机制，其连接质量取决于多方面条件，包括但不限于协议灵活性、设备移动性、传输覆盖范围、信道环境、传输功率限制及地理条件[12]。在各类物联网应用中，无线连接对传感器到雾节点的通信尤其有利，可用于雾节点到雾节点、雾节点到云的互联。

在设计雾节点时，是否支持无线通信及使用何种无线通信手段将取决于以下几个方面[12]。

● 该雾节点在雾计算层次结构中的功能和位置。
● 是否需要连接移动传感器或地理分布广泛的传感器。

- 无线通信技术是否满足部署要求的覆盖范围。
- 数据量（吞吐量）和速度（数据传输速率）是否符合业务需求。
- 各种类型的天线、模块或收发器的外形与雾节点外观兼容。
- 能源选择（包括效率、交付和自然耗散等因素）：如果希望雾节点能够高速接收、处理和传递信息到雾计算层次结构中的其他层，那么应当使用交流电源。与此相对应，如果传输和处理速率较低或传输不频繁，则可以使用电池、再生能源或可充电电源。
- 频谱费用：一般情况下，使用授权频谱通常需要支付频率范围的授权费用，使用非授权类频谱的费用可能很低或免费。
- 无线传输本身是高度依赖环境的，环境中的干扰对信号传输质量影响很大。例如，在嘈杂的环境中或在高度反射的金属表面周围部署的无线传输可能无法达到理想性能。另外，对于海事等其他场景，物理基础设施认证要求雾节点的结构完整性不受天线附件或电缆附件损害的影响。在这些环境下，雾节点需要选择安全可靠的无线通信。

依据覆盖区域，无线连接技术主要可以分为无线广域网（Wireless Wide Area Network，WWAN）、无线局域网（Wireless Local Area Networks，WLAN）和无线个人区域网络（Wireless Personal Area Network，WPAN）。依据应用领域的不同，还有被称为无线城域网（Wireless Metropolitan Area Network，WMAN）和无线体域网（Wireless Body Area Network，WBAN）的通信技术，本书将 WWAN 作为 WWAN 与 WMAN 的超集讨论，将 WBAN 作为 WPAN 的子集讨论。

当需要大范围的地理区域覆盖时，无线通信一般使用 WWAN 技术。WWAN 有各种协议和标准，如下。

- 蜂窝技术：3G、4G LTE 和 5G[④]，具有高数据传输速率（>1Gbit/s）且更省电，但它们作为授权频谱使用成本较高。大多数蜂窝通信由第三代合作伙伴计划（3rd Generation Partnership Project，3GPP）实现标准化。雾节点一方面可使用蜂窝技术来接收传感器数据，另一方面，移动雾节点使用蜂窝技术实现数据向高层次节点的上传。
- 低功耗广域网（Low Power Wide Area Network，LPWAN）：具有较低的数据传输速率、较高的功率效率和较低的成本。专有的 LPWAN 实现正在由各种组织进行测试，例如，LoRa 联盟和 Sigfox。LPWAN 目前正在进行农业应用调查，因为它们有能力覆盖

---

④　5G 具备比之前的蜂窝系统更快的速度、更大的容量和更低的延迟。使用 5G 可以提供超过 10 Gbit/s 的传输速度。雾节点如果要汇集来自汽车、移动设备和传感器的数据，很可能需要支持 5G 协议

大面积的农业和农村土地。另外，窄带物联网（NB-IoT）也属于 LPWAN 范畴，它是 3GPP 标准，可满足各种物联网应用要求，并实现低功耗的远距离通信。

WLAN 是较小地理区域的理想通信选择，通常应用在建筑物或校园内。WLAN 使用各种网络拓扑和协议，实际上 WLAN 已经逐渐成为 Wi-Fi 的代名词。根据接入点的数量和密度要求，WLAN 也可用于体育场馆、制造工厂和油田等。雾节点可能支持的 WLAN 协议如下。

- Wi-Fi：由一系列 IEEE 802.11 标准定义。这些标准面向部署环境与应用领域中各种不同的需求，分别支持从几 Mbit/s 到几 Gbit/s 的数据传输速率。例如，IEEE 802.11a/b 主要面向家用、办公、公共场所等场景的无线传输需求，目前最为常见；IEEE 802.11h 主要面向军用和医疗需求；IEEE 802.11p 面向车载系统的中长距离无线通信，定义车联网中车对车以及车对路侧基础设施通信的标准；IEEE 802.11ax 作为该系列标准的最新成员，不论是传输速度还是覆盖范围都有了很大提升，将同时支持 2.4GHz 和 5GHz 频段，并向下兼容目前主流的 Wi-Fi 协议。

- 自由空间光通信（如 Li-Fi）：是一项较新的 WLAN 技术，当前由于光电转化的效率瓶颈还较难商用，但其未来发展可期，有望成为构建无线网络的传输技术选择之一。

WPAN 的特点是通信距离短、功耗低且成本低。WPAN 可以与可穿戴设备和家庭管理系统一起使用，它包含以下技术。

- 蓝牙：以短距离通信为主要特征，是由蓝牙特别兴趣小组（Bluetooth SIG）管理的规格和标准。

- 红外光波无线通信：利用红外线传输数据，传输距离一般在 1 米之内，由红外数据协会（Infrared Data Association，IrDA）提供规范。

- ZigBee：主要特征为低功耗、短距离（但在理想环境条件下可达 100 米）和低数据传输速率为特征。

- Z-Wave：主要用于家庭自动化的射频信号和控制。

- IEEE 802.15.4（低速率 WPAN）：也适用于 WLAN 使用情况。

除以上几种无线连接技术外，比较常见的还有近场通信（Near Field Communication，NFC）技术。它是一种通信设备在非常接近时使用的技术。NFC 技术已经在物流和供应链解决方案中使用了一段时间，现在它们多被用于各类垂直市场应用，包括零售、农业和医疗保健的解决方案 [12]。例如，使用 NFC 技术的无源 RFID 解决方案多被用于资产追踪和物理访问。表 5-5 中列举了雾计算中常见的无线局域网及其性能与应用范围。

表 5-5　雾计算中常见的无线局域网与性能

	WWAN	WLAN	WPAN	NFC
实例	3G、4G LTE、5G、NB-IoT 等	Wi-Fi、Li-Fi、	蓝牙、红外线、ZigBee 等	RFID 等
范围	城市 - 全球	< 1m ~ 1.5km	0 ~ 10m	0 ~ 20cm
带宽	0.16M ~ 10Gbit/s	10M ~ 10Gbit/s	0.5M ~ 2Mbit/s	/
应用	车联网、农业、抄表等	室内、园区内等	雾节点到终端设备或传感器的短距离通信	雾节点到终端设备或传感器的短距离识别通信等

5.3.2　网络管理与网络设计

随着传感器和数据源数量的增加，管理所有类型的资产、节点和资源的重要性也越来越高。而在网络管理方面，涉及传感器管理、雾节点和网络设备的协议管理等。具体的管理方式取决于所使用的通信协议、连接选项和雾节点的 CPU / 内存资源的可用性。例如，一个雾计算网络可以被划分开来，以多个子网络的形式进行管理，也可以由一个虚拟的主网络进行管理。

在网络设计的过程中，除了选取合适的通信技术与标准协议构建无线网络之外，还需要开发其他工具，以便满足特定的需求。例如，由于预算与成本限制、基站节点的缺乏等因素，在某些情况下，系统并不能将所有终端设备或雾节点都连接到某个 WWAN 或 WLAN 中进行通信。这时，需要使雾节点能够充当其邻近节点的路由器。

另外，由于普遍存在的设备移动性，雾计算网络必须对雾节点的增加和流失（进入和离开网络）具有适应能力[33]。移动自组织网络（Mobile Ad hoc Network，MANET）能在不需要预先提供固定且昂贵的基础设施的前提下，形成密集、动态的网络，因此是建立雾计算本地网络的重要基础。当前，低功耗蓝牙、ZigBee 和 ANT 等都允许建立至少覆盖本地范围的 MANET。但是，在 WWAN 中启用 MANET 仍没有完善的解决方案。无线网状网（Wireless Mesh Network，WMN）是接近 MANET 的解决方案。WMN 可以在其核心使用网状路由器，这种网状路由器几乎没有移动性。其他节点通过这些路由器来获得连接，并访问其他网络（例如蜂窝网络、Wi-Fi 等）。

在设计雾计算网络时还需要降低使用时的资源消耗，并使网络具备拥塞恢复的能力。面向物联网业务，在选择通信模型时，许多开发者倾向于遵循发布 - 订阅（Publish-Subscribe, Pub-Sub）的消息交换模型。这样终端就不再需要无差别地不断发送其所有数据，而是将数据在本地聚合、分类，并按需访问数据，这可以极大地平抑雾计算网络的连接需求高峰。并且由于 Pub-Sub 可在终端处确定流量，系统能够在网络边缘就发现潜在的拥塞问题，从而有可能提前预防。这同时对隐私保护也有较积极的作用。因此，不管是物联网终端还是雾计算网络本身都可以从这种数据本地化的模型中获益。

雾计算网络作为由多个雾节点构成的整体，网络中雾节点的变化将不可避免地带来整个网络的改变。因此，除了在新建雾计算网络环境时需要充分考虑网络需求外，在将一个新的雾节点安装到现有网络中的时候，也需要将网络整体的设计需求纳入考虑范围。为避免开发人员在设计网络时有所遗漏，可以依据 OpenFog 参考架构定义的六维度网络设计规范进行设计，简述如下。

（1）雾节点的物理实现或虚拟化实现。

依据网络容量和安全策略决定。例如，决定某基础设施内的虚拟组件可以被谁访问的主要因素可能是其物理设施的所有权归属。

（2）雾节点间通信设计注意事项。

● 直接或间接通信的选择。

● 任意两个雾节点之间的距离设置与能源使用、带宽、电缆复杂性和成本的权衡。

● 是否需要保存两个节点之间的状态（一般在网络备份时或高可用性方案中需要）。

● 通信接口和协议类型的选择。

（3）网络能力规划。

● 在为特定场景设计架构时必须考虑在该场景的最终形态下需要的能力。

● 将新的传输模式对雾节点和整个网络的影响纳入设计范畴。

（4）流数据准备情况。

由于流数据占带宽较高，且需要一定的实时性，网络设计时必须考虑预期流数据的数据量。

（5）维护和升级的频率。

（6）与 IT 的融合。

在非特殊情况下，选择以太网和 IP 作为雾节点到终端设备的通信方式可以使该系统更易于与 IT 环境集成，并有助于提高系统的效率。

5.3.3　网络的动态配置

随着物联网的稳步发展，小规模的数据传输业务正在迅速增长，智能化的小型传感设备也在各个垂直行业全面铺开，包括水、电、燃气抄表设备、环境监测设备等。当这些传感器接入雾计算网络时，邻近雾节点需要能够发现新的传感器，并配置相关的传输网络，从而完成连续的数据读取。当传感器移动时，也需要对其数据传输方式进行动态配置，来保证数据的可靠性。当传输需求变化时，系统也需要进行相应的动态配置来确保服务性能。例如，当应用程序正在运行一个时间敏感的任务时，优良的通信通道或响应速度较快的雾节点应该被动态地分配给这个应用程序来降低延迟。因此，雾计算网络需要有动态发现、检测终端设备的能力，以及动态重新分配网络、计算、存储等资源的能力。

1. 终端设备的检索、发现与配置

终端设备的检测和发现可以由两种不同的方式实现。一种方式是主动检索，终端设备不断搜索能够提供其所需功能的雾节点，雾节点只需要被动等待与终端设备连接即可，这种方法需要预先将雾节点配置为可被发现的状态；另一种方式是雾节点不断搜索周围的终端设备，使用这种方法的终端设备需要能够被发现。通常，这两种方法都可以使用近距离通信协议。

终端设备中的一大重要类别是传感器设备。随着物联网的发展，数十亿的网络传感器连入物联网中，通常情况下，每个传感器可能仅支持一种协议和消息序列。网关雾节点需要智能地找出使用哪个消息序列可以用来配置某个已发现的传感器。传感器描述技术可用于使网关雾节点找到关于每个传感器的更多信息（例如，传感器的功能，它生成的数据结构、硬件 / 驱动程序级配置细节等）以及连接它们的方法。传感器描述技术包括传感器本体、传感器设备定义和传感器标记语言（Sensor Model Language，SensorML）等。此外，还有最近提出的利用应用级协议和框架自动化传感器配置过程，例如 AllJoyn、IoTivity、HyperCat 等。在本书第 6 章和第 7 章将会简要介绍这些协议和框架。

2. 雾节点的检索、发现与配置

与终端设备类似，雾节点的检测和发现也存在主动检索和被动发现两种模式。但当前已有的商用雾计算系统大部分还未考虑到这部分的动态配置，它们一般是将雾节点一次性部署，之后并不主动更改雾节点的网络结构。然而，从技术研究的角度，已经出现了可动态配置雾计算网络的技术。近期较受关注的是雾节点服务编排技术。该技术将雾节点抽象为服务，并基于服务计算的原理对雾节点进行描述、注册和检索等一系列操作，使得雾节点可以面向特定的物联网业务组合成为相应的雾计算网络，如图 5-6 所示。

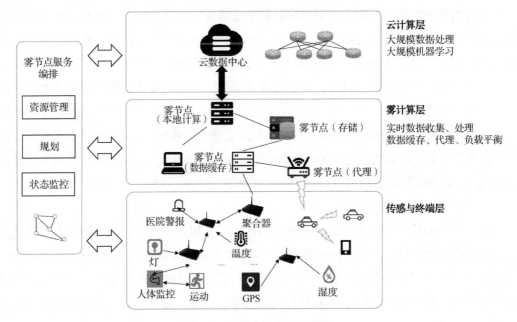

图 5-6　雾节点服务编排模型

3. 数据传输模型配置

将终端设备或雾节点连接到雾网络后，系统还需要配置数据的传输模型。一般情况下，数据传输模型分为推送和抽取两种。

数据推送是由数据发送源周期性地或者即时地将其收集到的数据向指定目的地发送。传感器可以使用这种方式将数据发送到雾节点。同样，雾节点也可使用这种技术将数据推送到其他雾节点或者物联网云平台中。物理或虚拟传感器也可将数据推送到负责数据收集的软件组件。

数据抽取一般由数据需求方向数据源周期性地或者即时地请求或检索数据。雾节点可采用这种方式从传感器处获取数据。在该过程中，周期性意味着数据传输事件是由时间触发的。例如，终端设备可能会配置为每20秒感知和发送一次数据，雾节点也可能会配置为每隔20秒从终端设备抽取数据。数据传感周期也可成为数据的采样率。即时性指数据传输事件是由另一个事件触发的，这里的"另一个事件"可以来源于传感器本身（例如，温度达到一定高度、运动传感器检测到运动状态等），也可以来源于上层需求（例如，用户想获知当前室内温度等），此类事件的发生频率决定了传感器的通信频率。采样率和通信频率是数据传输配置中两个最重要的参数，因为它们直接影响着终端设备的能源使用和寿命，这是构建可持续物联网应用的重要因素。

4. 面向物联网应用的雾计算网络配置

在一个包含云服务中心、雾节点和终端传感器设备的典型物联网中，一个连接的建立和相关配置一般在不同的网络位置发生。传感器需要先连接到雾节点，随后雾节点再连接到由上层雾节点或云服务中心托管的物联网平台。在这个过程中，首先传感器设备需要连接到相应的网关雾节点。为此，双方需要进行协商并达成一个共同的协议和消息序列。接下来，传感器需要描述自身属性（例如，传感器 ID、传感器类型和制造细节等）并将这些描述信息引入网关雾节点。然后，网关雾节点可以使用这些信息来进行相应的配置，譬如，做好以某种方式接收数据的准备。此外，传感器还需要配置日程安排、通信频率、数据采集方法和采样率等。在下一步中，网关雾节点需要将从传感器收集的数据发送到上层雾节点或云服务中心进行处理，并将处理后生成的命令发送回传感器或相应的执行器。以上配置过程也可以称为终端设备的注册。作为注册过程的结果，物联网平台通过每个网关雾节点获知了各种传感数据的可用性。另外，在注册过程中，物联网平台还可以得到雾节点和传感器的一些属性信息（例如，位置、能源使用情况等）。

终端设备和雾节点一般都无法获知物联网应用的全貌。因此，在理想情况下，物联网平台需要负责制定、管理有效的传感计划。首先，开发人员通过考虑物联网应用的整体需求来建立全面的传感策略。其次，物联网平台需要将感知责任委派给雾节点和终端设备，常见的方法是将总体感知计划划分为迷你时间表和配置细节，这些迷你传感时间表和配置细节随后需要被推送到网关雾节点和终端设备中。

但需要注意的是，物联网应用的总体感知要求可能会在较短时间内发生变化，例如，在遇到突发事件时可能需要提高采样率，从而获得更精准的数据等。因此，物联网平台需要随着时间的推移来更新传感计划，以此保持物联网应用的整体效率。另外，由于终端设备和雾节点资源的局限性，或设备本身的移动性，往往容易发生故障或丢失数据，因此需要更换。物联网平台在此时可以有效地用于跟踪参与提供物联网应用服务的终端设备和雾节点。一种理想的做法是，将雾节点或终端节点的镜像（或配置克隆）存储在物联网平台中，以便在发生故障时，使用预先存储的镜像快速部署和配置新设备，而不是重复可能耗费大量时间和资源的节点发现和配置过程 [34]。

5.4　网络安全

为确保雾计算环境中的通信安全，应确保终端设备与雾节点之间的通信，以及雾节点之间的通信是安全的。这两者的区别是，终端设备仅在需要卸载处理任务或上传数据时才与雾节点交互；而雾节点之间的交互发生在需要有效管理网络资源时、管理网络本身时，以及分布式执行特定任务时等各种情形下。

在雾网络安全保护方面，终端设备甚至可能不知道雾计算网络的存在，因此，使用对称加密技术无法保护此类设备发送的消息。另外，非对称密钥加密也面临着消息开销较大的问题。而雾节点之间的通信则需要考虑端到端的安全性，因为在多跳路径中充当中继角色的节点并不是可信任的。

5.4.1　网络安全威胁和应对手段

雾计算网络中存在各种各样的网络安全威胁，其中可能包括前文提到过的 DoS 攻击，除此以外还有网络入侵、中间人攻击和缓存溢出等。雾节点本身的安全机制并不总是能够有效防范这些类型的攻击[35]。较为理想的方式是依靠网络或相邻设备来进行保护[36]。表 5-6 包含了常见的雾计算网络安全威胁和相应的应对手段。

表 5-6　常见雾计算网络安全威胁和应对手段

安全威胁	防御手段
DoS 攻击	防火墙等
网络入侵	入侵防御系统（Intrusion Prevention System，IPS）
中间人攻击（域名系统欺骗、地址解析协议中毒、会话劫持等）	虚拟专用网络、IPS 等
缓存溢出	行为异常检测设备或软件等

5.4.2　端到端安全通信路径

除以上网络安全威胁应对手段外，保障网络安全还包括构建安全的通信路径这一重要防御手段。雾计算网络中发生的通信可以分为 3 种安全通信路径：雾节点到云的安全通信路径、雾节点到雾节点的安全通信路径和雾节点到终端设备的安全通信路径。由于雾节点经常作为云服务中心的代理，连通与其关联的终端设备，同时将这些终端设备聚合、表示到云服务中心上。因此，在选择构建以上路径的通信协议时，应该考虑协议间的互相协作，从而维持终端设备和云服务器之间端到端的互操作性。以下将分别介绍不同路径的预期功能及其推荐实现方法。

1. 雾节点到云的安全通信路径

为了确保雾节点到云的通信路径的安全，雾节点可以实施包括不可抵赖性在内的所有 ITU-T X.800 标准通信安全服务。认证和不可抵赖服务可使用安装在雾节点中的硬件信任根所导出的安全凭证来实现。信道访问控制应根据云服务提供商与雾节点管理者之间建立的通信安全策略实施，并作为其服务等级协议的一部分。所有加密操作都应由嵌入到雾节点中的加密加速器执行，而加密密钥应作为安全监视和管理操作的一部分进行管理。

这些路径还将保留云服务中心所采用的互联网通信协议和 API，以便与各种终端设备通信。例如，物联网设备、个人移动设备、销售终端、独立计算机和终端服务器等。以上几乎所有通信都可作为 Web 服务，通过表 5-7 中的协议进行。

表 5-7　适合节点到云安全通信的协议

应用	交互协议	安全协议
企业应用	基于 HTTP 的 SOAP	WSS
移动 / 个人应用	静态的 HTTP/CoAP	TLS/DTLS

2. 雾节点到雾节点的安全通信路径

分布式雾计算平台可以由跨越多个互联网子网或管理域的雾节点层次组成，这些雾节点可以彼此交互、协调，从而实现特定目标。一般用于实现雾节点间信息交换的模型包括基于事务的客户端－服务器模型和基于事件的发布－订阅消息传递模型。表 5-8 中的协议套件通常用于实现以上交互模型。与雾节点到云的路径相似，雾节点到雾节点的安全路径也需要雾节点实施所有的 ITU-T X.800 标准通信安全服务，包括不可抵赖性。与此类似，信道访问控制应根据雾节点管理者之间建立的通信安全策略实施，从而作为其服务等级协议的一部分。所有加密操作都应由嵌入雾节点中的加密加速器执行，而加密密钥应作为安全监视和管理操作的一部分进行管理。

表 5-8　适合节点到节点安全通信的协议

表 5-8　适合节点到节点安全通信的协议

应用	交互协议	安全协议
客户端 - 服务器	SOAP RESTful^⑤ HTTP/CoAP	WSS TLS/DTLS
发布 - 订阅	MQTT、AMQP、RTPS	TLS/DTLS

3. 雾节点到设备的安全通信路径

雾节点需要保留终端设备使用的通信协议和 API 来实现与终端设备的交互。但是，终端设备的通信协议往往具备多样化的特性，它们针对不同的应用程序和通信媒介将选择不同的通信协议。通过适应互联网协议套件（TCP/UDP/IP），终端设备在无线通信、电力线通信和工业自动化等领域之间的协议融合方面已经取得了一定进展。

大多数 ITU-T X.800 标准通信安全服务可以通过有线 / 无线以太网及互联网中的网络和传输层上的一般安全协议来实现。对于某些适配因特网协议的终端设备，可以使用终端设备的安全凭证来实现强认证。与此类似，信道访问控制可以根据雾服务提供商指定的通信安全策略来执行。终端设备中启用加密的嵌入式处理器执行加密操作，加密密钥可以由安全监控和管理操作模块进行管理。在许多非互联网领域且受到资源限制的终端设备中，只有有限的加密功能是可用的，例如，使用手动安装密钥的对称密码。这些设备必须安装在有物理保护的环境中，并通过硬件连接到一个或多个可提供大部分 ITU-T X.800 标准通信安全服务的雾节点。表 5-9 描述了 OpenFog 参考架构中建议的适合用于建立雾节点到设备安全通信的协议。

表 5-9　适合雾节点到设备的安全通信的协议

网络层次	协议
物理层和介质访问控制层	WLAN：802.11 WPAN：802.15 PLC：PRIME Automation：CIP
无线协议层	Wi-Fi 蓝牙 ZigBee

⑤　互联网软件有一个架构原则称为"表征状态转移（Representational State Transfer，REST）"，如果某个架构符合 REST 原则，就称它为 RESTful 架构

网络层次	协议
适应层	WLAN/WPAN：6LowPAN PLC：PRIME IPv6 SSCS Automation：以太网 /IP
传输 / 网络层	基于 IPv6 的 UDP 基于 IPv6 的 TCP uIPv6 Stack
应用层 （发布 - 订阅消息）	CoAP MQTT AMQP RTPS
路由	RPL PCEP LISP(Cisco)
安全	802.1AR：安全的设备身份 802.1AE：介质访问控制（MAC）安全性 802.1X：基于端口（认证）的介质 IP 安全协议认证头和封装安全载荷：隧道 / 传输模式 （D）TLS：(数据包) 传输层安全

5.4.3　OpenFog 网络安全层

除雾节点安全模型外，OpenFog 参考架构还提出了网络安全功能层的概念，其目的是在终端设备和云服务中心之间的雾计算基础设施上实现动态且深入的多层防御策略。OpenFog 网络安全层不仅用于提供高度可用的实时可信计算服务，还能够保护底层的网络系统。它通过提供系统化的网络安全服务和持续的安全监控及管理来加强节点安全的执行。具体来说，OpenFog 网络安全层提供了 2 个操作平面：安全服务、安全监视和管理；以及 3 个功能服务层来提供端到端的安全性：通信安全、服务安全和应用安全，如图 5-7 所示。该层的设计符合 ITU-T X.805 建议书，且符合开放网络基金会（Open Network Foundation，ONF）推荐的 SDN 架构，因此具有一定的通用性。

在从终端设备到雾节点，再到云的体系结构中，OpenFog 网络安全层在所有实体之间的物理 / 虚拟通信通道中实现 ITU-T X.800 标准中推荐的通信安全服务，这些安全服务如下。

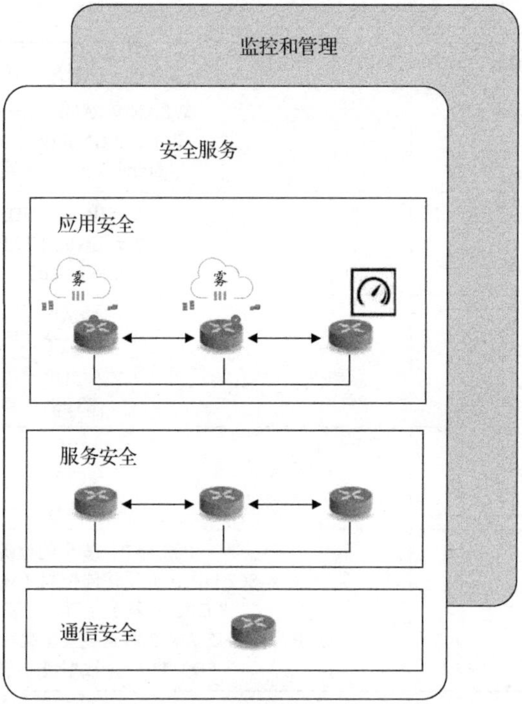

图 5-7　OpenFog 网络安全层和操作平面

（1）保密。

● 连接和无连接的数据保密。

● 流量保密。

（2）完整性。

● 基于连接恢复的连接完整性。

● 基于检测的无连接完整性。

● 防重放保护。

（3）身份验证。

● 无连接通信的数据源认证。

● 基于连接通信的对等实体身份验证。

● 认证过的信道的访问控制。

（4）不可抵赖性（可选）。

● 起始节点的不可抵赖性。

● 目标节点的不可抵赖性。

　　此外，安全服务还可以包括深度包检测（Deep Packet Inspection，DPI）、应用程序层代理、合法的消息拦截、入侵防御系统、入侵检测系统（Intrusion Detection System，IDS）、系统 / 网络事件和状态监视、内容过滤和家长控制等各个方面。以往，此类安全服务一般是由某种特定的安全设备提供的。

　　随着 SDN 在越来越多的领域取代了专用设备，这些专用设备及其包含的安全服务也随之被实现为虚拟机或 Linux 容器中的安全服务软件，一般被视为虚拟化的网络功能（Virtual Network Functions，VNF）[37]。不仅如此，SDN 也可能提供经常与安全服务捆绑在一起的网络服务，例如，虚拟路由器、广域网加速器、网络地址转换器和内容传送服务器等。一般来说，这些 VNF 及其他单独封装的应用服务可能在服务功能链（Service Function Chain，SFC）上连接在一起，并使用网络服务报头（Network Service Head，NSH）对选定的服务功能路径（Service Function Path，SFP）中的数据包进行路由[38]。

　　VNF 和 SFC 的环境也引入了一些新的安全挑战，会影响到提供并保持数据完整性和机密性的可信 VNF，以及与 VNF 通信所需的硬件、固件和软件平台等。除了之前介绍的由硬件信任根发展起来的信任链之外，还需要一些额外的安全机制，如表 5-10 所示。

表 5-10　虚拟化网络功能所需的额外安全机制

安全功能	功能实现与相关机制
确保用于建立身份的 VNF + CA 基础的密钥配置	VNF 不对称加密
批量数据加密	对称密码
保护永久密钥库	私钥
信任的 VNF 到操作维护管理模块 / 管理编排模块的通信的完整性和机密性	确保安全的软件更新
证明机制	确认双方处于安全状态
服务覆盖：服务功能转发器的传输转发	在服务功能或虚拟网络功能之间使用数据包加密 服务功能转发器必须认证服务功能 / VNF 端点
启用 SFC 的域的边界	在边界验证受信任方：防止欺骗、分布式拒绝服务（DDoS）攻击等
分类	认证和授权
封装	元数据需要根据来源进行认证 敏感元数据的选择性共享：加密或数据转换

5.5 小结

本章从 OpenFog 的节点视图出发，首先介绍了在雾计算网络中引入一个新节点需要考虑的因素，以及部署在雾计算网络中的雾节点在虚拟化、存储和资源管理 3 个方面的能力，进而讨论了雾节点的安全问题。然后在此基础上从连接、管理、设计需求及安全性角度，进一步探讨了由雾节点组成的雾计算网络的特性。

依据 OpenFog 节点视图，在将一个雾节点引入雾计算网络之前，首先需要考虑的是以下 8 个方面的实现。

1. 雾节点安全。

2. 雾节点管理。

3. 雾网络。

4. 加速器。

5. 计算。

6. 存储。

7. 传感器、执行器和控制。

8. 协议抽象层。

一个小型雾节点可以由包含常用固定组件的主板及可以安装可配置组件的模块化插口组成。一般来说，适宜的组件配置选项如下。

1. 更快的 CPU。

2. 不同的 RAM 组件。

3. 不同的存储配置。

4. 可配置的输入 / 输出。

5. FPGA 等加速器。

硬件的虚拟化机制几乎可用于所有雾节点的处理器硬件。输入 / 输出和计算的硬件虚拟化使多个雾用户能够共享同一物理系统（即雾节点）。在雾计算环境中，容器可以提供轻量级的隔离机制，该机制下的隔离无须完全依赖芯片，可以仅由操作系统来完成。

有一类雾节点是将数据存储设备作为整个节点结构的一部分提供给用户的。此时的存储资源可以是内置的存储器，也可以是直接连接到雾节点内部总线上的外置存储设备。

当然，也存在专门的存储雾节点，它采用将存储功能从以计算服务为主的雾节点中独立出来的方式，将访问模式从以计算服务为中心转化为以数据为中心，相关存储技术包括网络附加存储和存储区域网等。小型雾服务提供者所能共享给雾用户的存储能力都相对较小，同时，当它们作为雾用户时对外需求的存储量也较少，且不一定有长期的存储需求。此类型的相关存储技术包括对等存储、网格存储等。

　　雾节点最常用的管理功能为系统软件和固件的更新、异常系统操作的远程警报。OpenFog 的带外节点管理系统并不运行在雾节点的操作系统上，因此较为适合用于雾节点的系统更新与远程警报。雾节点的带外管理平台一般也被称为硬件平台管理设备。大多数雾节点需要配备硬件平台管理设备，主要用于负责控制和监视节点内的组件（例如存储介质、加速器等）。OpenFog 参考架构在雾节点的平台硬件层与软件层之间还设置了带内管理层。雾节点带内管理系统所具备的功能一般包括以下 5 项。

1．配置管理。

2．操作管理。

3．安全管理。

4．容量管理。

5．可用性管理。

OpenFog 参考架构定义节点的生命周期为委任、供应、运行、恢复和终止 5 个阶段。由于人工干预对于大型雾计算网络是不切实际的，因此自动化需要涵盖生命周期的所有阶段。可使用一个或多个独立的系统或软件服务来实现管理代理。设置管理代理的目的是确保雾节点中每个单元都成功地经历其生命周期。

　　雾计算系统的最终目的是为终端用户提供可靠和安全的服务。雾节点的可信程度取决于其内部组件的安全策略，它的可信计算基（Trusted Computing Base，TCB）是指平台的硬件、软件和网络组件。如果 TCB 遭到破坏，将会影响系统执行其安全策略的能力。硬件信任根（Hardware Root-of-Trust，HW-RoT）是雾节点 TCB 的关键。雾节点应该至少支持硬件信任根功能来验证启动过程，可信的引导与安全引导的不同之处在于可信引导可以利用更高级别的软件证明（以编程方式验证）运行的固件是安全的。威胁被定义为可能破坏资产或导致安全漏洞的行为，又称为攻击。威胁模型描述的对象包括系统抵御的威胁类型及还未考虑的威胁类型。几种典型的威胁和针对雾节点的攻击行为包括内部攻击、硬件攻击、软件攻击和网络攻击。雾计算的安全策略一般围绕着保密性、可用性和完整性 3 个核心展开。保障雾计算系统内的软件可用性和信息保密性的重要策略是访问控制。这需要通过限制对资源（对象）的访问来构建安全系统。访问控制包含认证、授权和记录。但建立初期的认证还不够，因为在运行过程中设备还是会出现故障，也容易受到恶意攻击。另外，还需要物理访问安全控制。雾节点支持的物理安全等级决定了访问系统组件的困难程度，以及系统一旦遭到破坏后的应对措施，因此应与该设备的安全策略和威胁模型级别保持一致。物理安全主要依靠防篡改机制，其目的是防止攻击者对设备进行未授权的物理或电子攻击。防篡改机制可以分为 4 类：篡改预防、篡改证据、篡改检测和篡改响应。

雾节点的网络连接介质取决于雾节点自身的用途和位置。构成雾计算网络的常用有线网络技术类型包括以太网、时间敏感网络和控制区域网等。无线连接技术又分为无线广域网、无线局域网、无线个人区域网络及近场通信。雾节点自身的带外管理能力在网络管理方面涉及传感器管理、雾节点和网络设备的协议管理等。OpenFog 参考架构定义了一个普适的网络设计规范，该设计规范定义了 6 个在设计阶段需要重点考虑的方面，如下。

1. 雾节点能力的物理或虚拟化实现取决于容量和策略需求。

2. 节点间通信注意事项。

3. 能力计划。

4. 流数据准备情况。

5. 维护和升级的频率。

6. 与 IT 的融合。

雾计算网络需要有动态发现和检测终端设备的能力，以及动态重新分配网络、计算和存储等资源的能力。终端设备和雾节点的检测及发现可能以主动检索和被动发现这两种不同的方式发生。将终端设备或雾节点连接到雾网络后，系统还需要配置数据的传输模型。一般情况下，数据传输模型分为推送和抽取两种。

雾计算网络存在的网络安全威胁可能包括 DoS 攻击、网络入侵、中间人攻击和缓存溢出等。雾节点本身的安全机制并不总是能够有效防范这些类型的攻击。一般较为理想的方式是依靠网络或相邻设备进行保护。OpenFog 网络安全功能层的目的是在终端设备和云服务中心之间的基础设施上实现动态且深入的多层防御策略。它提供了 2 个操作平面：安全服务、监控和管理；同时提供 3 个功能服务层来提供端到端的安全性：通信安全、服务安全和应用安全；以及 3 种安全通信路径：雾节点到云的安全通信路径、雾节点到雾节点的安全通信路径和雾节点到设备的安全通信路径。

第6章
雾计算软件与应用程序管理

除了维持雾节点自身运转的支撑软件，雾计算还需要一系列的应用程序管理组件来支持软件在节点上的运行及节点到节点的通信[39]。这些组件包括但不限于如下内容[12]。

- 操作系统：包含虚拟化层上运行的操作系统内核和应用程序框架。
- 硬件驱动程序和固件：作为硬件接口并启用、调度硬件资源。
- 通信服务：通信功能支撑模块，包括软件定义的网络和协议栈等。
- 数据库 / 文件系统软件：为数据或文件的存储和索引提供支持。
- 软件虚拟化：为运行软件和应用程序微服务提供基于硬件的虚拟化支持。
- 容器：为运行软件和应用程序微服务提供基于操作系统的隔离支持。

本章将主要介绍操作系统组件中的微服务框架、通信服务组件中的消息路由器，以及雾节点上的数据库。以上 3 个组件是雾计算系统能够支撑复杂、大型物联网应用的关键。本章最后还将简单介绍雾计算的应用程序支撑工具类型及其设计方法。

6.1　微服务

雾计算的软件功能是分布在整个系统中的。例如，来自设备的数据可以在网络边缘的雾节点中被检查、过滤、分析和转换，最终这些数据（或其衍生信息）可用于部署在云服务中心的分析与决策过程。因此，开发人员需要一个统一的方法将一个或多个功能封装为软件模块，并且使这些软件模块能以相同的方式进行调用。微服务是实现这样的软件模块比较理想的架构。

微服务脱胎于服务计算，是由一系列信息技术支撑、以自治的服务为最小计算单元、能够将一系列服务通过定义好的接口和契约联系组合起来，从而实现具体业务的一种计算方法。由于其自带的互操作性，服务计算在面向物联网应用的解决方案中有天然的优势。在此思想的指导下，物联网应用中包含的各类功能（如计算分析、数据传输和数据存储等）可被切分为独立的功能模块，并使用微服务来进行封装。在运行时，不同节点中的微服务可使用服务中间件进行管理、协同和调度。

微服务作为一种架构范式，是一种设计理念和编程思想。它的核心思想包括轻量级且松散耦合的服务、积木式的系统搭建和平滑扩容的能力。与先前流行的面向对象架构、面向服务架构（Service-Oriented Architecture，SOA）等类似，微服务并没有完全公认的技术标准和实施规范，也与具体的开发语言没有必然关联。图 6-1 展示了基于 SOA 的一体化服务架构与微服务架构。一体化服务架构和微服务架构的主要区别是微服务实现了单一功能的独立封装与持续交付。微服务架构所支持的应用中，业务功能通常由一系列微服务编排组合而成。因此，微服务更加灵活，也易于扩展。同时，因为单个微服务的部署和运行独立于其他微服务，所以即使在系统运行时，也可以较为容易地替换掉个别失效的微服务，从而避免这些微服务对系统其他部分造成影响。因此，它是非常适合于雾计算和物联网的架构范式。

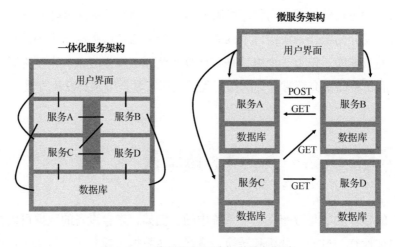

图 6-1　一体化服务系统与微服务系统

6.1.1　微服务封装

微服务的封装没有统一的规格要求，开发人员可依据其程序的功能特性选择必要的功能划分粒度、划分方式和封装策略等。一般来说，划分到同一服务中的功能要能够在独立的进程中运行。部署到雾节点中的功能按照其交互对象和定位，可以划分并封装为基础服务、流程控制服务、接口服务和交互服务等，如图 6-2 所示。基础服务主要封装系统最为核心、基础的功能，包括某些共性算法、数据格式转换和分析决策等。流程控制服务主要提供与用户的业务流程相关的服务，例如工作流等。交互服务主要用于处理雾节点之间同一程序内的交互，包括消息管理、通信等。接口服务面向第三方系统或程序提供该节点内的流程控制或基础服务。

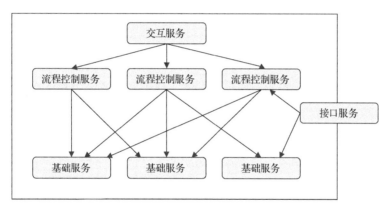

图 6-2　主要微服务类型

上述划分方式中，不同类型服务的交互对象各不相同。因此，需要围绕微服务的交互对象与功能特性来制定相应的服务接口设计原则。例如，基础服务将会被雾节点中的其他服务频繁调用，因此调用的效率和便利性将是最重要的原则。其他类型服务的接口设计原则见表 6-1。

表 6-1　雾计算中微服务的接口设计原则

服务类型	交互对象	接口设计原则
基础服务	接口服务与流程控制服务	调度效率、调用的便利性等
流程控制服务	基础服务、交互服务和接口服务	交互便利性、控制异常等
接口服务	连通外部应用程序与雾节点内的流程控制服务、基础服务	数据安全性、隐私控制等
交互服务	连通部署在其他雾节点的同一应用程序	数据安全性、交互便利性等

6.1.2 服务描述

在物联网应用中，大多数部署在网络边缘的微服务所提供的功能都是为满足一些特定需求而设计的，这些需求如下。

● 减少边缘数据传输的需求：在发送到云或本地数据中心之前过滤和减少数据。这在大量数据和有限网络带宽环境下是必需的。

● 在边缘分析数据：如果对于数据生成设备来说，数据的使用者在本地（即处于同一个局域网），那么对数据的分析最好在本地完成。这种处理方式在各种工厂控制回路反馈系统中较为常见。

● 时间序列采集：如果在测量或传感数据产生时需要时间精度，通常会在采集数据后加上时间戳，并尽可能靠近边缘进行存储，通常会将数据保存在靠近终端的雾节点的历史数据库中。

组织和编排微服务需要预先了解这些服务的具体功能、不同微服务之间的交互途径，因此，在部署微服务之前，需要对服务的功能、属性和特征等内部信息予以描述，并将该描述对外公布。

服务描述与服务接口两个概念虽然意思接近，但作用不同。一般前者以声明的方式捕捉服务功能与属性等细节，后者提供调用接口，使外部服务或者组件能够调用该服务。服务描述的内容可以包括服务功能的语义描述、数据依赖、远程过程调用（Remote Procedure Call，RPC）/ 发布－订阅端点、关联的消息模式和模型等。这样设计服务描述一方面是希望利用一些共同的服务基础设施，来实现不同微服务的注册、调用等基本操作，且同时隐藏这些微服务内部的具体实现。另一方面有助于微服务开发人员将注意力集中在一个交互面上，从而更好地展示微服务的功能框架。这样也方便开发人员基于服务描述，使用特定的工具来自动生成各种接口。

6.1.3 服务发现与编排

在雾计算系统中，一个基于微服务的物联网应用可以包含多个不同的工作流。这些工作流是依据用户业务需求，以一组微服务的串联或并联形式构成的。为了构成一个工作流，雾计算系统一般需要提供服务发现、服务编排两个过程。

1. 服务发现

服务发现过程解析业务需求，搜索并选择与业务需求中所包含的功能相匹配的微服务。微服务可以利用消息路由器提供的发现功能被其他服务或设备找到，也可以在现有的消息中间件基础上，配合应用需求开发相应的服务发现引擎。在物联网中，服务发现机制依据服务描述的存储位置可以分为集中化的、分簇的和 P2P 三种。

集中化的服务发现依赖能够居中控制的服务器，因此这种方案大部分是部署在云上的。在服务部署阶段，微服务提供商将微服务注册在云端，并在云端发布服务描述信息；服务发现过程则依据这些服务描述信息选取目标微服务，再根据注册时提交的微服务访问方式（例如，部署位置或访问路径等）来访问它们。由于物联网中存在大量异构的设备与服务资源，所以服务发现需要能够覆盖语义异构的服务描述[40]，一般由开发者或领域专家提供的完整的知识库或语料库实现。在服务注册阶段，系统经由知识库或语料库为微服务生成服务的本体描述，并将所有服务描述通过特定方式①组织、存储，以便在服务查找过程中能够对符合查询要求的服务进行快速定位。此类方法无须在设备间进行大量的语义信息交流，从而节省了消息传输时间，集中的服务注册与组织有利于对全局服务的发现与使用。但由于微服务的相关信息是预先注册的，因此对于移动的或动态变化的服务资源，它们的提供者需要频繁地向云端更新访问方式与服务描述，因此有较高的云端通信开销。

分簇的服务发现一般面向簇头所管理的本地微服务，采用经过削减的轻量级知识库。可以利用一部分计算与通信资源较为丰富的雾节点组成 P2P 网络。使这些雾节点作为其他雾节点的服务代理（即簇头节点），从而分流服务描述与访问方式更新造成的通信开销。在簇头节点上同样可以实现基于语义的服务发布与查询方式。总体而言，相对集中式的服务发现，分簇的解决方案对本地化的微服务与移动的微服务适应性较好。但是，在服务执行过程中，服务间将有大量数据经由簇头节点在多个簇头节点中转发，因此这对簇头节点的系统与网络资源将是一大考验。即使采用服务载体设备（即分簇中的子节点）间直连通信的方式传递数据，由于簇头节点无法掌握子节点间的通信信道，在簇头节点上进行的服务选择也难以保证所选服务对应的子节点间的直连通信质量。

雾节点之间的 P2P 服务发现机制有较好的可伸缩性，因此有潜力应对大量新接入的服务与设备，同时可以感知服务调用时所用的传输信道。但当前的解决方案多将语义描

---

①　可通过分布式哈希表、覆盖网络等方式组织服务描述信息

述存储于本地设备，而单个节点的知识经过裁剪，仅覆盖与本地服务相关的部分。因此，在服务发现过程中，设备间必要的信息交互相对前两种方案将大幅增加。因此，一般需要以减少必要信息交互为目标对 P2P 的服务搜索算法进行优化。表 6-2 列举了雾计算中的常用服务发现机制。

表 6-2　雾计算中的常用服务发现机制

服务发现机制	网络结构示意图	性能	适用场景
集中式		结构简单，但节点数量较多时反馈速度慢，且容易有单点故障	偏远地区 / 服务托管节点数少 / 节点更新不频繁
分簇式		反馈速度较快，可支持资源受限的雾节点	服务托管节点数多 / 雾节点能力不均衡
P2P 式		鲁棒性高，但需要额外的方法控制服务请求的转发以避免消息洪泛[②]	服务托管节点数多 / 雾节点能力较为平均 / 节点动态更新频繁

2. 服务编排

服务编排（Service Orchestration/Choreography）在很多时候也被称为服务组合（Service Composition）。它是指面向一系列业务需求，通过服务发现过程找到一组待选微服务，再选择合适的微服务组合成串行或并行的（也可能是循环的）可执行工作流的过程。

由于微服务之间可能存在硬依赖关系，在这种情况下，除非所依赖的微服务已经到位，否则该微服务不能运行。通常，这种依赖仅限于被依赖方是系统框架提供的核心服务。与之相对的是软依赖关系，这意味着微服务启动不受其依赖关系的影响。即使一个微服务在某时刻没有运行，该时刻内它所依赖（或被依赖）的微服务也可以启动。如果

---

② 即雾节点将查询传播到其所有的终端设备中或其他雾节点中，致使传输带宽被大量占用

某个被依赖的微服务未能参与到服务组合中，依赖它的微服务可能会因为数据缺失（或过期）等问题而导致运行结果不准确。软依赖多数是输入与输出数据等方面的依赖，也就是一个微服务的运行需要使用它所依赖的微服务执行产生的数据。因此，除了需要满足业务的功能流程，服务编排还需要结合待选微服务的依赖关系。另外，在服务发现过程中，可能存在单个功能需求无法找到完全对应的微服务，或对应的微服务资源已被占用的情况。此时，服务编排过程还需要进一步解析该功能需求，排查是否存在一组微服务能够协同起来，解决这个功能需求。

典型的服务编排过程是：首先从服务请求（应用需求）中提取出相应的功能约束和需求目标，在所有指定的约束和目标的限制下，对所有候选微服务执行预过滤、微服务选择和组合规划等步骤。如果在应用设计时已知应用程序工作负载和并行任务，可以使用静态模型和方法进行编排。静态模型指的是应用的业务工作流和所需的微服务组合都是固定的，在应用运行期间无须改变其工作流程。而在应用程序工作流程存在变化和干扰的情况下，服务编排过程还需要引入运行时的增量调度。增量调度是在已有服务组合的基础上做部分更新，使系统不需要重新运行完整的服务编排过程，以此来减少不必要的计算，从而最大限度地缩短微服务调度时间。

目前在雾计算的实现与创新研发中，开发人员所定义的微服务并不仅限于软件模块，而是囊括了雾计算系统中各类易于封装的资源。它可以是软件、设备、接口、数据、平台甚至一个大型的雾计算网络。微服务可以发现、编排并调用它们所依赖的其他微服务。这使得雾计算可以通过最小的开销使部署的应用程序与用户的业务兴趣保持一致，使可用资源与用户的性能要求保持一致，这也恰好满足物联网应用的灵活性需求。

6.1.4　物联网中的微服务

针对不同的用户群体，物联网应用是多种多样的，基于微服务的物联网系统虽然也适用于简单的传感或控制业务，但其主要优势还是在于处理业务流程复杂或动态性高的应用。石油监控平台就是一个复杂应用的例子，它需要从成千上万的离岸油井中提取数据，并将其可靠地传送到全球各地的数据中心，并与多个应用程序集成在一起。图 6-3 所示是泰国湾油田数据处理的一个例子，图中核心信息中心位于曼谷，而区域数据中心位于宋卡。完全包含在制造单元中的监控系统就是一个简单应用的例子，它只有制造中心一个用户。

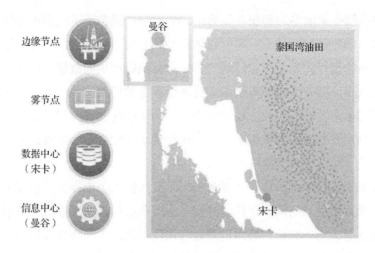

图 6-3　石油平台数据处理

为了适应广阔的系统部署范围、多种拓扑结构和地理区位，与石油监控平台相似的复杂系统必须是模块化的。它可以用于计算在多个位置执行的场景，在最合适的情况下完成处理，并在边缘、雾或数据中心执行数据过滤、聚合和压缩，以优化性能，增加可伸缩性，同时最大限度地降低网络成本。

微服务对各类资源的灵活封装使其可用于处理物联网的各类资源需求[41]。而且，由于微服务是高度封装且可复用的，所以一个微服务一旦配置成型，可以较容易地进行复制。例如，封装好的光照智能控制服务可以复用在制造车间、油井和停车场照明系统等多个场景。目前大多数工业物联网解决方案都侧重于数据采集及数据驱动的反馈执行。控制和自动化的多数功能都可以用预定义的策略体系结构来实现，而微服务的可编排特性使开发人员能够以可定制、灵活和可复用的方式对这些功能进行快速组合、重构，从而满足多样化的物联网业务需求。图 6-4 显示的是一个经典的物联网服务编排过程，它由业务规划、服务发现、服务资源绑定、自适应更新（可选）和服务调用等几个步骤构成。

1. 微服务网络

物联网将不同的独立设备或服务模块集成到一个复杂的拓扑网络中，这个网络由云服务中心、雾节点和大量传感器、终端设备组成。传感器可用于监测物品的状态，一些终端也可以作为人的手持/可穿戴交互入口，可将其统称为物联网终端。与传统的基于Web 服务的应用程序类似，在物联网中，云服务中心提供集中式资源池（包括计算、存储资源），用来分析收集的数据，并基于预定义的系统逻辑，根据数据分析结果自动触发相应的决策过程。雾节点除了将数据传输到云服务中心，也承担云的部分功能。在这种情况下，雾节点可以被定义为云和物联网终端之间的中间设备，一方面充当传感器的数据收集代理，甚至作为数据处理节点，对某些传感数据进行预处理；另一方面也可以作为终端用户的服务代理，为其业务需求托管合适的微服务。例如，大部分可穿戴式传感器数据的收集和预处理，都是由智能手机或相邻的雾网关完成的。

服务调用
业务规划
物联网服务
服务发现
自适应更新
服务资源绑定

图 6-4　物联网中的微服务编排过程

部署在雾计算系统中的物联网应用程序由云服务中心、雾节点、物联网终端托管或部署的微服务组合而成。例如，在移动医疗系统中，监测患者生命体征的可穿戴式传感器收集的数据将不断发送给数据分析商，如果数据分析商检测到异常行为，将立即通知医院的医护人员，医护人员可以进一步采取适当措施。从而实现远程监控、实时数据分析和紧急警报等业务。尽管这些功能可以在一个独立应用程序或系统内开发，但这会限制其可伸缩性和可靠性。例如，生命体征的数据分析无法直接被其他系统（如住院诊疗与监控系统等）使用，尽管两者所需的数据分析功能与输入数据均一致。而将这些独立的微服务与设备进行适当组合与编排，则可以形成多种更为高等级的功能，有助于降低成本并改善用户体验。

2. 微服务编排

物联网中服务编排的主要对象可大致分为硬件资源与软件功能两种。硬件资源编排大多是根据数据安全性、可靠性和系统效率要求选择资源，并在其上部署整个业务软件。在某些应用场景下，服务编排过程中将组织大量具有不同地理位置和属性的候选雾节点。在其托管的业务软件执行时，候选雾节点之间难免需要进行数据交换。为了提升效率，降低反馈时延，许多应用需要利用处于邻近物理位置的多个雾节点，如网关雾节点、具备雾计算能力的边缘基站等。因此，在此类服务的编排过程中，除了要考虑雾节点本身的属性、功能，还要考虑雾节点之间的通信开销。另外，这些雾节点可能是由不同的雾服务提供者维护的，为了达到交换信息、协作计算的目的，它们需要能够临时创建多个信任边界。如 5.2 节中所述，此时需要引入节点认证、授权等机制，来保证雾节点服务于不同应用时，节点本身的安全性。另外，节点选择前还需要进一步确认端到端的安全通信路径，以保证应用程序执行过程中的用户数据安全（见 5.4.3 小节）。图 6-5 展示了一个基于雾计算的物联网微服务编排系统。

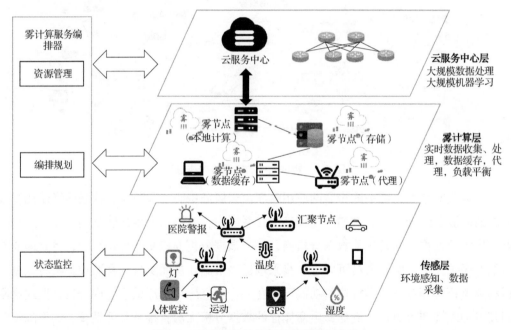

图 6-5　基于雾计算的物联网微服务编排

在 Web 服务中软件功能编排较为常见，一般的做法是将特定的软件功能封装为微服务，并通过服务中间件发布，使其可被终端用户所访问。由于软件功能依然需要依托于硬件基础设施，在物联网应用中，采用编排微服务的方式来实现软件业务的功能，目前多数还集中在云服务平台中。但随着 5G 的大规模商用，5G 的基础设施中所包含的边缘计算资源也将大范围铺开，基础设施不足的问题将得到有效解决，大量可共享的软件微服务将下沉到网络边缘，使用户可以更加灵活、快速地访问这些服务。

3. 微服务的自适应更新

物联网中存在大量消耗型设备（如消耗型化学发光传感器、不可更换电源的设备等）和资源（如电池电源等），这些设备性能和资源可用性会随着使用过程中产生的消耗而下降。如果服务编排包含这类设备或资源，那么它最初所保证的功能与性能将会随着时间的推移难以为继，进而导致初始的工作流程不再是最佳的。在一些极端情况下，工作流程甚至可能完全失效。因此，在这种情况发生时，需要改变工作流程或系统行为来做性能补偿。例如，因为移动雾节点在低电量时数据传输速率可能降低，所以它所服务的终端需要选择其他电量充足的雾节点，并将新的雾节点编排进它的工作流程，从而保证数据传输服务的性能。另外，由于雾计算系统中的服务是可被共享的，一些暂时性用户行为或状态，也将影响物联网应用的性能。例如，资源消耗或用户数据请求的峰值出现时，可能出现用户等待时间延长的情况。此外，雾节点中硬件和软件的可用性变化，也将导致设备的不同管理域之间不平衡的数据通信，以及随之而来的应用可靠性降低。

为了适应以上物联网特性和应用性能需求，雾计算中的微服务架构一般还需要具备自动演进、动态改变微服务组合的能力[42]，以及对已分配的资源进行自动、智能增量协调的能力。在雾计算环境中，有自升级需求的局部区域将变得无处不在。因此，开发人员可以选择在雾计算环境中部署系统功能级的微服务，此类微服务在网络中承担性能监控、系统故障排查和协调更新等工作。具体实现如下。

- 定期或以基于事件的方式记录应用或系统的阶段性状态，追踪组合后的微服务所产生的数据。
- 将这些信息记录形成有时间序列的图表。
- 基于该图表数据，结合组合服务的服务等级协议分析并主动识别异常事件，从而动态确定异常点。
- 根据异常点决定资源协调需求。

为了捕捉物联网应用和雾计算系统在运行过程中的动态演化（如软硬件状态转换、新的应用编排需求和服务性能变化等），应该预先定义这些演化参数的阈值，并规定定量标准和度量方法。这些参数可能包括节点电量、通信链路占用情况等系统资源信息，以及延迟、可用性和吞吐量等服务质量信息。一般的做法是根据系统更新需求预先定义这些参数的阈值，在运行时相关参数超过阈值即可认定为异常事件。目前针对微服务监控的研究中，也有一些研究与开发团队提出了更为复杂的服务质量异常判定方法（如超大规模矩阵更新和计算），这类方法也许对服务质量的判断更加准确，但在雾计算环境中将会占用过多的系统资源，进而导致许多可伸缩性问题，因而在该环境中必须谨慎使用。

当物联网应用所涉及的微服务提供节点较多时，捕捉系统变化的过程将可能在节点间产生较多的消息传递，因此会占用宝贵的系统通信资源。有一种做法是将性能指标变量或重要的状态转换描述为系统事件，并通过事件消息传递总线、实时发布－订阅机制，或利用一些高吞吐量的消息传递系统（如 Apache Kafka 消息中间件）在服务编排框架中对事件流进行处理，这将显著减少通信开销并保证响应速度。

增量协调的主要方法包括缓存和重用部分微服务的动态依赖关系信息，再通过雾节点自身的调整计算和语义分析等方法确定需要更新的微服务，再调用服务发现与编排方法，重新选择微服务并将其相应的系统资源绑定进该组合服务中，解绑需要更换的微服务，最后调用执行新更换的微服务。为了避免在资源协调过程中进行不必要的重新计算，应尽可能继承原有组合服务的中间数据或结果，并且已分配给任务的资源也应尽量重复使用，而不是另外请求资源。

综上可知，在物联网应用的生命周期管理中，部署阶段需要实现应用资源的最佳选择和布局；在运行阶段初期，需要对所编排的服务进行初步校准，使其能够较好地满足服务需求；在运行阶段还需要引入动态服务质量监控，并通过动态增量处理和重新规划提供性能保证。

6.1.5 微服务开发与通用微服务基础设施

微服务的开发并不局限于某种特定的编程语言或框架。也就是说，它可以基于各种编程语言开发。在雾计算架构中，一些微服务会在网络边缘处的雾节点中运行，如边缘路由器或物联网网关；有些运行在更上层的雾节点中，使其能够聚合由许多边缘处理节点所生成的数据；有些则运行在云服务中心。无论其部署／托管的位置在哪里，为了便于管理，部署／托管的所有微服务都需要具有以下共同属性。

● 通过通用的通信系统实现彼此之间的相互作用，这个系统有时被称为消息路由器系统。

● 采用常见的数据结构和编码，当数据在服务托管节点之间传递时，其数值保持不变。

● 使用通用的基础设施、部署模式和安全系统。

● 使用相同的监控方式，可以监控整个雾计算系统中微服务的运行状况。

而对于微服务系统而言，则需要实现包括服务发现、节点发现、状态管理、发布－订阅管理和服务编排等诸多功能模块。6.1.3 小节中已详述了服务发现过程，当整个雾节点被封装为一个微服务时，服务发现还可用于集群部署中的雾节点发现。当新的雾节点加入到一个集群时，它将以广播自身存在的方式加入集群，从而使自身可用于共享工作负载。

与 Web 服务一样，微服务也需要状态管理。在 Web 服务中，客户端与服务器之间的多次交互（如请求、响应）被视为一个整体，多次交互所涉及的状态（一般指数据）会被保存下来。状态管理则指多次交互过程中对数据的修改。在微服务中，状态的计算模型主要由一个弹性的复制模型构成。它的主要作用是将状态外部化（即存储起来）。外部化状态需要在数据库和存储技术之上运行类似会话、状态的功能（如 Cookie、Session）。或者将状态存储在多个雾节点中，使用一致性算法来确保同一状态的多个副本最终被同步，以防止状态丢失。所以，在微服务架构的应用程序层还需要架设能够支持发布请求事件／服务、通知状态（数据）更改和消息广播的基础结构。

目前已有多种面向微服务的框架面世。有一些是远程过程调用的延伸，包括腾讯的 Tars、Ice Grid 微服务架构平台、Google Kubernetes、基于 REST 接口演化的 Spring Cloud 平台等。也存在一些新兴的微服务框架，如 Service Mesh。表 6-3 简单对比了几种常见的微服务框架。

表 6-3 常用微服务框架比较

微服务框架	性能	多语言支持	服务调用开销	面向雾节点的水平扩展能力	容器操作
Kubernets	高	支持	中等	低	支持
Spring Cloud	中等	不支持	高	中等	不支持
Ice Grid	很高	支持	低	高	不支持
Cisco	中等	支持	中等	高	支持

适用于雾计算系统的微服务框架需要灵活的设计，较为理想的情况是能够同时具备以下特性。

● 除了与消息路由器系统交互的接口之外，对微服务没有大小或结构方面的要求。

这一般意味着可以将几行代码、数据库接口、用户界面或任何大小的应用程序封装为微服务。

● 不限制微服务的功能。微服务可以是 Modbus 通信服务、数据转换服务、数据分析服务、将数据移入或移出数据存储系统的转换程序或完整的应用程序等。

● 支持使用多种常见编程语言开发微服务，如 C、C#、Java、JavaScript、Ruby、Python 和 Dart 等。

● 可以使用软件设计模式来开发微服务。

● 所有的微服务可以相互交互，它们之间能够传递消息。

● 微服务之间的通信通常是松散耦合（异步）的，可以提供很强的可伸缩性。

适用于雾计算的通用微服务集成开发环境则需要为开发人员提供各种支持功能，如下。

● 服务容器：这是托管服务代码的逻辑容器，它为在雾节点上运行的应用程序和微服务的细粒度分离提供了良好的机制。服务容器提供必要的引导，使服务能够与消息路由器建立连接，并在启动时获取服务描述，向路由器注册服务功能。

● 服务注册和发现：提供使服务能够自动连接和注册到消息路由器的软件支持。

● 服务调用：使用远程过程调用和 / 或发布 - 订阅，提供统一的 API 来调用其他服务。

● 日志记录和度量标准：提供通用的基础设施来收集各种服务特定的度量标准，并以一致的方式向管理界面展示信息。

● 微服务生命周期管理：由于多数微服务是相互依赖的，且微服务可被不同业务工作流共享，所以需要管理相关服务的生命周期。

在具体的应用中，软件层面的微服务编排也受益于 Web 服务的一些技术，如类似 RESTful 的轻量级 API 在编写复杂的微服务时可实现敏捷开发和简化编排，并支持可伸缩的工作流。另外，还有服务等级协议等技术，它们可以提高微服务间的互操作性，常常用于提高这种松散耦合的管理方式的灵活性。

6.2 消息路由器

当系统由一个或多个组件组成时，这些组件之间必须进行通信才能执行完整的业务流程。6.1 节已提到微服务间的消息通信通过消息中间件来实现，但由于微服务之间的消息交互较多，组件之间的这些连接倾向于逐渐演变成为特定微服务间的直接交互。随着系统的使用和不同微服务编排结果的生成，这些连接会发展成一个完整的网状拓扑结构，每个微服务都与其他微服务紧密耦合，如图 6-6 所示。将新的微服务引入系统会产生更多的连接和更多的微服务间的相互作用。在执行一段时间以后，微服务将变得相互依赖，整个系统变得脆弱和僵化，难以演进。这阻碍了系统扩展，降低了系统的可管理性。

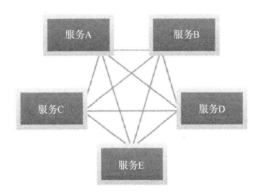

图 6-6　全连接状态的微服务

　　本节引入消息路由器来解决该问题。消息路由器提供了更好的可伸缩性，它为不同的服务提供消息传递的基础架构，以通用的方式相互通信。图 6-7 显示了使用消息路由器产生 N 个连接的方法，而不是让连接数随新的微服务加入而呈指数增长。

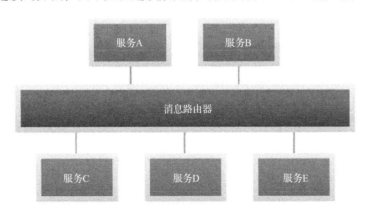

图 6-7　使用消息路由器连接的微服务

　　消息路由器独立于其他服务开发。它实现雾计算系统中微服务之间的松散耦合，一般通过以下模式来提供。

（1）消息和消息交换模式（Message Exchange Patterns，MEP）：MEP定义非语义的消息，并使用预定义的模式集交换它们的能力。MEP定义两个实体之间交换的消息序列，以便完成交互。这些模式可以提供比基本的发送/接收或获取/存入功能更为丰富的交互选项，可以提供诸如发布-订阅之类的交互模式。有两种常见的MEP，如下。

● 请求-回复：此模式中的交互包含两种消息，即请求和回复。此MEP通常与远程过程调用应用程序一起使用，其中客户端向服务器发送请求，服务器以回复作为响应。

● 发布-订阅：此模式中的交互包含多条消息。来自订阅用户的初始消息（订阅请求）表示该订阅用户有兴趣接收由一个或多个发布者发布的一个或多个消息。当两个或多个实体需要交换一组消息时，通常使用此MEP。

（2）消息传输：指在服务之间路由消息的传输机制，可以提供高于仅使用TCP或HTTP协议的功能和服务质量。由于从边缘到雾或云服务中心的连接总是基于IP的。这里描述的消息传送能力是在TCP/IP之上分层进行的。

（3）控制消息：控制/命令消息，便于业务向路由器注册和声明其能力，以便业务之间相互通信。

6.2.1　消息路由器功能

微服务将其服务功能展示给消息路由器，消息路由器再以代理的身份参与和微服务接口之间的通信。因此，消息路由器需要实现一些特殊功能，功能如下。

● 雾计算系统通常涉及大量仅具备有限处理器和内存功能的节点。因此，雾计算中的消息路由器需要能够在非常小的内存空间上运行。例如，运行在小于50MB的RAM中。

● 雾计算系统通常在地理上是离散分布的。消息路由器的路由功能支持多个在地理上离散分布的系统。

● 雾计算系统中的通信链路经常受到限制。消息路由器通过网络链路发送数据时需要压缩数据。

● 有时难以确定连接到物联网的设备的物理位置。消息路由器需要可以获取、传输和提供有关设备的元数据，包括它们的位置信息。

● 一些设备具有能够提供许多数据点的接口。这可能会导致大量冗余的数据通过网络传输。与其他系统有所不同，这类系统需要支持订阅非常细粒度的独立数据元素。例如，一个 500 个芯的电池组监控系统可以一次请求提供 500 个数据点的信息。但如果用户只是对这些数据点中的若干个感兴趣，那么用户可以只订阅这些点，从而更有效地利用网络带宽。

● 微服务之间通过交换消息进行通信。消息路由器还需要提供注册不同消息类型的机制，并在微服务之间交换这些类型。消息可以有多种编码选项，包括二进制、文本或 JSON 等。

单个消息路由器一般每秒可处理数十万条消息，在大多数情况下这是足够的。而在一些有非常高容量传输需求的数据场景中，可能需要将多个消息路由器集群化来共享传输负载，从而实现负载平衡、高可用性（通过自动故障转移）和容错功能。在这种情况下，微服务或应用程序无须知道系统中有多少个消息路由器，也无须了解与其他雾节点连接的消息路由器。在某个微服务需要订阅通过不同消息路由器路由的多个源的消息时，系统可以把消息路由器连接在一起，在它们之间构建多路由器协议，从而使它们作为一个整体工作。数据发布者可以连接到消息路由器，订阅者可以连接到另一个消息路由器，并且交付的服务质量将与两者连接到相同消息路由器的服务质量相同。当单个消息路由器的能力或资源耗尽时，数据流量可以在多个消息路由器之间进行分区平衡。一般来说，消息路由器可以基于 RabbitMQ 或 Apache Kafka 等消息中间件系统来构建。

6.2.2　应用程序 / 微服务交互

应用程序间或微服务之间的交互依赖数据传输系统来实现。有多种实现数据传输系统的数据模型和方法。例如，图 6-8 描绘了常见的数据被推送到应用程序和使用应用程序将数据取出的方法。当数据通过系统被推送到应用程序时，要假定应用程序的数据处理速度能跟上数据流的接收速度。因此，如果使用此模型，需要同时进行负载分析以确保以上时序始终有效，数据不会丢失。数据传输系统支持实时流式处理[3]及批处理[4]。而抽取数据时，首先使用数据收集系统从设备中采集数据。这些数据首先会被存储下来，直到消费该数据的微服务或应用程序请求调用它们。

---

③　通过合适的微服务实现事件流处理和分析

④　通过定期批量传输数据或定期进行静态数据的分析实现批处理和分析

将数据从边缘设备推送到应用中　　　　应用需要数据时才发出请求

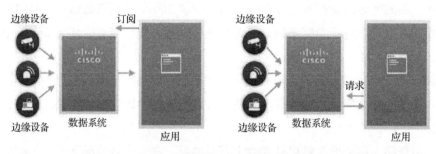

图 6-8　从设备到支持多种模型的物联网数据系统的数据流

有时设备会生成大量的数据，以至于整个网络上的数据消费微服务或应用程序的数据处理无法跟上数据产生的速度，这可能是网络带宽或应用程序处理性能的限制所造成的。在这种情况下，数据的生产者和消费者需要被分离，以便各自按照自己的性能水平运行。但这种分离无法解决消费者 / 网络无法跟上数据平均发布速率的问题。在这种情况下，数据等待队列依旧会随着时间增长并最终耗尽系统资源。因此，消息路由器还需要提供缓存功能及排队功能，当信息量暂时大于网络传输信息的能力或微服务消耗数据的能力时，缓存临时存储数据直到数据消费者可以提取数据，从而应对突发数据流量的情况，并且在接收微服务暂时不可用时，提供弹性的消息缓存。

另外，在复杂的网络系统中存在多种可能的故障模式。例如，网络连接可能是间歇性的，误码率可能会干扰通信的保真度，可能发生断电、硬件故障、操作系统崩溃或应用程序脱机等。网络协议之外，一个稳健的雾计算系统还需要其他可靠性保障，包括微服务和应用之间的握手信息，它可以保证端到端的交付和可用性达到所需的服务水平，这也是数据传输系统的基本要求。数据传输系统需要提供针对两类故障模式的保护：消息路由器（或其通信链路）的故障和依赖消息路由器（或其通信链路）向其传递信息的微服务（或连接的应用程序）失效。针对这两类故障模式的保护方式可以概括为保证交付和持久连接。

● 保证交付：保证每个消息的传递。即使在网络或消息路由器故障的情况下，也会提供比 TCP 或 HTTP 更高级别的服务保证。故障包括消息代理的失效，也就是消息路由器故障或断电，该情况下需要引入日志记录和恢复例程来保证其可靠性。

● 持久连接：确保即使微服务或其连接间歇性失效，已启动的微服务或应用程序也会发送出它应该发送出的所有消息。这里的失效包括应用程序或微服务的失效。消息路由器可以通过缓存等机制保证所有数据以路由器接收数据的顺序至少传递给微服务用户一次。

6.3　数据库

为了满足某些具体的业务需求，雾计算系统有时需要在网络边缘部署专门的数据库。这些数据库用来临时存储传感器所采集到的数据。一般来说，如果应用中包含以下情况，在雾节点上部署适合的数据库能有效提高处理效率。

● 数据的主要作用范围在网络边缘，如本地的闭环监控系统。在这种情况下，系统无需把数据送出本地区域。

● 从数据采集设备向外传输之前，数据需要进行预处理，如数据清理。

● 当不是所有采集到的数据都有分析的价值时，需要预先对数据进行过滤，剔除掉没有价值的数据样本。例如，在过滤离散值的情况下，异常值也要进行处理。

● 数据在某些情况下必须加上时间戳，以便进行时间序列分析。由于数据采集设备本身可能不提供时间戳功能，那么提高时间精度的一大途径是使时间标记设备尽可能靠近数据采集设备。加时间戳将由历史记录数据库完成。

6.3.1　设计要求

物联网应用与雾计算自身的特性对数据库的设计和选取提出了非常苛刻的要求，几个典型的需求如下。

● 雾节点部署的数据库必须支持非常快的插入速率，且数据查询过程不能干扰数据插入过程。

● 数据结构支持必须比典型的关系型数据库系统更灵活。例如，某个监控电池组运行情况的物联网应用，它监控的电池组包含 500 个电池单元，这个监控数据条目存入关系型数据库将需要 500 列。而在物联网中，这种高列数的稀疏数据是很常见的，如果仅使用标准关系型数据库，这类数据会使数据库的检索性能降低。

- 为了与各类数据消费产品兼容，它需要支持 SQL 标准。
- 支持大量数据的快速查询。

除了以上需求以外，部署在不同位置或托管不同软件功能的雾节点，对数据库的要求也会有所不同。例如，在数据使用者向雾计算系统发出数据访问请求时，如果根据请求临时从多个雾节点或终端设备中收集这些数据会比较麻烦，也会造成较高的时延。因此，部分雾节点将需要承担数据预先收集和汇总的任务。数据使用者也可以广播数据访问请求，从而在有较广泛地理分布的系统中，令多个雾节点在其本地存储的数据中快速、并发地执行查询，再将由数个雾节点查询结果构成的结果集合返回给请求者。但这也有可能导致消息洪泛。

另外，直接采集自设备的数据经常与数据使用者所需要的格式或类型不相匹配。对于多数存储在雾节点中的数据，其所在的雾节点是执行数据格式转换与类型转换的理想位置。因此，部署在雾节点上的数据库应具有在库内运行数据转换、数据裁剪甚至数据分析的能力，并且需要相关的数据处理软件模块易于部署，以便提供最佳的性能和便利性。在雾计算中，不管数据库的位置在哪里，它往往都是以微服务的形式在系统中实现的，并且通过消息中间件或消息路由器与其他微服务交互，来实现其对数据的操作与存取功能。

6.3.2 分布式数据库

通过硬件资源编排（见 6.1.3 小节），开发者可以得到一系列雾计算资源。为了实现高效数据管理，当将物联网应用部署在多个雾节点上时，有时还需要在这些雾节点上部署分布式数据库。在分布式数据库的选择上，一般需要同时考虑数据模型和数据库管理系统。为了更好地支撑物联网应用的构建和迭代，相对于较庞大的商用数据库，目前开发者们更倾向于选择轻量级的开源数据库。

当需要支持灵活的应用程序、程序包含多种数据类型并且这些数据类型可能会随着时间的推移而改变时，NoSQL 数据库（特别是键值对、文档和列存储等类型的数据库）是较为理想的选择，它可以轻松地适应不同的数据类型和结构，不需要预先定义的固定数据模式。另外，NoSQL 数据库的数据插入速度最高可达数万次 / 秒，因此可以有效地支持实时数据采集。面向物联网应用，基于 NoSQL 的常用分布式数据库系统如下。

● DataStax Cassandra，一个高度可伸缩的分布式数据库，支持灵活的大表模式，可快速写入和缩放大量数据。Cassandra 还集成了 Apache Spark 及其他大数据分析平台，如 Hadoop MapReduce。

● Riak IoT 是一个分布式、高度可伸缩的关键价值数据仓储（Data Store），它与 Apache Spark 集成，Apache Spark 是一个支持流分析处理的大数据分析平台。

● OpenTSDB 是一个能够在 Hadoop 和 HBase 上运行的开源数据库。数据库由命令行接口和时间序列守护进程（Time Series Daemon，TSD）组成。负责处理所有数据库请求的 TSD 彼此独立运行。虽然 TSD 使用 HBase 存储时间序列数据，但是 TSD 用户与 HBase 本身几乎没有联系。

传统的关系型数据模型较为适合收集固定数据（如天气状况数据）的物联网应用程序。内存中的 SQL 数据库（如 MemSQL）是较适用于物联网的关系型数据库。MemSQL 是一个面向实时数据流的关系型数据库。使用 MemSQL，流数据、事务和历史数据可以保存在同一个数据库中，该数据库还能够很好地处理现有的地理空间数据，这对基于位置的物联网应用很有用。MemSQL 支持与 Hadoop 分布式文件系统、Apache Spark 及其他数据仓库解决方案的集成。

6.4　应用程序的管理与控制

在应用程序的管理与控制过程中，由于物联网的各项业务往往是围绕其监控数据生成的，因此，为了便于实现物联网系统的整体管理和控制，系统的业务功能在服务编排时，甚至在功能封装初期就可以考虑依据数据处理流程划分为不同功能的子系统来进行分类管理，如图 6-9 所示。

这些子系统包括数据采集、数据传输、数据杠杆和数据分析与存储，它们的具体功能可以由独立的微服务提供，这些微服务使用通用

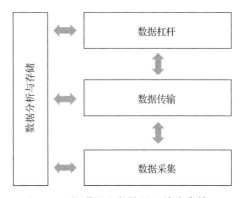

图 6-9　物联网业务的子系统分类管理

架构相互连接，从而实现一种开放的管理与控制方式。这种方式允许多个物联网生态系统合作伙伴和开发者添加功能并增强系统。也就是说，随着项目开发、物联网用户需求变更和业务扩大等情况的出现，这些子系统可以灵活地根据需要分别进行添加、修改和升级。不同的合作伙伴也可以根据客户的确切需求，调用相关的微服务来定制系统，从而进一步增强系统的灵活性。本节将举例说明在构造不同子系统时可能涉及的具体微服务功能，作为开发者面向不同子系统对微服务进行封装和分类的参考。

6.4.1　数据采集

数据采集过程完成与设备交互、从设备接收数据这些流程中的初始处理任务。由于数据采集过程不仅需要考虑数据本身，还与物联网终端设备紧密关联，因此，数据采集子系统的主要功能可细分为数据获取和设备管理控制两个方面。数据获取过程可进一步细分为可配置的监听或轮询行为、数据标准化、数据缓存、数据筛选、数据汇聚和基于规则的事件筛选等。而设备管理与控制可进一步细分为设备搜索、设备注册与拒绝、设备控制和协议转换等。

6.4.2　数据传输

数据传输子系统实现了数据的可靠交付和传输过程，确保将数据传输到目标应用程序和 / 或数据存储库，并确保不会重复传输。其功能可以细分为可靠的传输模式及海量数据转移管理。其中，可靠性传输模式包括基于消息的传输、请求－回复模式、发布－订阅模式。海量数据转移可细分为压缩、内容完整性确认、并发数据流、带宽限制、文件共享、会话或任务的恢复等。

6.4.3　数据杠杆

数据杠杆使数据使用者能够快速有效地查看和利用数据。其功能包括生成数据报告、为数据分析创建环境、适当地回应某个事件或向其他 IT 系统提供数据等。数据杠杆子系统中包含的功能与用户需求、物联网业务密切相关，因此可能是多种多样的，最常见的几类如下。

● 智能业务报告：智能业务报告的核心是妥善地组织和利用数据，从而生成结论报告。将新采集到的物联网数据（如工厂的今天产量）与其他数据（如本周历史产量）进行比较从而得出一个结论（如工厂产量正在提升）。

● 物联网和 IT 系统的联合数据分析：将物联网系统产生的数据与其他 IT 系统中的数据结合进行分析，从而使数据产生新的价值。常见的与物联网联系紧密的 IT 系统包括制造执行系统（Manufacturing Execution System，MES）、企业资源计划（Enterprise Resource Planning，ERP）系统等。将物联网数据（如本周工厂产量提升速度）与 MES 系统中的其他数据（如周期内计划产量）进行综合分析，从而得出一个结论（如工厂无法在预期时间内达到计划产量）。

● 综合数据分析：可以进一步细分为业务流程内的数据分析和计划外的分析。应用程序内部流程中本身就有许多数据分析需求，例如，网络容量分析、呼叫中心分析、无线系统和位置分析及事件管理分析。计划外分析一般是基于临时性需求，由数据分析师和数据科学家驱动的，例如，根据近三个月的用户访问情况、传感器触发范围等信息预测未来半年的服务资源需求等，需要实现的主要功能包括数据样本收集、数据统计分析和可视化展示等。

6.4.4　数据存储与处理

数据存储主要是根据需要在系统内实现位置存储、转换和检索数据，一般可以分为分布式与集中式存储两种模式。数据处理则主要检测、分析从终端设备获得的各类传感数据。数据存储与处理子系统与其他子系统交互时所调用的微服务都不尽相同，因此，设计时必须区分管理该子系统内的微服务流程与外部接口。例如，与数据传输子系统交互时，数据存储所涉及的数据类型转换可能是二进制流的编解码等，而在与数据杠杆子系统交互时所涉及的数据类型转换可能涵盖 Hadoop 键值对、XML 或 Json 等其他类型的数据结构。

6.5 应用程序支撑工具

应用程序支撑工具是一系列软件的统称，这些软件由多个应用程序或微服务频繁使用，而且可以由多个应用程序或微服务以共享的方式使用。这些工具不与特定的领域或特定应用程序绑定，但可能对特定的底层资源（比如虚拟化、硬件等）有依赖。根据部署类型的需要或应用程序的具体需求，应用程序支撑工具能够以多种形式提供。

应用程序支撑工具可简单划分为开发工具和管理工具。它们组成了物联网系统开发的重要生产工具，同时决定了物联网系统的易用性、部署后调整更新的灵活性，以及系统在整个生命周期内的监控实时性等重要系统性能。

一般来说，开发工具提供以下功能。

● 包括一系列的软件开发工具包（Software Development Kit，SDK）和开发工具链，能够以多种语言从头开发微服务和应用程序。

● 可以找到连接到系统的所有微服务和应用程序。

● 提供连接这些微服务的接口。

● 有将微服务连接在一起的能力，从而可以定义微服务之间的数据流。

管理工具可提供以下功能。

● 应用程序、微服务和数据生命周期的大规模集中管理。

● 基于云的应用程序库，用于简化应用程序、微服务及其相关组件的发现和分发。

● 能够管理系统的安全性，并确定哪些设备有权生成数据。

● 监视系统运行，并通过构成系统的各种节点和微服务观察系统的数据流。

这些应用程序支撑工具通常也可以进行容器化部署。例如，在雾节点内多个应用程序中使用的消息代理或 NoSQL 数据库本身就可以独立封装，以微服务的形式提供其支撑能力。容器化或虚拟化将为这些工具提供更松散的耦合、更高的安全性，并且使得这些工具的扩展和维护更灵活、快速。

如图 6-10 所示，应用程序支撑工具一般包括以下种类[12]。

● 应用程序管理：支持软件的供应、验证、更新和其他一般性管理（版本管理、内存管理等），以及应用程序中的微服务、组合微服务的生命周期管理。

● 运行环境：虚拟机、容器、平台在运行时，程序语言库和可执行文件将为应用程序和微服务提供执行环境。如 Java 虚拟机、Node.js、.NET Framework、Python 标准库和运行时可执行文件等。

● 应用程序服务器：包括托管微服务的应用程序、Web 服务器或其他支撑基础架构。如 Wildfly/JBoss、Tomcat 和 Zend Server 等。

● 消息和事件：支持基于消息和事件的应用程序，以及微服务之间的通信。通常按照消息中间件、消息代理和消息总线等进行分类。如数据分发服务（Data Distribution Service，DDS）、ActiveMQ 和 ZeroMQ 等。

● 安全服务：支持应用程序安全性的相关组件，例如加密服务、身份代理等。相关安全服务还可能包括深度数据包检测、入侵检测和防御系统，以及系统和网络事件监视、内容过滤和家长控制等。

● 应用程序数据管理 / 存储 / 持久性：此类工具主要支持应用程序的数据转换功能和存储功能，从而实现数据的持久化或内存中的高速缓存。持久存储可能包括 SQL 和 NoSQL 数据库，以及较新的 NewSQL 数据库、内存数据库等缓存形式的管理也较为常用，如 SQLite、Cassandra、MongoDB、Redis、Gemfire 等。使用这些内存数据库将能够有效减轻传统数据库的负载，提高数据访问速度。

● 分析工具和框架：包括 Spark、Hadoop MapReduce 等技术。

图 6-10　应用程序支撑工具

这些支撑工具需要考虑数据编码和信息存储两个方面的因素。

（1）编码 / 解码 / 转码。

● 编码：从应用层载入数据转化到底层二进制数据。例如，从 JSON 数据转化到

OPC UA 二进制数据格式。

● 解码：数据从二进制到 JSON 等结构化数据的转化过程。例如，从 OPC UA/DDS/LonWorks 等二进制协议转换为 JSON。

● 转码：将数据结构从一种格式转换为另一种格式。

● 加密 / 解密：动态变化的数据及静止数据的加密 / 解密。

（2）信息持久化 / 缓存。

● 结构化和非结构化数据的存储。

● 易失 / 非易失性存储（例如，内存、本地磁盘和外部存储服务）。

● 可在其中插入编码 / 解码 / 转码管道和过滤器过程。

● 支持流式和批量数据处理模式。

● 支持多租户（例如，能够实现一定的域 / 配置文件之间的信息隔离）。

● 支持存储和转发功能。

● 对数字媒体内容的特殊支持功能（如数字版权管理等）。

易用性对开发和管理系统都非常重要，这意味着用户不需要特殊的技能来开发和管理系统。本节以 Cisco 边缘雾计算系统（Cisco Edge Fog Fabric System）[43] 为例，简单介绍开发和管理工具的选择。

为了加速物联网系统的广泛应用部署，创建复杂系统的时间需求已从数年缩短到了数周。实践证明，使用图形用户界面（Graphical User Interface，GUI）开发与管理系统来替代传统的编码过程可以大大提高系统开发的效率。GUI 开发与管理系统一般包含一组可用于系统开发和运行阶段的 GUI 工具包和框架的集合，实现诸如统一建模语言（Unified Modeling Language，UML）图、窗口显示模型等功能。

GUI 开发与管理系统需要具有可靠的可伸缩架构，以便开发者在最短的时间内完成解决方案实施。GUI 工具也降低了对使用者的技能要求，缩短了操作时间，并能够提高系统的质量。图 6-11 和图 6-12 是两个 GUI 模块的示例，分别为数据流管理，以及支撑应用程序和微服务部署到边缘和雾节点的生命周期管理。一般来说，GUI 工具需要实现以下目标。

● 提供易于使用的开发和操作过程。

● 根据不断变化的需求快速、灵活地调整解决方案。

● 随着时间的推移系统的复杂性不断增长，GUI 工具需要支持增量更新，并能够监控整个系统。

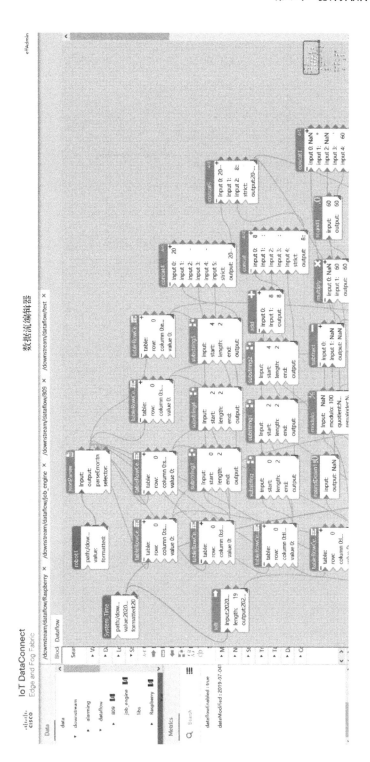

图 6-11　为简化物联网系统开发而设计的特定 GUI 模块示例——数据流管理

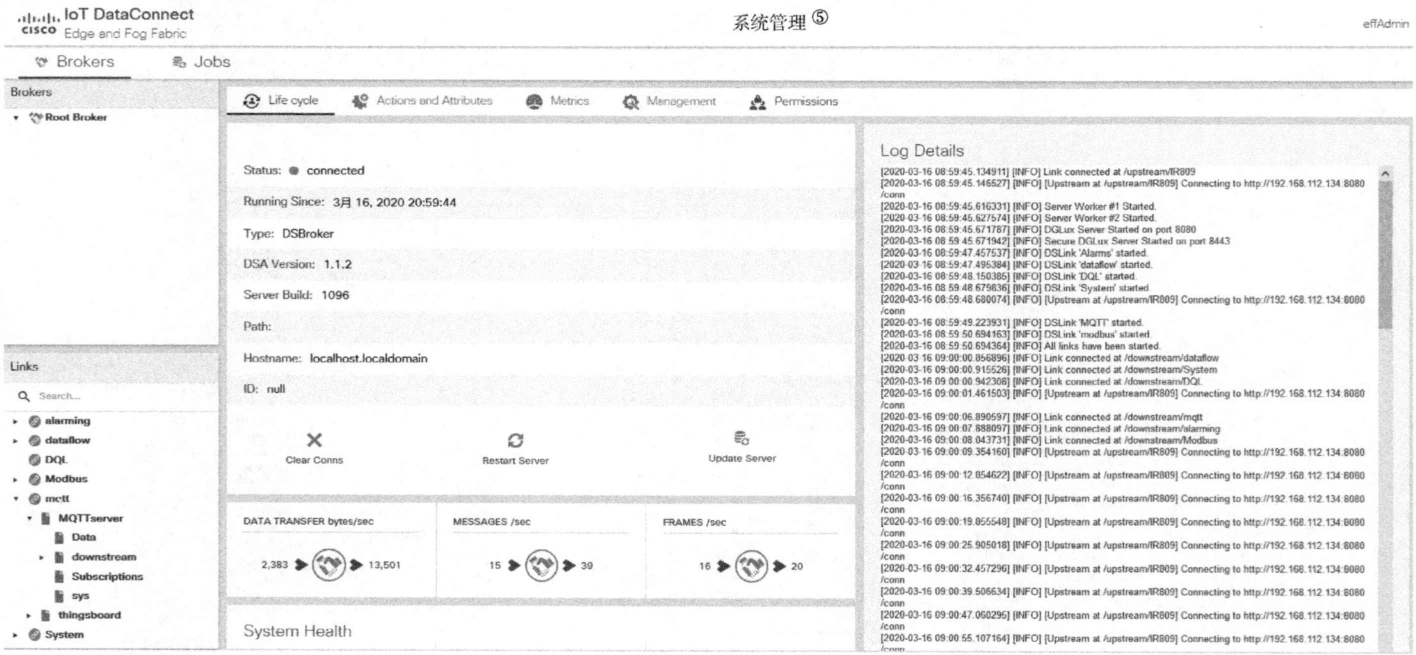

图 6-12　生命周期管理工具示例

⑤　当前界面为系统管理中的生命周期管理工具

6.6　小结

　　雾计算可以为提供给每个客户的所有服务提供一个统一的平台来支持所有应用程序的生命周期管理、网络和安全性，这将降低系统的复杂性和成本，并且允许不同提供商的应用程序彼此更好地交互，而不是局限在专用硬件和软件平台上。本章主要介绍雾计算平台所包含的 4 个组件：微服务、消息路由器、数据库和应用程序支撑。

　　雾计算的诸多软件功能是分布在整个系统中的，因此需要一个统一的方法来封装并执行一个或多个功能的软件模块，微服务是实现这种软件模块比较理想的架构。微服务起源于服务计算，是由一系列信息技术支撑、以自治的服务为最小计算单元、能够将一系列服务通过定义好的接口和契约联系组合起来，从而实现具体业务的一种计算方法。微服务作为一种架构范式，是一种设计理念和编程思想。它的核心思想包括轻量级且松散耦合的服务、积木式的系统搭建和平滑扩容的能力。微服务并没有公认的技术标准和实施规范，也与具体的开发语言不相关。微服务封装没有统一的规格要求，开发人员可依据其程序的功能特性选择必要的功能划分粒度与方式、封装策略等。在划分功能后，还需要对这些功能进行封装与接口设计，使其能够被高效地调用。服务描述以声明的方式捕捉服务功能与属性等细节。服务接口提供调用接口，使外部服务或者组件能够访问或调用该服务。基于微服务的物联网应用可以包含多个不同的工作流，这些工作流是依据用户业务需求，以一组微服务的串联或并联构成的。为了构成一个工作流，微服务系统一般提供服务发现和服务编排两个过程。服务发现过程解析业务需求，搜索并选择与所需功能相匹配的微服务。服务发现机制依据服务描述的存储位置可以分为集中化的、分簇的和对等的 3 种。服务编排又称为服务组合，是指面向一系列业务需求，通过服务发现过程找到一组待选微服务，再选择合适的微服务组合成串行或并行（也可能是循环的）执行工作流的过程。在应用程序工作流程存在变化和干扰的情况下，服务编排过程还需要引入运行时的增量调度，也就是不通过重新运行静态方法进行直接完整的重新计算，而是在已有服务组合的基础上做部分更新，从而减少不必要的计算，最大限度地缩短调度完成的时间。微服务对各类资源的灵活封装使其可处理各种物联网资源需求，并且，微服务高度封装且可复用的特性使其一旦配置成型，很容易进行复制，而微服务的可编排特性能够以可定制、灵活和可复用的方式完成这些任务，同时解决物联网的复杂性问题。部署在雾计算系统中的物联网应用程序由云、雾节点、物联网终端托管或部署的微服务组合而成。这些独立的微服务与设备进行适当组合与编排，则可以形成多种更为高等级的功能。物联网中服务编排的主要对象可大致分为硬件资源与软件功能两类。硬件资源编排大多是根据数据安全性、可靠性和系统效率要求选择资源，并在其上部署业务软件。软件功能编排一般的做法是将特定的软件功能封装为微服务，使其可被终端用户所访问。微服务的开发并不局限于某种特定的编程语言或框架。微服务系统需要实现包括服务发现、节点发现、状态管理、发布 - 订阅管理和服务编排等诸多功能模块。除此之外，一般还需要具备自动演进、动态改变其工作流程组合的能力，以及对已分配的资源进行自动、智能增量协调的能力。

消息路由器为不同的服务提供消息传递的基础架构，以通用的方式相互通信，以实现雾计算系统中微服务之间的松散耦合。微服务将其服务功能发布给消息路由器，消息路由器再以代理的身份参与兼容微服务的接口之间的通信。应用程序间或微服务之间的交互依赖数据传输系统来实现。消息路由器还需要提供缓存功能及排队功能。

满足以下情况时，在雾节点上部署适合的数据库能有效提高处理效率：数据的主要作用范围在网络边缘；从数据采集设备向外传输之前，数据需要进行预处理；不是所有采集到的数据都有分析的价值；数据在某些情况下必须加上时间戳。雾计算数据库的几个典型的需求包括雾节点部署的数据库必须支持非常快的插入速率，且数据查询过程不能干扰数据插入过程；数据结构支持必须比典型的关系型数据库更灵活，需要支持SQL 标准；需要支持大量数据的快速查询；面向物联网应用，基于 NoSQL 的常用分布式数据库系统包括 DataStax Cassandra、Riak IoT、OpenTSDB 等，关系型数据模型则有MemSQL 等。

应用程序支撑工具是一系列软件的统称，这些软件由多个应用程序或微服务频繁使用，并可由多个应用程序或微服务以共享的方式使用。应用程序支撑工具可简单划分为开发工具和管理工具。应用程序支撑工具通常也可以进行容器化的部署。

第 7 章
雾计算商用平台服务

雾计算可以为各种类型的用户提供通用的端到端服务。它通过提供一个统一的平台来支持所有应用程序的生命周期管理、网络和安全，从而降低系统的复杂度和成本，并且还使不同提供商部署的应用程序组件彼此能够更好地交互，而不是局限在专用硬件和软件平台上。雾计算可以使关键服务自主运行，或者通过网络中的云服务中心或雾节点进行管理。

虽然雾计算的主要优势在于其降低反馈时延的能力，但雾计算系统本身的能力和灵活性使其还可以用于解决各种运营、监管、业务和可靠性等问题。例如，通过临时引入一个雾节点和网络设备，用户可以快速访问这个雾节点上部署的所有新服务，而不再需要通过传统的添加新应用程序的方式把该服务加入本地终端设备。因此，如果配合适配的通用平台软件，它的应用前景将远远超出纯粹解决延迟问题的范畴。

当前，为解决延迟问题，物联网企业已尝试推出各类实时物联网平台、工业以太网协议等，例如 EtherCAT、Ethernet/IP、ProfiNet 和 Modbus-TCP。雾计算虽然是新生技术，但相关的平台产品已逐步推出，并逐渐走向成熟。本章将主要介绍雾计算操作系统 Cisco IOx、雾计算通用平台软件 Cisco Kinetic、面向物联网的边缘计算平台 AWS Greengrass、FogHorn Lightning、Google Cloud IoT Edge 和 Azure IoT Edge。

7.1 雾计算操作系统：Cisco IOx

Cisco IOx 是由 Cisco 提出的雾计算应用程序框架，该框架在某些设备上也可提供类似操作系统的功能。作为雾计算的提出者，Cisco 在自身的物联网系统产品和解决方案中，已提供了成套的雾计算解决方案，而 Cisco IOx 则是其解决方案的基石。Cisco IOx 应用程序框架主要用于托管雾计算应用程序、提供应用程序安全功能。它是集成了数据分析的一种类似操作系统的平台。Cisco IOx 结合了雾计算中的物联网应用程序执行，与 Cisco IOS 软件[①]的安全连接，以及与物联网传感器、云服务中心的快速、可靠集成。它结合了 Cisco IOS 和 Linux 操作系统，一方面用于构建安全性高的网络通信，另一方面能够有效利用 Linux 开源工具进行应用开发，并能顺利将其部署在基于 Cisco IOS 的网络通信基础设施上。它包含一个雾控制器，用于对运行在 Cisco IOx 环境中的应用程序执行远程管理、监控和故障排查等任务。另外，也包含软件开发工具包来支持应用程序开发与部署。图 7-1 和图 7-2 分别展示了基于 Cisco IOx 的雾计算系统的基本结构及 Cisco IOx 系统架构。

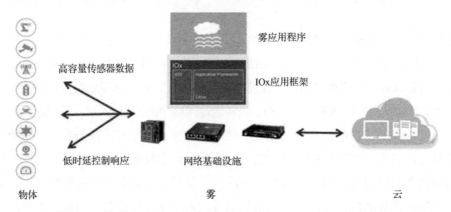

图 7-1　基于 Cisco IOx 的雾计算系统（来源：Cisco IOx 产品介绍）

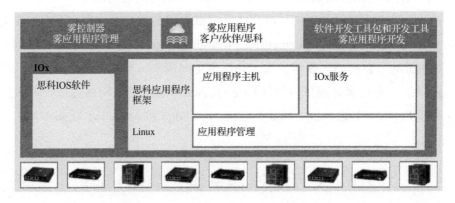

图 7-2　雾计算操作系统：Cisco IOx（来源：Cisco IOx 产品介绍）

---

① Cisco IOS 是由 Cisco 开发的一款网络设备操作平台，详见 Cisco 官网

Cisco IOx 的主要作用是通过建立新的业务，在雾节点中处理大量数据，并实时提供闭环系统控制，从而将物联网数据转化为有新价值的数字业务。进而通过雾节点中的应用程序更快地获得与物联网应用需求相关的业务成果，从而快速实现业务价值。并且通过大规模的物联网应用管理和执行来快速实现生产部署，从而扩大业务范围。基于 Cisco IOx 的雾计算节点通常包含管理和监控平台，以及安全和分析软件。雾节点收集和处理两种类型的数据："环境"数据（即由物联网设备生成的数据点）和"控制"数据（即物联网设备的监控与检查结果）。

通过在路由器、交换机和计算模块上部署 Cisco IOx，能够使常见的分布式网络充当雾计算应用程序的运行环境。通过 Cisco IOx 和雾计算应用程序提供的安全连接服务和通用应用程序框架，物联网应用开发人员可以快速交付业务成果。目前的行业应用案例包括制造工厂连接机器、转换传感器数据、执行实时分析以预测何时需要维护和提高整体设备效率等。也有公共事业机构利用基于 Cisco IOx 的物联网应用程序提高公共服务质量。例如，通过将数据采集与监控数据转换为实时监控来提高电网的可靠性。

Cisco IOx 包括组件如下。

● Cisco IOx：集成了 Cisco IOS 网络操作系统及开源平台 Linux。开发人员可以利用 Linux 流程和开源工具生成可以在 Cisco IoT 网络基础设施上执行的应用程序。

● 雾控制器：雾控制器允许管理员通过网络对 Cisco IOx 环境中运行的雾应用程序进行远程管理、监控和故障排查。

● SDK 和开发工具：Cisco IOx SDK 是一组工具和方法指南，可帮助开发人员将其应用程序打包，以便在支持 Cisco IOx 的网络基础设施上执行。

● 应用程序：可在支持 Cisco IOx 的基础设施上执行的应用程序，可由雾计算生态系统内的企业和 / 或 Cisco 本身提供，也可以使用通用编程语言专门开发。

7.2　雾计算通用平台软件：Kinetic

Cisco Kinetic 是集成连接管理、数据交付和边缘计算等综合能力的雾计算通用平台软件。Kinetic 平台是在"实时物联网"的背景下提出的。

在物联网与相关网络设施迅猛发展的今天，随着设备和数据量的急剧增长，连接性、计算能力的迅速提高，人工智能、增强现实和机器人技术的持续迭代，目前物联网面临的挑战已经不仅仅是实现终端设备与信息系统之间的互通互联，而是解决如何将各类终端数据有意义地接入到信息系统和业务流程中的问题。大部分终端设备与信息系统之间的连接都通过特定的工具或者方案实现，这导致数据碎片化严重，缺乏能够对设备进行实时监控、实现实时数据关联性和统一化的系统平台。由于对实时性要求极高的工业物联网应用非常复杂，实时物联网必须综合考虑诸多因素，如下。

- 如何解决由多种通信协议及通信方式造成的连接和操作复杂性问题。
- 如何解决由不同的数据模型造成的物联网生态系统复杂性问题。
- 如何处理物联网平台部署后造成的用例和系统变化问题。
- 操作控制与信息系统连通之后，如何在无须更新固件的前提下，同时满足安全和各种通信需求。
- 物联网平台的可伸缩性和易维护性。

这些因素倒逼"实时物联网"技术飞速进化。提高数据的实时性，才能充分发挥工业物联网的潜力，创造真正的价值。而数据量太大、速度要求太高、数据特征不易提取等都是摆在实时物联网面前的难题。不过一旦通过实时物联网将车间中的单机设备和边缘数据连入网络，那么工厂管理层看到的将不仅仅是各个孤立的数据库，而是连贯通透的业务流程和性能指标，效率和效益将呈指数级体现。因此，企业越来越需要一种能够统一各种各样的信息源和数据类型的新型智能网络和物联网平台。

Kinetic 最初是 Linux 开源项目，其创始成员包括 Cisco、红帽（Red Hat）、戴尔（Dell）、希捷（Seagate）、东芝 (Toshiba) 和西部数据（Western Digital）等公司。Kinetic 的主要目的是实时获取设备数据。用户可以通过 Kinetic 提取未直接连接的设备上持续产生的实时数据，并实现数据价值最大化。物联网设备通过与 Kinetic 平台对应的路由器、交换机连接，能够快速打通多种工业通信协议和现场总线，从而简化繁杂且浩大的工业物联网改造工程，进而实现数据从下到上的透明化和量化，这将为智能制造行业带来翻天覆地的变革。

在智能制造和工业 4.0 的实现中，最基础的层次就是将工业机器人、数控机床等多种多样的单机设备连入网络，并提取数据。但是，出于安全考虑，同时由于缺乏数据提取的接口和平台，大部分的机器设备并没有连接到上层信息系统，而是散布在各种现场总线标准下的信息孤岛之中无法汇聚。同时，工业现场的数据普遍"保鲜期"很短，一旦处理延误，就会迅速"变质"，数据价值也呈现断崖式下跌。由于不是所有数据都有必要上传到云服务平台，并且关键信息还有可能在传送到云服务平台的过程中遭到延误或者受到干扰。用户必须快速响应这些基于关键数据的决策，在短时间内就采取相应行动。

作为面向物联网实时性问题的平台，Kinetic 支持物联网中各类不同的网络协议，它可以从 Wi-Fi、以太网和低功耗广域网（LPWAN）中的终端设备获取数据，同时还能兼容 MQTT、OPC、Profinet、Modbus、CC-Link 和 EtherNet/IP 等各种工业以太网和现场总线协议。也就是说，Kinetic 可以直接监测和控制工厂中的物理设备。Kinetic 一方面使平台能够将连接能力下沉到工厂中的物理设备这一层，并访问和汇聚物联网数据；另一方面，Kinetic 平台还提供边缘计算能力，使终端设备产生的数据无须通过路由回传到云服务平台。直观地说，Kinetic 就是一个把数据从各种各样的设备中提取出来然后就地分析的平台，并且能够横跨各种协议和网络类型，其数据流如图 7-3 所示。

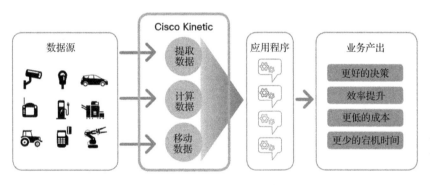

图 7-3　Kinetic 数据流示意图

目前，基于一系列深度学习算法，Kinetic 平台还提供了另外一个预测维护性的平台，旨在实现可以预测行动、阻止安全威胁、持续自我演进和自我学习的全智能系统，从而帮助企业在连接性不断增强、分布式技术持续演进的时代中，进一步拓宽物联网应用的业务种类，提升性能潜力。Kinetic 系统简化了创建复杂物联网系统的任务。该系统包括以下功能与特性。

● 高性能的边缘和雾处理框架。

● 可重复使用的微服务，用于从设备和机器收集数据并提供对设备和机器的控制，以及在交付到目标用户之前的数据处理。

● 通过系统以不同选项可靠地传输数据，包括批处理和实时流选项。

● 与信息系统连通，具有报告和分析集成的灵活机制。

● 将雾计算处理扩展到多层的架构框架，实现雾节点到雾节点的连接并利用网络拓扑实现分层处理。

● 易于使用的 GUI 工具，可简化系统各个方面的开发、部署和操作。

● 用于管理、控制、优化微服务、设备和机器的通用控制模式和信息闭环。

● 完全开放的多语言系统，第三方可以提供设备、处理存储、软件模块、分析、应用程序或其中的任意组合。

7.3 FogHorn Lightning 技术平台

随着人工智能、机器学习的发展和推广，以人工智能支持数据的高级分析过程逐渐受到各行各业的青睐。FogHorn 公司的 Lightning 软件平台就是面向这种需求和趋势开发的，为工业和商业物联网应用提供 "边缘智能"。它将高级数据分析和机器学习的强大功能带入本地边缘环境，从而为高级监控和诊断、机器性能优化、主动维护及操作智能用例提供了新的应用。FogHorn 声称 Lightning 软件平台可用于制造业、水电、石油、天然气、可再生能源、采矿、运输、医疗保健、零售、智能电网、智慧城市、智能建筑、系统集成和最终客户等多个应用领域。

FogHorn Lightning 提供了一个高度可伸缩的高效边缘分析平台，能够对来自工业机器的传感器数据进行实时流处理。它的目的是使高性能的边缘处理、优化分析算法和异构应用程序尽可能靠近遍布工业世界的基础设施，如控制系统和物理传感器。为了有效地实现边缘智能化和闭环设备优化，它的软件平台是较为轻量级的，专门用于为可编程逻辑控制器、网关和工业 PC 等资源受限的边缘设备提供实时工业级分析功能。FogHorn Lightning 软件平台可以完全在本地运行，也可以连接到私有云或公有云环境。

如图 7-4 所示，FogHorn Lightning 软件平台将很多功能包含在一个非常小的空间中，包括复杂事件处理（Complex Event Progressing，CEP）引擎、实时分析和机器学习，并且将这种模式转换为受限设备上的小型计算和本地处理。它通过提供由高度微型化的 CEP 引擎和机器学习模块组成的边缘解决方案来获得实时的边缘侧见解（insights）。同时，它提供了一种领域特定语言（Domain-Specific Language，DSL），用于定义故障条件并检测大量传入的传感器数据流中的复杂事件，防止代价高昂的机器故障或停机事件发生。

它也可以通过合适的机器学习算法来增强对异常或故障条件的检测和预测。FogHorn
Lightning 软件平台可以在业界通用的工业设备和处理器上无缝运行。与 Kinetic 平台类似，
它也包括拖曳式 GUI 工具等便于使用的开发套件与工具。

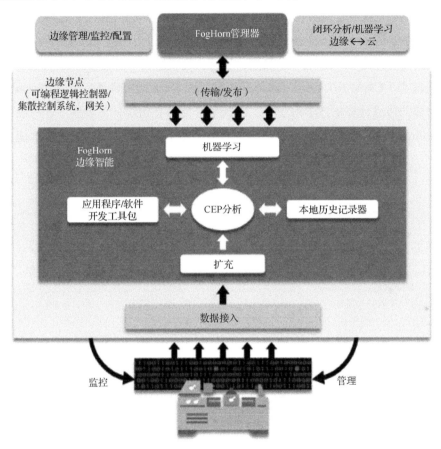

图 7-4　FogHorn Lightning 技术平台（来源：FogHorn）

7.4　Cloud IoT Edge 平台与 Edge TPU

Cloud IoT Edge 是谷歌面向边缘计算的平台。Cloud IoT Edge 作为谷歌的物联网核心
产品 Google Cloud IoT 的衍生品，旨在将谷歌云的人工智能能力延伸到各种联机设备上，

打造出更加智能和安全的物联网应用。它主要是把谷歌云的人工智能功能扩展到网关和网络连接设备上。

　　Cloud IoT Edge 平台的结构如图 7-5 所示，它提供了两个核心的运行时组件，分别是边缘物联网核心（Edge IoT Core）和边缘机器学习（Edge ML）。这两个运行时组件都可以在谷歌 Android Things 系统或类 Linux 操作系统上运行。Edge IoT Core 组件可以让边缘设备安全地连接到云端，从而进行边缘设备的软件、固件更新并实现与云端——云物联网核心（Cloud IoT Core）的数据传输。而 Edge ML 则是一个以 TensorFlow Lite 为基础构建的边缘计算机器学习引擎。Edge ML 能够在边缘计算装置上运行已经训练好的 TensorFlow 机器学习模型，从而在本地网络环境中提供快速分析和预测的能力。

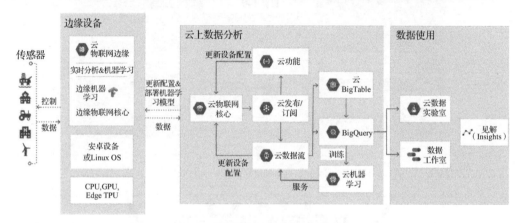

图 7-5　Cloud IoT Edge 平台及其工作原理（来源：Cloud IoT Edge 官网）

　　除了 Edge IoT 软件之外，谷歌同时推出了边缘计算专用人工智能芯片 Edge TPU 及相关开发套件。Edge TPU 是一款可以在边缘运行 TensorFlow Lite 机器学习模型的专用集成电路芯片。Edge TPU 开发套件当前已经发布，开发人员可以基于 Edge TPU 进行开发和测试。该套件是一个模块上系统（System on Module，SOM），包含了谷歌的 Edge TPU、恩智浦（NXP Semiconductors）CPU、Wi-Fi 和 Microchip（微芯科技）的安全元件。Edge TPU 与 Cloud IoT Edge 相结合，可以让用户通过 Edge TPU 硬件加速器运行在谷歌云平台训练出来的模型上。当前已经有谷歌的物联网生态系统合作伙伴开发相应智能设备，并在这些设备上使用谷歌云物联网技术，如在工厂、汽车、石油钻井平台中使用的 SOM 和工业物联网网关等。

7.5　Azure IoT Edge 边缘计算服务

Azure IoT Edge 是微软在 Azure 物联网核心（Azure IoT core）上构建的完全托管的边缘计算服务。它主要将云的工作负荷，如人工智能算法、软件自身的业务逻辑或 Azure 和第三方的服务，通过标准容器部署到物联网和 / 或边缘设备上运行。由于一些特定的工作负荷迁移到了网络边缘，设备可以减少与云的通信时间、加快对本地更改的响应速度，甚至在较长的离线时期内依旧可靠地运行。

Azure IoT Edge 中集成了设备配置服务，主要用于解决大规模布署的边缘设备系统在配置时的安全问题。它同时提供了 Azure IoT Edge 安全管理员模块，这些管理员模块可以用来保护边缘设备及其组件。自动设备管理可以依据设备的元数据将大型物联网的边缘模块批量部署到设备上。Azure IoT Edge 支持 C＃、C、Java、Node.js 和 Python 等多种编程语言，并提供 VSCode 模块开发、测试和部署工具，以及带 Azure DevOps 的持续集成和持续交付管道。

Azure IoT Edge 包括 3 个必要组件：Azure IoT Edge 运行时、Azure IoT 交换机（通信）和边缘模块，如图 7-6 所示。当前，Azure IoT Edge 运行时已实现免费且开源，开发人员可以借助它更灵活地管理自己的边缘解决方案，调试并解决运行时问题。Azure IoT Edge 支持兼容 Docker 的 Moby 容器管理系统。目前，微软正逐渐扩展针对 Azure IoT Edge 设备的软件和硬件认证，包括运行时认证、设备管理和安全性等。然而，如果用户需要对 Azure IoT Edge 进行扩展，必须使用付费的 Azure IoT Hub 实例。而边缘设备的管理和部署也将基于 Azure 服务或客户使用的 Edge 模块。

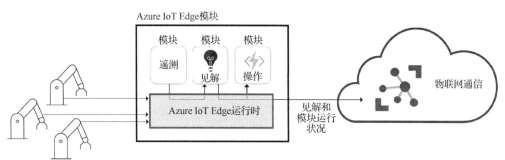

图 7-6　Azure IoT Edge 平台（来源：Azure IoT Edge 官网）

7.6　AWS IoT Greengrass 平台服务

　　AWS IoT Greengrass 由亚马逊（Amazon）推出，是目前边缘计算领域较为完备的平台产品。该服务将 AWS 扩展到边缘设备上，使设备可以在本地处理它们生成的数据，同时仍然可以使用云来进行管理、数据分析和持久存储。通过 AWS IoT Greengrass，开发者可以将一些云上的运算迁移到物联网设备上。这样设备可以暂时离线运行，并在连接到云时进行数据同步，也就是将一些数据发送到云端进行后续的处理和留存。AWS IoT Greengrass 主要包含如下组件。

　　（1）设备软件。

　　亚马逊 FreeRTOS。

　　（2）控制服务。

- AWS IoT Core。
- AWS IoT 设备管理。
- AWS IoT 设备防御。
- AWS IoT 物体图。
- AWS IoT 1-Click。

　　（3）数据服务。

- AWS IoT 分析。
- AWS IoT 事件。
- AWS IoT SiteWise。

　　AWS IoT Greengrass 包含对 AWS 应用程序框架中大量有效工具的本地支持，这些工具包括 AWS Lambda、设备影子、AWS IoT Greengrass 核心（AWS IoT Greengrass Core）的消息收发、机器学习组件和连接器等。本地的 AWS Lambda 是一种基于服务计算的细粒度方法，能够帮助用户快速完成代码部署、服务管理及轻量级服务运行状态监控。AWS IoT 设备影子的各项功能可以缓存设备的状态，就像每个设备的虚拟版或"影子"一样，可以跟踪设备的当前状态和目标状态，并在连接可用时将状态与云同步。AWS IoT Greengrass 核心能够与本地网络上采用 AWS IoT Greengrass 软件开发工具包的设备进行消息收发，甚至在没有连接 AWS 的情况下，它们也能便捷地通信。AWS IoT Greengrass 核心上部署的 AWS Lambda 函数可以访问设备上连接的本地资源。用户可以使用串行端口、USB 周边设备（例如，附加的安全设备、传感器和执行器）、板载 GPU 或本地文件系统来快速访问和处理本地数据。

图 7-7 简单描绘了 AWS IoT Greengrass 平台的结构，包括云、AWS IoT Greengrass 核心和不同种类的设备。AWS IoT Greengrass 核心启用 AWS Lambda、消息发送、设备影子和安全性的本地执行。AWS IoT Greengrass 核心即使在间歇性连接的情况下也是直接和云进行交互，并且在本地工作。而任何使用 Amazon FreeRTOS 或者 AWS IoT 设备 SDK 的设备都可以通过本地网络配置以完成和 AWS IoT Greengrass 核心的交互。

图 7-7　AWS IoT Greengrass 平台（来源：AWS IoT Greengrass 官网）

AWS IoT Greengrass 中的 ML Inference 功能可以使在云中构建、训练的模型能够轻松地在 AWS IoT Greengrass 设备上执行机器学习推理。这种本地化的机器学习应用程序不会产生数据传输费用，也不会产生因网络传输带来的延迟。AWS IoT Greengrass 还提供连接器功能，使用户可以在边缘发现并导入、配置和部署应用程序和服务，无须了解不同的设备协议、管理凭证或与外部 API 交互。AWS IoT Greengrass 提供控制台、API 和命令行界面等方式来更新设备上运行的 AWS IoT Greengrass 核心的版本，以支持安全更新、错误修正和 AWS IoT Greengrass 的新功能部署。

在安全方面，AWS IoT Greengrass 连接器集成了 Secrets Manager 模块来支持在边缘安全地存储、访问、轮换和管理各种机密信息，包括设备凭证、密钥、终端节点和配置。同时，它也提供了将设备私有密钥存储在硬件安全元素上的选项。用户可以通过 Secrets Manager 在边缘存储敏感设备信息，并使用私有密钥对机密信息进行加密，以实现信任根安全性。AWS IoT Greengrass 核心 SDK 运行在支持 OTA 更新的设备上，并作为网络中所有设备的通信枢纽。网络中的设备一大部分由传感器、驱动器、智能家电和可穿戴设备构成，这些设备中含有各种安装了 AWS IoT 设备 SDK 的微控制器。而同时安装了核心 SDK 和 IoT 设备 SDK 的设备则形成一个名为 Greengrass Group 的集合，这些设备将被组织在一起进行交互通信，从而构成分布式边缘计算网络，该网络实质上已具备了雾计算的特征。

7.7 小结

本章详细介绍了 5 个目前较为知名的商用雾 / 边缘计算平台。表 7-1 汇总了本章介绍的雾计算平台，以及它们的支持环境、设备、远程更新能力及相关开发套件等信息（截至 2020 年年中）。

表 7-1 本章所介绍雾计算平台汇总

雾 / 边缘计算平台	支持环境	支持设备	远程更新	开发套件
Cisco IOx	TCL 脚本	Cisco IC3000 系列网关、IR800 系列平台等	否	IOx SDK（ioxclient、Docker 等）
Kinetic	JDBC 及多种编程语言环境	Cisco IR1101、IR829、IR809、IR807 网关	否	无
FogHorn Lightning	未知	PCI/DCS/ 网关	未知	未知
Cloud IoT Edge	Java、Python 等	Edge TPU 或通用 CPU 与 GPU 板卡	是	Edge TPU 开发板
Azure IoT Edge	C＃、C、Java、Node.js、Python	Windows、Linux 等操作系统，x64 与 ARM 等架构，通用处理器	是	（Azure IoT）核心套件、人工智能套件
AWS IoT Greengrass	C++、Java、Node.js、Python	核心 SDK 需要 Linux x86 或 ARM 架构，处理器 1GHz 以上，至少 128M 内存	是	AWS IoT Greengrass 核心 SDK、AWS IoT 设备 SDK、AWS Python SDK

第 8 章
雾计算工业标准

随着物联网市场的高速增长，雾计算作为云计算的补充技术已在细分领域内呈现出强劲的增长势头。市场的高速增长使市场的规范化需求日益迫切。雾计算系统需要与云端及各种各样的用户终端设备相互作用，这涉及整个过程中各层级服务提供商之间的接口，以及服务提供商与用户之间的接口的互联。这些接口都需要标准化，以实现服务提供商之间在业务层面的互通，同时避免单一服务提供商对用户的锁定。虽然雾计算可以直接利用许多现有的云计算、通信和信息安全等行业标准，但是由于引入了大量的雾节点和相应的第三方服务提供商，因此，在某些方面还需要引入新标准来支持。本章将着重介绍雾计算相关的国际标准组织、雾计算工业标准进程及一些关联标准。

8.1 相关的国际标准组织

8.1.1 OpenFog 联盟与工业互联网联盟

OpenFog 联盟是一个致力于推动雾计算发展的非营利组织，旨在规范和促进各个领域的雾计算技术。该联盟成立于 2015 年 11 月，其成员包括 ARM、思科、戴尔、英特尔、微软和普林斯顿大学边缘实验室等。OpenFog 联盟定义的雾计算是指在云端和终端设备之间，以及雾节点和设备之间增加了计算、存储、网络和控制功能的层次结构。该定义与移动边缘计算有所区分，OpenFog 联盟定义中描述的雾计算涵盖了边缘和云之间的所有层，而移动边缘计算只覆盖了边缘，不涉及云端。OpenFog 联盟于 2017 年 2 月 13 日发布了用于雾计算的参考架构。该联盟下设多个工作组，包括安全、架构、商业和测试床等。这些工作组致力于为雾计算创建一个开放的体系结构，从而实现互操作性和可伸缩性。2019 年，OpenFog 联盟及其成员均并入工业互联网联盟（IIC）。IIC 更多考虑对工业互联网的架构支持，在其最新发布的技术报告中，将雾计算、多通路边缘计算和移动边缘计算等均视为边缘计算的不同实现方式 [44]。

8.1.2　EdgeX

Linux 基金会于 2017 年 4 月成立了 EdgeX Foundry（简称 EdgeX），其目标是实现工业物联网边缘计算的标准化。同年 10 月，EdgeX 发布了首个可用的代码版本 Barcelona。Barcelona 是通过支持某些关键的 API 及类似低功耗蓝牙（Bluetooth Low Energy，BLE）、消息队列遥测传输协议（Message Queuing Telemetry Transport，MQTT）等低功耗的机器对机器协议，加上简单网络寻呼协议（Simple Network Paging Protocol，SNPP）等工业协议来消除一些物联网的复杂性。Barcelona 对许多中小型公司大有帮助，尤其是对那些没有太多 IT 资源投入以集成不同工具和组件的公司。

8.1.3　CORD

开放网络基金会（Open Networking Foundation，ONF）的 CORD 项目在 2016 年正式启动，它原本不是针对雾计算或边缘计算的，但 ONF 从 CORD 4.1 版本开始涵盖了许多边缘计算领域的内容。CORD 4.1 支持所有用户类型，包括住宅、移动设备和企业通用共享云基础设施。而且，由于 CORD 可以在包含基站、汽车和无人机在内的任何边缘网络运行，CORD 正在逐渐成为一个重要的边缘计算平台。

8.1.4　ETSI MEC

移动边缘计算（Mobile Edge Computing，MEC）的概念最初于 2013 年在 IBM 与

诺基亚西门子通信（Nokia Siemens Networks）共同推出的一款计算平台上出现。2014年，欧洲电信标准协会（ETSI）成立了移动边缘计算规范工作组（ETSI Mobile Edge Computing Industry Specification Group, MEC ISG），开始推动相关标准化工作。2016年，ETSI 把此概念扩展为多接入边缘计算（Multi-access Edge Computing）。它包括3GPP 和非 3GPP 制式，这也意味着边缘计算能力将从电信蜂窝网络进一步延伸至其他类型的无线接入网络（如 Wi-Fi）。MEC 标准的一个目的是使运营商将其无线接入网（Radio Access Network，RAN）开放给授权的第三方应用，以便他们能够为其移动用户和垂直网段提供新的服务 [45]。另外，MEC ISG 还成立了工业集团关系（Industry Group Relation）小组，开展与 GSMA、OpenFog 联盟等组织的合作，推进 MEC 的产业化。当前，ETSI 的 5 个规范 GS MEC 009、GS MEC 010-2、GS MEC 011、GS MEC 012 和 GS MEC 013 涵盖了应用生命周期管理、移动边缘应用支持、无线网络信息和位置等主题，主要针对计费、监听等实际商用特性。

8.2　雾计算工业标准与标准化进程

2018 年年初，OpenFog 联盟发布了 OpenFog 参考架构，这是一个通用参考架构，涵盖了硬件和软件平台及复杂的功能，本书的第 3 章到第 6 章已详细介绍了 OpenFog 参考架构。虽然只是一个参考架构，但该架构为物联网、5G 和人工智能等数据密集型应用创建了雾计算架构的基础标准。2018 年 10 月，该组织宣布其参考架构将作为 IEEE 标准协会组建的新工作组的基础，以帮助创建雾计算和网络的行业标准。2018 年 7 月，ETSI MEC ISG 发布了首个支持 MEC 互操作性的标准化 API。之后，ETSI 的 MEC ISG 工作组开始与 OpenFog 合作开发支持雾计算的 MEC 标准。此外，包括 3GPP 及中国通信标准化协会（China Communications Standards Association，CCSA）在内的其他标准组织也启动了相关工作。CORD 在 2019 年也尝试与 OpenFog 联盟协调规范并使其具有可互操作性，但由于 CORD 的推广的是开源的方式，ONF 暂时没有与其他移动边缘计算或雾计算标准组织合作的计划。而 EdgeX 截至 2019 年已发布 3 个版本，第 2 版 California 旨在改进现有架构以支持某些关键业务物联网应用。第 3 个版本 Dehli 于 2018 年 11 月发布。

虽然各大标准联盟推出的相关工业标准不尽相同，但可以看出，它们逐渐开始走向了互相协调、兼容的道路，不少组织以实现构建云雾一体、分布式和层次化的统一雾计算平台为最终愿景。在这个过程中，以下几种标准的路线将是雾计算在全面商用进程中的关键。

（1）云服务中心和雾节点之间的交互标准：由于单个雾计算节点天生的资源受限特性，在某些需要大数据分析与智能信息处理业务的行业应用中，雾计算很难完全脱离云服务中心存在[46]。所以，需要实现雾计算的接口与协议和云计算的协同，从而实现一体化的"云+雾"服务平台。这些接口与协议不仅仅包含云服务中心和雾节点的通信协议，更重要的是"云+雾"服务平台中的应用程序互操作、分布式资源池的协同调度，以及雾系统和应用程序的生命周期管理和雾计算节点的移动性管理等。

（2）雾节点间的交互标准：作为一个地理位置分布广泛的分布式系统，层级化的设计使雾节点之间存在异构性。由于在边缘网络中广泛引入了无线通信，单个节点可能因为无线信号不稳定而造成信息丢失。因而雾计算标准的重要一环包括使雾系统中不同层级的接口和协议可以相互交互，并且不同雾系统可以在同一层次级别相互协作并互相备份关键数据、任务等。

（3）雾服务的访问与交付：雾计算系统可以利用广泛分布的雾节点为用户提供服务，使资源更接近最终用户。未来，雾计算可能变成一种类似电信服务的公共服务（实际上，进入5G时代电信服务机构已经开始提供边缘计算服务了）。用户及其设备需要使用服务交付相关标准与雾系统交互，用来发现、请求和接收雾服务。另外，在服务交付方面，需要构建面向雾服务的服务等级协议及轻量级的自动投标机制。这将加强雾计算的经济可持续性，并实现服务交易，从而真正实现市场化与规范化。

（4）数据管理：随着雾计算与行业应用的逐步融合，数据来源将会越来越广泛，类型也越来越多样。不同行业在数据管理方面存在各种各样的要求，这些可能需要新的标准流程、语义描述等来管理不同的数据。例如，存储、访问和保护分布在雾和云中的数据。

（5）安全和隐私：雾计算系统主要采用分布式和远程操作，因此导致了集中控制节点的缺失，这带来了新的安全挑战。例如，当雾计算需要运行一组不同的本地硬件平台时，雾软件可能需要新的接口和协议与不同供应商提供的各种硬件平台进行交互，自动检测分布式或远程雾系统及远程和自动响应中的安全隐患，从而确保可信的计算环境。此外，尽管当前已有的安全标准适用于某些雾计算需求，但雾计算环境中的附加要求（例如，低延迟、大量资源受限设备）需要更适合雾计算环境的新标准。

8.3 关联标准

在 8.2 节中介绍的雾计算标准化路线中，占据最重要地位的是连结雾计算系统中各个实体的连通性标准，这也是分布式计算系统的根本。狭义上的连通性可以理解为有线与无线通信的能力。广义上的连通性还包括应用程序层面的服务访问与交互，这也是构建良好的雾计算生态系统的关键。统一的服务接口能够最大限度地提升应用程序间的互操作性，从而打破物联网应用的碎片化现状，提升某些共性服务的复用率，进而节约各方成本。本书第 6 章已较为详细地介绍过微服务及相关框架，此处不再赘述。数据管理严格意义上说不是某项技术标准，它更多的是定义了当雾计算系统管理在多个实体间流转的数据时的操作规范，以及相关元数据。而安全标准涵盖的范围则较为广泛，包括通信、数据和系统等各个方面。本节将介绍物联网应用中使用的一些主要的通信标准（协议）、物联网服务协议、数据管理标准及通信安全标准。

8.3.1 底层通信标准

在雾计算领域，特别是从雾节点的角度来看，由于可能同时涉及有线和无线通信的组网，因此支持不同类型的通信协议将是非常重要的，这样种类更广泛的边缘节点或物联网终端设备可以连接到这些雾节点。但每个通信协议都有其支持的特定网络拓扑结构，使用不恰当的协议将会大大影响部署的性能和成本。因此，在给定一个物联网应用场景时，需要首先确定将要使用雾网络的哪些部分及使用哪种协议。

在深入讨论不同的通信协议之前，了解每个协议在网络中所处的位置是很有必要的。图 8-1 列举了一些与雾计算通信密切相关的协议，并以协议层次的形式展示出来。一般来说，终端和雾节点之间进行的通信更适合采用某种短距离通信协议；长距离通信协议则适用于雾节点设备和云基础设施之间的通信。因此，在雾计算系统中，"承上启下"的雾节点应该能够使不同类型的通信协议在该节点上共存，且能并行工作。由于雾计算主要服务于物联网，本章将主要介绍与物联网相关的应用层、数据链路层和物理层的通信标准。而传输层与网络层的常用互联网通信协议，如 HTTP、TCP、UDP 和 IP 等，读者可以从各类计算机网络经典书籍中找到详细信息，此处不再专门介绍。

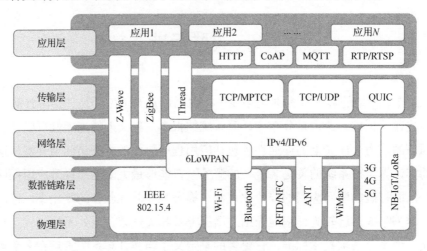

图 8-1　相关通信协议与网络层次结构

1. ZigBee

ZigBee 协议是由 ZigBee 联盟推出的低成本、低吞吐量和低功耗的无线网络标准，可应用于短距离范围、低传输数据速率的各种电子设备之间的通信。ZigBee 的物理层和链路层支持基于 IEEE 802.15.4 规范，它可以配置为以非常长的睡眠间隔或者在非常低的占空比下运行，并且能够将超过 6 万个终端设备连接到同一网络，ZigBee PRO 是 ZigBee 的增强版本。ZigBee 终端设备本身是不直接连入互联网及云端的，到云端的连接一般需要经过网关节点完成。也就是说，ZigBee 设备网络需要首先连接到网关节点，该网关节点还需要能够使用以太网或 Wi-Fi 等传输协议，支持 TCP/IP 通信，从而能够向外连接到互联网。之后，这个网关节点才可以将数据从 ZigBee 网络转发到互联网再发送至云端。在具体使用中，同时配备 ZigBee 组件和以太网接口的雾节点可以充当网关节点，从而免去复杂的网络部署过程。

目前 ZigBee 通信模块更多应用在控制方面的业务上，通过采用 ZigBee 无线控制替代原有的有线控制方式，做到节约布线、突破距离控制限制，并且通过组建网络实现设备间的联动等。目前，ZigBee 常用于工业制造、农业、石油化工、物联网、智能家居、智能照明和智慧城市等领域。

2. Z-Wave

Z-Wave 是一个可靠的低延迟、低带宽半双工无线通信传输协议。它由丹麦的 Zensys 公司推出，专门用于机器对机器的通信，主要是针对低功耗的电池供电设备，支持智能家居应用。Z-Wave 网络中每个控制器节点最多可以与 232 个从属设备（终端节点）连接。该协议的传输层提供了节点之间的可靠数据传输，主要功能包括重新传输、帧校验、帧确认及流量控制等，因此是较为安全的通信协议。Z-Wave 采用 ITU-T G.9959 全球无线电标准，同时也提供公共应用层以保证产品互操作性，因而适用于开放的智能产品和服务开发环境。与 ZigBee 一样，Z-Wave 也需要网关的帮助才能够连接到互联网。目前 Z-Wave 应用主要集中在智能家居领域。

3. Thread

Thread 通信协议运行在网状网拓扑上，主要用于低功耗及低传输率的无线个人区域网络，数据传输速率最高达 250kbit/s，最多可以处理 250 个终端节点，其功耗还可以通过降低速率来降低，有效通信距离为 10 米。Thread 具有安全、可靠和容错性好的优势。Thread 技术也是建立在 IEEE 802.15.4 标准上，这有助于支持其低功耗性能。IEEE 对该标准进行开发和维护，并减少了它的物理层和链路层标准。

Thread 的出现解决了市场中对于网状网技术期待已久的需求：支持 IPv6 和 6LoWPAN，为功耗敏感、资源受限的设备终端节点带来互联网连接能力。通过支持 IP 网络协议，Thread 设备可以和其他 IP 可寻址的设备进行通信。Thread 网络使用相对便宜的边界路由器（Border Routers）来代替复杂的网关设备，从而可以将短距离 WPAN 信号连接到互联网。Thread 设备支持 IP 协议，这也意味着它支持 IPv6 相关的安全性协议。与 Z-Wave 类似，Thread 协议当前也主要应用于智能家居业务。

4. 6LoWPAN

6LoWPAN 是由 IETF 在 2004 年 11 月成立的 IPv6 over LR-WPAN 工作组提出的，全称是 IPv6 over Low power Wireless Personal Area Networks（低功耗无线个人区域网络 IPv6）。6LoWPAN 技术的典型协议栈为：底层采用 IEEE 802.15.4 规定的物理层和链路层，网络层采用 IPv6 协议，传输层采用 TCP 或者 UDP，应用层采用 Socket 接口。由于 IPv6 允许传输的最大数据包为 1280 字节，而 IEEE 802.15.4 物理层单个数据包最大为 127 字节，所以链路层支持的载荷长度将远大于 6LoWPAN 底层所能提供的载荷长度。为了实现链路层与网络层的无缝连接，6LoWPAN 在 IPv6 网络层和 IEEE 802.15.4 定义的链路层之间加入了一个中间层，称为适配层。适配层的主要功能是报头压缩、分片与重组、网状

167

网路由、网络接入和网络管理等。

6LoWPAN 标准面向仅有有限处理能力的小型低功耗设备，使其能接入基于 IP 的通信。6LoWPAN 具有网状网拓扑结构、网络规模大、通信可靠、功耗低，以及可使用 IP 通信等优势，主要应用领域为物联网。由于 6LoWPAN 标准仅定义了网络层和数据链路层之间的适配层，6LoWPAN 设备连接到互联网依旧需要借助其他协议或网络设备，如以太网或 Wi-Fi 网关。6LoWPAN 技术当前主要应用于智能家居、环境监测等多个领域。6LoWPAN 使人们可以通过互联网实现对大规模传感器网络的控制和应用。图 8-2 所示为 6LoWPAN 的协议结构。

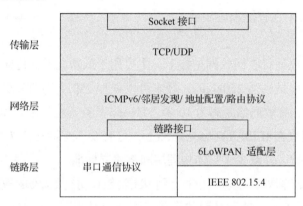

图 8-2　6LoWPAN 协议结构

5．Wi-Fi

Wi-Fi 协议：全称 Wireless Fidelity，又称为 802.11b 标准，由 Wi-Fi 联盟开发，是一种把电子设备连接到 WLAN 的技术。它通常使用 2.4GHz 特高频或 5GHz 超高频的工业、科学和医疗射频频段（SHF ISM）。Wi-Fi 最大的优点就是传输速率较高，根据 802.11ac 的配置，其传输速率可以达到 1.6Gbit/s 以上，它的有效距离也可达百米级别。Wi-Fi 可用于将不同类型的节点连接到网络，以便它们相互通信。

只要有无线网卡和无线接入点，就能架设 Wi-Fi 无线网络，以无线的模式配合既有的有线架构来分享网络资源，并且架设费用和复杂程序远远低于传统的有线网络和一些其他无线网络技术。如果需要由数台终端设备构成 P2P 网络，也可以不用接入点（Access Point，AP），只需要每台电脑配备无线网卡即可。AP 主要在介质访问控制层中扮演无线工作站和有线局域网之间的桥梁。AP 就像一般有线网络的 Hub，使无线工作站可以快速、便捷地与网络相连。特别是在将终端设备连接到宽带网络时，Wi-Fi 的优势更为明显。有线宽带网络（ADSL、小区 LAN 等）到户后，连接到一个 AP，然后在终端设备中安装一块无线网卡即可。

Wi-Fi 大多数情况用于较高端的智能设备，如电脑、平板电脑、手机、游戏设备、打印机、相机，以及智能冰箱和微波炉等，这些设备通过 AP 连接到 WLAN。通常单个 AP 可以提供半径 20 米的覆盖范围，在开阔环境下覆盖范围还可以进一步扩大。通常情况下，最多可以将 250 个设备并行连接到单个 AP。因此，在一般的家用场景或小面积的办公场景下，使用一个 AP 即可较好地提供网络服务。

6. 蓝牙

蓝牙（Bluetooth）是 WPAN 中最常见的无线通信技术标准之一，可实现固定设备、移动设备和楼宇范围网络之间的短距离数据交换。它主要使用 2.4GHz 至 2.485GHz 的 ISM 频段特高频无线电波。该标准由蓝牙特别兴趣小组开发并标准化为 IEEE 802.15.1。蓝牙一般用于实现低功率传感器和网关之间的通信。传统蓝牙一次只能使用星形网络拓扑连接 8 个设备，连接两个蓝牙设备所用的时间少于 6 秒。低功耗蓝牙是传统蓝牙的一种变体，专门为在低功耗情况下运行而设计，它可以用不到 10mA 的电流以 1 Mbit/s 的速度实现 100 米内的无线通信。此外，与传统蓝牙相比，它不会受到设备连接数量的限制，连接两个低功耗蓝牙设备所用的时间少于 6 毫秒。

作为一个标准协议，低功耗蓝牙与此前的蓝牙版本一样，也得到了主流设备制造商的广泛采用。另外，安卓、iOS、Windows 10 和 Linux 等主流操作系统均原生支持低功耗蓝牙。另一方面，许多终端设备需要使用标准纽扣电池运行很多年，如各类传感器设备。低功耗蓝牙可实现峰值、均衡和空闲 3 种模式下的超低功耗，并且低占空比的设备还能通过低功耗蓝牙节省更多电能。因此，很多物联网设备都支持低功耗蓝牙，越来越多的智能穿戴设备、计算机、手机外设和医疗监控设备将低功耗蓝牙视为首选通信协议。蓝牙技术联盟的网站上也列出了各种支持智能蓝牙协议的产品和蓝牙智能设备产品。这个生态系统无疑有助于实现多厂商互操作性。

7. ANT

ANT 是由 Nordic、Dynastream 等公司发起并推动的，专为低比特率和极低功率传感器网络设计的专有协议。它的资源是高度优化的，一般适用于无线个人区域网络。从概念上讲，ANT 与 ZigBee 和低功耗蓝牙类似。在 ANT 网络中，每个节点都可以发送、接收，或同时执行这两种操作以便在网络内节点之间路由数据。运动相关的物联网设备使用 ANT 较多。ANT 可以有很长的睡眠时间，睡眠期间电流消耗为微安培级别。ANT

网络最多可以连接 65 533 个设备。ANT 协议采用 GFSK 调制，支持 P2P、星形、树形和网格等多种拓扑结构。Nordic 推出的内嵌 ANT 协议的低功耗芯片 nRF24AP2，也适用于 ZigBee 的大多数应用场景，并具有功耗更低、应用开发更快捷，以及无须为协议付费等优点，已得到广泛应用。

ANT 采用双 322.4GHz ISM 频段射频通信，采用自适应同步信道、点到点和点到多点的传输方式，具有 20kbit/s 的网络数据速率，传输距离为 10～30 米，支持多频率和高密度网络。ANT 成本低廉，采用超低功耗设计，特别适合纽扣电池供电。ANT 协议简单、应用方便，无须用户具有熟练的编程等技巧，其典型应用场景包括传感器网络、远程控制系统及智能家居等 [47]。

8. WiMax

WiMax 全称是全球微波接入互操作性（World Interoperability for Microwave Access），是基于 IEEE 802.16 和 ETSI HiperMAN 标准的无线数字通信技术，是 IEEE 802.16 的互操作实现。可以认为是一个标准化的以太网无线版本，侧重于为用户提供宽带接入服务。它的固定版本（IEEE 802.16-2004）可使用 2～11 GHz 频段向固定设备提供非视距传输。这意味着 WiMax 可为固定终端（如台式电脑）提供距离达 50 千米的宽带无线接入，其传输速率可达 75Mbit/s。它也可以为移动终端（例如，笔记本电脑、移动电话、个人媒体播放器和 PDA）提供 5～15 千米的宽带无线接入。

与 Wi-Fi 等局域网无线技术相比，WiMax 可在更远的距离内为更多用户提供更高的数据传输速率，且具有更强的抗干扰性，可提供更高的带宽利用率。WiMax 可在授权和非授权频率上进行操作，因此可为无线载波提供规范的环境和可行的经济模式。在蜂窝业务未覆盖地区，WiMax 可以快速、经济、高效地开通超快速宽带无线接入。它可用于局域网宽带连接、热点和蜂窝回程，以及面向企业的高速连接等。

9. 蜂窝移动通信

蜂窝移动通信一般用于提供长距离通信支持，采用蜂窝无线组网方式连接终端和网络设备，并通过其间的无线通道发送数据，当前蜂窝移动通信都遵循 3GPP 提出的开放标准。蜂窝移动通信依赖基站与核心网完成终端节点与互联网的桥接。当前已有蜂窝通信标准可以分为 GSM、3G、4G 和 5G 等多代技术与协议栈。虽然蜂窝通信能够发送大量的数据，但对于许多应用与传感器终端来说，其费用和功耗过高。

10. 低功率广域网

低功率广域网（Low Power Wide Area Network，LPWAN）是低功耗、长距离、

低成本和低比特率的协议设计，用于物联网领域的双向安全通信。与蜂窝通信类似，LPWAN 一般也使用基站桥接互联网和终端节点之间的通信，因此网络结构也是星形网络。LPWAN 可分为两类：一类是工作于未授权频谱的 LoRa、SigFox 等技术；另一类工作于授权频谱下，3GPP 支持的 2G/3G/4G 蜂窝通信技术，如 EC-GSM、LTE Cat-m 和 NB-IoT 等。LPWAN 技术能够实现电池供电传感器数据的长距离传输，数据可以以 0.3～50kbit/s 的速率传输。部署在建筑物或基站塔中的 LPWAN 节点可连接到距离数千米以外的传感器。它的传输信号也可以穿过水和地下。

11. 射频识别

射频识别（Radio Frequency Identification，RFID）主要使用电磁场来传输数据，它是一种微波通信技术。也就是说，其识别系统与待识别目标之间无须机械或光学接触。RFID 直接继承了雷达的概念，其理论基础是 1948 年哈里·斯托克曼发表的论文《利用反射功率的通信》。RFID 系统因应用不同其组成会有所不同，但基本的 RFID 系统都由标签、阅读器和天线 3 部分组成。其中，标签存储信息。RFID 系统可以根据标签和读卡器的类型进行如下分类。

● 无源阅读器 + 有源标签，阅读器从有源标签接收无线电信号。

● 有源阅读器 + 无源标签，阅读器主动发送询问信号并读取存储在无源标签中的数据。

● 有源阅读器 + 有源标签。

有源 RFID 可以进行超过 100 米的通信，无源 RFID 通信范围通常在 1 米以内。此外，完整的 RFID 应用系统一般还包括中间件，也称为 RFID 管理软件，它屏蔽了 RFID 设备的多样性和复杂性，能够为后台业务系统提供强大的支撑。RFID 诸多不同的特性使其在物流管理、电子支付、物品防伪、安全访问控制、智能交通、电子名片、传统媒体拓展和资产管理等众多物联网领域中得到了广泛应用。图 8-3 简单描述了 RFID 的基本工作原理和主要部件。总的来说，RFID 技术在物联网中的相关应用可以分为以下 3 种模式：标签识别、信息检索与集成，以及目标监测与追踪。

12. 近场通信

近场通信（Near Field Communication，NFC）是一种允许电子设备之间进行非接触式对等数据传输的通信协议，它可以实现 10 厘米内的数据交换。这个技术由 RFID 演变而来，由飞利浦和索尼共同研制开发，并向下兼容 RFID。NFC 的基本工作原理如图 8-4 所示。NFC 设备一般可以在 3 种模式下工作，即 NFC 卡模拟（如基于智能虚拟储值卡的移动支付）、NFC 读写器（用于基于智能标签的智能海报）和 NFC 对等（用于机器对机器通信）。通常，NFC 标签被动数据存储，可以存储 96～8192 字节。NFC 正常使用时是只读的。NFC 标准涵盖通信协议和数据交换格式。这些标准通常基于现有的 RFID 标准，与 RFID 一样，NFC 信息也是通过频谱中无线频率部分的电磁感应耦合方式传递的，该模式和红外线差不多，可用于数据交换，只是传输距离较红外线短，但传输速度较快且功耗低。NFC 的最大数据传输速率为 424kbit/s。

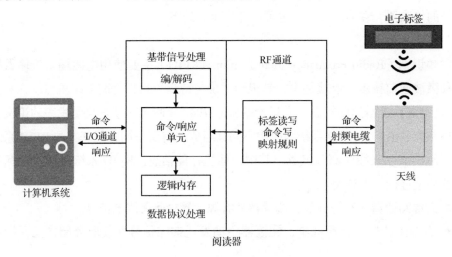

图 8-3　RFID 基本工作原理与部件

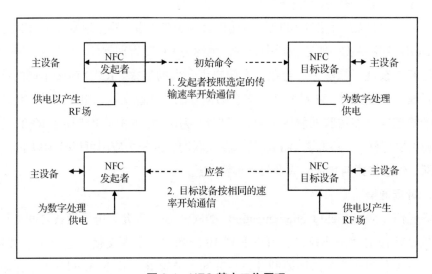

图 8-4　NFC 基本工作原理

　　表 8-1 汇总了上述雾计算相关的底层通信标准，并归纳了其传输速率、传输距离、功耗、IP 寻址能力、最大容量、网络类型和雾计算中的应用位置等信息。

表 8-1　雾计算相关的底层通信标准

标准	传输速率 / (kbit/s)	最大传输距离	功耗	IP 寻址能力	最大容量	网络类型	雾计算应用位置
ZigBee	250	室内：10～20m 室外：可达 1500m	低	无	60 000+	Mesh	终端到雾节点
Z-Wave	100	90m	低	无	232	Mesh	终端到雾节点
Tread	250	10m	低	有	250+	Mesh	终端到雾节点
6LoWPAN	250	10m	低	有	250+	Mesh	终端到雾节点
Wi-Fi	1.6×10^6	20～100m	高	有	250	星形、P2P、Adhoc（需激活）	终端到雾节点、雾节点之间
传统蓝牙	2.1×10^3	10m	低	有	8	P2P	终端到雾节点、雾节点之间
低功耗蓝牙	1000	100m	极低	有	250+	星形	终端到雾节点、雾节点之间
ANT	20	30m	极低	有	50 万 +	星形、树形、mesh	终端到雾节点
WiMax	75 000	固定站：50km；移动站：5～15km	高	有	250+	星形	终端到雾节点、雾节点之间
蜂窝移动通信	GPRS：35～170 EDGE：120～384 UMTS：384～2000 HSPA：600～10 000 LTE：3000～10 000	1～3km	高	有	CDMA：128 LTE：1200	星形	终端到雾节点、雾节点之间
LPWAN	50	城市：2～5km 郊区：15km	低	无	50 000+	星形	终端到雾节点
RFID	40	10cm	低	无	远大于二维码	P2P	物体到雾节点 / 终端
NFC	424	10cm	低	无	远大于二维码	P2P	物体 / 终端到雾节点 / 终端、雾节点之间

8.3.2　物联网应用级通信标准

　　为便于读者区分参考，本书将应用级通信标准与前述的底层通信标准分开介绍。应用级协议一般用来支持不同类型应用的特殊通信需求。近年来，随着海量微小型设备实现相互连接，物联网和机器对机器通信技术应运而生。虽然对家用计算机、智能手机等设备而言，所部署应用程序访问互联网资源仅需要 TCP 和应用层协议 HTTP 即可，但是基于 TCP/IP 的通信协议相当复杂且规模较大，需要相当多的计算资源和内存。由于物联网中终端设备的微小尺寸需求和成本等相关问题，有时难以满足基于 TCP/IP 的通信所需的硬件要求。复杂性也会导致产生更大的数据包，以及发送和接收数据包需要更多能耗。为了解决这个问题，一方面硬件厂商努力使硬件变得比以前更便宜、更小型。这一改进使得更强大的硬件能够应用在物联网终端设备中，使其能够支持 TCP/IP 通信。另一方面，物联网应用提供商也纷纷开发了与资源受限的设备相匹配的各类协议，使得这类终端设备能够实现自由通信。

1. CoAP

受限应用协议（Constrained Application Protocol，CoAP）是一个开放标准的应用级协议，是专门设计用于实现资源受限设备之间通信的。它采用了与 HTTP 类似的结构，这是因为 HTTP 作为 IETF 长期采用的标准，可以用较短小的脚本程序来融合不同的资源和服务。且 HTTP 支持的、独立于设备和应用的互操作性正是物联网所需的关键特性。但 HTTP 是基于 TCP 传输协议的，因此使用的是对等通信模型，该模型不适用于一对多的通信，如推送通知等服务，而且对于某些资源受限的设备（如 8 位微处理器），实现 HTTP 也过于复杂。

与 HTTP 类似，CoAP 也是一种客户端-服务器协议，支持一对一（机器对机器）通信。但与 HTTP 不同的是，CoAP 也支持多播通信，且在数据报长度、可靠通信方面进行了优化，使其能够适应资源受限设备在低处理能力和低功耗限制下的通信要求。CoAP 的核心内容为资源抽象、基于 RESTful 架构的交互，以及可伸缩的头文件选项等。CoAP 与 HTTP 协议的 RESTful 通信工作方式非常相似，并且 CoAP 与 HTTP/RESTful 之间可以通过类似中间件服务的方式实现互操作。CoAP 头部分组大小为 4 字节，这也意味着它最小的数据包仅为 4 字节。

CoAP 和 HTTP 在传输层也有明显的区别。HTTP 协议的传输层采用了 TCP 协议，而 CoAP 协议的传输层使用 UDP 协议，因此其开销明显比 HTTP 低，并且能够支持分组通信（也称为多播），还具有更短的唤醒和传输周期。CoAP 在 6LoWPAN 协议之上实现，因此能够在资源受限的小型设备上启用 IP 通信。分组通信与 IP 通信都是雾计算与物联网应用中尤为重要的需求，但也正因为采用了 UDP 而非 TCP 协议，CoAP 无法使用 SSL/TLS 等 TCP 上运行的安全协议来保护其传输。CoAP 使用数据报传输层安全协议来替代 TLS 实现安全传输，并使用基于加密的安全技术。

由于 UDP 传输并不可靠，CoAP 另外定义了带有重传机制的事务处理机制，并且提供带有资源描述的资源发现机制。CoAP 协议位于应用层，但采用了双层的协议栈结构，包括事务层与请求 / 响应层。事务层主要处理节点之间的信息交换，包括对等传输、分组通信和拥塞控制等。请求 / 响应层主要用来传输对资源进行操作的请求和相应信息，CoAP 的 RESTful 通信架构就基于请求 / 响应层。双层的应用层传输处理方式，使得 CoAP 在未采用 TCP 协议的情况下，也可以提供可靠的传输机制。当出现丢包时，即数据包接收方在一定时间内未给出确认信息时，CoAP 利用默认的定时器和指数增长的重传间隔时间实现丢失消息的重传。另外，CoAP 的双层处理方式还可支持异步通信，这也是物联网应用的关键需求之一。

2. MQTT

消息队列遥测传输（Message Queuing Telemetry Transport，MQTT）是一种基于发布 - 订阅模式、主要用于传感网和远程监控等场景的轻量级协议，在物联网、卫星链路通信传感器、小型设备、移动应用和医疗设备等方面有较广泛的应用。设计之初，MQTT 旨在从大量来源获取数据，并将它们传递给物联网传感基础设施（如物联网云平台）。MQTT 最初由 IBM 公司开发，用于与油田设备进行卫星通信。MQTT 是结构化信息标准促进组织（Organization for the Advancement of Structured Information Standards，OASIS）的开放标准。MQTT 是一个轻量级协议，它的包头大小仅为 2 字节。此外，其客户端库也具有较低的占位容量，例如，C # 语言中的 M2Mqtt 库大小仅为 30kB。因此，MQTT 能够以有限的带宽和非常少量的代码为远程设备提供可靠的消息服务，这使得它的适用范围较为广泛。

由于 MQTT 使用发布 - 订阅模式进行消息操作，因此，它需要消息代理来管理和路由终端设备之间的消息交互。MQTT 协议的具体实现中包含 3 种身份——发布者、消息代理和订阅者，如图 8-5 所示。其中，消息的发布者和订阅者都是客户端，消息代理则充当服务器的角色，消息发布者可以同时是订阅者。通过消息代理，MQTT 可以进行高效的多对多通信。MQTT 传输的消息分为主题和消息内容两部分。主题可以理解为是消息的类型，订阅者在订阅某主题的消息后，就会收到该主题下的所有消息内容。消息内容是指订阅者具体要使用的数据。在传输层，MQTT 使用 TCP，因此它的传输是可靠、有序的，并且能够使用 SSL 和 TLS 协议，通过加密实现安全传输。

图 8-5　MQTT 消息的一个典型实现

3. HyperCat

HyperCat 标准是由英国电信、劳斯莱斯、ARM 和 BAE 等 40 余家企业组成的 HyperCat 联盟所提出的。它是一个设计描述框架，允许用户描述物联网资产，并通过网络公开它们。HyperCat 提供了标准机制来对其资源和相关 API 进行语义注释。HyperCat 是一个建立在 Web 标准之上的开放标准，因此，它可以基于各种 Web 描述语言进行扩展，例如，HTTPS、REST/HATEOAS 和 JSON 等。

HyperCat 首先基于 JSON 实现超媒体目录格式，这使其占用空间非常小。同时，采用统一资源描述符（Uniform Resource Identifier，URI）对其资源进行描述。另外，它也能够使用 URI 来发现外部应用程序或服务。HyperCat 联盟未限制 HyperCat 允许的 URI 最大公开数量。此外，可以无限制地使用类似资源描述框架（Resource Description Framework，RDF）的三元组声明语句来描述每个 URI。为了使用户能够通过 HTTP 请求来访问这些资源，开发人员需要至少提供一个统一资源定位符（Uniform Resource Locator，URL）。

实际上，HyperCat 并未标准化 IoT 资源的访问方式，而是提供了一个标准机制来描述每个 IoT 资源如何被访问。这意味着 HyperCat 提供了一个通用标准来描述 API，以及它们如何被外部实体（如应用程序、其他节点等）使用。因此，开发人员可以按照自己喜欢的方式来开发解决方案，并使用 Hypercat 规范描述与其解决方案进行交互的方法。HyperCat 是一个 Web 框架，因此支持 HTTPS 和其他的 Web 安全机制。当前，除 HyperCat 联盟本身外，也有多个其他标准联盟或组织采纳 HyperCat，包括工业互联网联盟、结构化信息标准促进组织和国际标准化组织 / 国际电工委员会第 1 联合技术委员会（International Organization for Standardization/International Electrotechnical Commission Joint Technical Committee 1，ISO/IEC JTC1）等。

4. IoTivity

IoTivity 是由英特尔和三星牵头的开放互联联盟（Open Interconnect Consortium，

OIC）所提出的一个开源项目，目的是为智能、微型信息采集设备建立统一的物联网设备连接标准。它不是一个必需的协议，而是一个开放的源代码框架，目标是作为一个中间件来提供如下 4 种主要功能。

- 设备和资源发现（近距离和远程都可覆盖）。
- 基于消息传递和流模型的数据传输。
- 通过收集、存储和分析来自各种资源的数据进行数据管理。
- 通过设备配置、供应和诊断进行设备管理。

IoTivity 旨在实现设备到设备的无缝连接，因此特别适用于物联网应用，它主要针对基于 Ubuntu（Linux）、Android、Arduino 和 Tizen 等操作系统的终端设备，如图 8-6 所示。目前已支持包含 CoAP 和 MQTT 在内的多种协议。IoTivity 使用 UDP 进行传输，并且使用简明二进制对象表示（Concise Binary Object Representation，CBOR）来支持 JSON 数据结构的序列化及传输。IoTivity 可以理解为是一个 RESTful 的 API，用来支持对等网和一对多的网络拓扑结构及传输。IoTivity 使用 RESTful 接口建模语言（RESTful API Modeling Language，RAML）来建立其 API 模型，并通过 DTLS、AES 和 X.509 等安全机制提供安全保障。

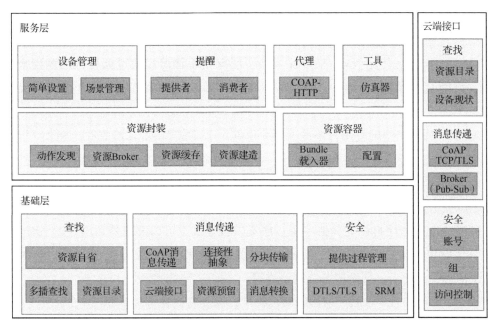

图 8-6　IoTivity 框架（来源：IoTivity 官网）

5. AllJoyn

AllJoyn 是 AllSeen 联盟支持的一个开源软件框架,最初由美国高通公司(Qualcomm)开发,它允许设备之间进行近距离通信。IoTivity 和 AllJoyn 的设计目标是一致的,即实现有线协议、模式定义和数据模型等的标准化。与 IoTivity 不同的是,AllJoyn 更加强调近邻通信,且能够在物联网设备间建立未知网络负载的对等网络连接。相互邻近的设备可以通过 AllJoyn 框架连接并发现彼此的资源和功能。与 HyperCat 等应用级数据交换协议相比,由于 AllJoyn 提供了完整的协议栈及软件框架,因此功能相对更多,适用范围相对更加广泛。

AllJoyn 旨在提供一个独立于操作系统、硬件、编程语言及具体设备的平台。这使得应用开发人员可以将精力集中到开发应用程序的核心功能,减少在各类设备与运行环境中的兼容性,以及网络复杂性等方面的精力投入。目前,AllJoyn 所支持的操作系统已由最初的 Microsoft Windows(PC)、Linux 和 Android,扩展到了 Arduino、iOS、Linux、OS X、Windows、OpenWRT 和 RTOS(如 ThreadX)等嵌入式操作系统,这已经涵盖了目前移动设备的大多数主流操作系统。它所支持的语言包括 C、C++、Objective-C、Java 和 JavaScript 等。因此,Alljoyn 框架可以跨越异构的分布式系统来实现物联网设备之间的通信,并且在通信过程中不需要集中的服务器来完成异构设备间的消息转换。AllJoyn 的底层协议主要为 Wi-Fi 和蓝牙,因此主要运行在星形网络拓扑结构上。AllJoyn 使用 XML 来定义模块。所有模块都可以通过远程方法调用来实现发布–订阅交互模型。AllJoyn 通过 ECC、AES 和 X.509 等技术提供应用程序级安全保障。

AllJoyn 为网络中的应用程序提供两种角色,分别是提供者与消费者,如图 8-7 所示。提供者应用程序实现服务功能,并通过 AllJoyn 网络广播这些服务。对这些服务感兴趣的消费者应用程序通过 AllJoyn 网络发现它们,消费者应用程序可以连接到提供者应用程序,以便根据需要使用这些服务。AllJoyn 应用程序也可以同时充当提供者和消费者,这意味着该应用程序可以为其他应用程序提供服务,也可以发现并利用邻近 AllJoyn 网络中其他应用程序提供的服务。图 8-7 所示为带有 4 个设备的 AllJoyn 网络。箭头方向为从供应商到消费者,展示服务的消费过程。

表 8-2 简单汇总了物联网应用级通信标准,以及它们在雾计算环境中的适用范围。

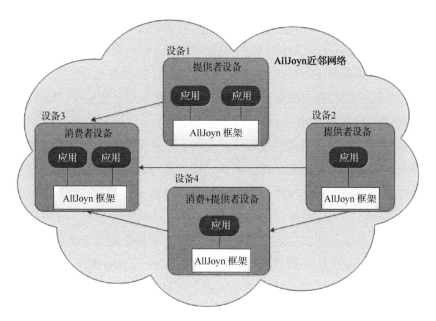

图 8-7　AllJoyn 网络示例（来源：AllJoyn 文档）

表 8-2　物联网应用级通信标准汇总

标准	功耗	时延	传输类型	通信开销	在雾计算环境中的适应范围
HTTP	高	高	一对一通信	高	雾节点之间、雾到云
CoAP	低	低	分组通信	低	雾节点之间、终端到雾节点、终端之间
MQTT	中	低	分组通信	低	终端到雾节点
HyperCat	高	高	分组通信	高	终端之间、雾节点之间
IoTivity	高	高	分组通信	高	终端之间、雾节点之间
AllJoyn	高	高	分组通信	高	终端之间、雾节点之间

8.3.3　数据管理标准

数据管理标准一般通过元数据标准体现，它是描述某类资源的具体对象时所有规则的集合。元数据实际上是用来描述数据的数据，它通过规范、全面的描述方法描述各类数据单元的结构、内容、位置、采集方式等信息，便于数据的标识、发现、评估和管理。

元数据是由许多完成不同功能的具体数据描述项构成的结构化数据。当前元数据的主要参考标准为国际标准 ISO/IEC 11179 和中国国家标准 GB/T 18391。

元数据可以为物联网中分布式的、多元化的数据体系提供整合的工具与纽带，它涉及以数据为核心的应用的方方面面，包括数据的发现和检索、信息登记分类、资源管理，以及运行维护等。比如都柏林核心元素集（Dublin Core Element Set）定义了 Web 数据资源标准，使得数据资源易于通过检索工具发现。一些面向专业领域数据的元数据标准会对数据单元进行详细、全面的描述，所描述的信息可以包括数据采集、数据内容、数据结构、数据构成方法到数据使用方式等。这主要是为了便于对这些领域的数据进行细分管理。比如 MARC、GILS 和 FGDC/CSDGM 分别是出版物管理、政府信息、地理空间信息等领域用于数据注册描述的元数据标准。资源管理指的是管理数据资源的存储和使用，目前，资源管理的统一数据标准为 CWM（Common Warehouse Model）。运行和维护所涉及的元数据较多，它主要定义系统在运行过程中所产生系统数据和 / 或人员交互所产生数据的管理。

元数据标准因具体数据类型而异。不同行业和应用领域所面对的数据及资源对象不同，元数据的结构和描述也各不相同。依据其数据描述对象，元数据可以分为面向系统的、面向管理的和面向业务的。系统元数据描述了实现数据系统的技术细节，包括系统体系结构、数据视图、数据粒度、数据度量算法、源数据、操作过程等。管理元数据主要描述系统运维管理的相关信息，包括角色、职责、流程等。业务元数据是系统中数据能够应用于具体业务的关键，它构建了数据到业务之间的映射关系，可以理解为是数据使用者与数据系统之间的一个语义转换桥梁。

当前各行各业之间存在差异极大的数据类型和业务面。因此难以采用一个单一的元数据标准来满足所有领域的所有数据业务需求。由于同一领域内的物联网系统也存在着不同的数据描述对象，因此也需要针对特定的使用需求，灵活采用一组元数据标准来构建应用。从另外一个角度出发，统一的元数据格式标准需要集中规划设计，这也不符合当前的异构网络环境现状与多种多样的应用需求。因此，对于元数据标准，信息领域从业者的一般选择是争取同一领域内的元数据标准化，并妥善解决不同领域间、不同格式间数据的互操作问题。表 8-3 列出了一些不同行业各自的元数据标准。

表 8-3　不同行业的元数据标准示例

数据类型	元数据标准	是否业内统一标准
网络资源	都柏林核心元素集、IAFA 模板、CDF、Web Collections	否

数据类型	元数据标准	是否业内统一标准
数字图像	MOA2 元数据、CDL 元数据、开放档案格式（Open Archives Format）、美国视觉资源学会视觉资源核心类目（VRA Core）、NISO/CLIR/RLG 图像技术元数据	否
政府信息	GILS	是
地理空间信息	FGDC/CSDGM	是
连续图像	MPEG-7	否
技术报告	RFC 1807	是
文献资料	MARC（带 856 字段）、都柏林核心元素集	是

在雾计算系统中部署应用服务时，既可以使用所属行业内已存在的元数据标准来管理数据，也可以开发适合本业务的相关元数据标准。一般来说，由开发者自定义的元数据标准格式可以直接由系统描述元素、管理描述元素、业务描述元素和结构性元素组成。内容定义元数据的构成元素，可以包括描述性元素、技术性元素、管理性元素和结构性元素。针对不同元素类型，可以进一步定义其组织方法、使用规则、描述方法、结构描述、使用语言等。例如，定义元素结构为 XML 结构，结构的语句描述语言为某种领域特定语言等。同时也可在元数据标准中给出最佳实践范例供使用者参考，或自定义一些必须的描述要求。在构建过程中，一部分元素可直接采用其他标准已规定好的语义结构。例如，都柏林核心元素集的日期元素就采用了 ISO 8601 标准，资源类型采用都柏林核心元素集的类型（Type）标准，数据格式采用多用途互联网邮件扩展（Multipurpose Internet Mail Extensions，MIME）标准，识别号采用 URL、DOI 或 ISBN 标准。表 8-4 参考 RDF 标准给出了在以数据为中心的应用中，常用的元数据类型与其定义的内容。

表 8-4　元数据类型与定义内容 [48]

数据类型	定义内容
数据结构	数据集的名称、关系、字段和约束等
数据部署	数据集的物理位置
数据流	数据之间的流程依赖关系，包括一个数据到另一个数据的转换规则
质量度量	一系列质量指标，用以反映数据质量
度量逻辑关系	度量值之间的逻辑运算关系
提取、转置、加载过程	过程运行的顺序：并行、串行
数据集快照	某个时间点上，数据在所有数据集上的分布情况

数据类型	定义内容
多维模式元数据	事实数据表、维度表、属性和层次等
报表语义层	报表指标的选取规则、数据过滤条件、数据名称和关联业务名称的关联关系

雾计算系统的主要应用领域是物联网，在物联网系统中往往存在多种不同类型的数据和多个垂直领域的业务。这意味着可能同时存在多个异构的元数据格式，因此。为实现在使用不同元数据格式描述的资源体系之间进行检索和资源利用，雾计算系统需要使多个不同元数据格式之间可相互解析、读取和转换，进而提升元数据的互操作性[49][50]。

元数据格式映射是利用特定转换程序对不同元数据格式进行转换的方法。目前主流元数据格式之间已有大量转化方法与相关软件。格式映射通常转换准确，转换效率较高。不过，这种方法在类似物联网的多种元数据格式并存的、开放式的环境中应用效率明显受到限制。另外较常见的还有利用中介格式的方法，即采用一个比较常用的格式作为中介，通过这个中介来完成多种元数据格式之间的灵活转换。目前使用较多的中介格式是Json。

与中介格式相似的思路是采用标准的描述框架，如果使用这个框架来描述所有元数据格式，那么系统就能够通过解析这个标准描述框架，来解读相应的元数据格式。当前在许多应用系统中，XML、JSON 等格式就起着类似标准数据描述框架的作用[51]。而RDF 格式作为一种标准资源描述框架，起着描述资源的作用。使用这样的统一描述框架可以为特定领域内的业务需求构建一套元数据标准，该标准下的元数据也易于解析、转化，从而与其他元数据格式兼容。一般元数据标准指定标识、名称和属性等一系列信息。

- 程序集的说明。
- 该程序集所依赖的其他程序集。
- 标识（名称、版本、区域性和公钥）。
- 导出的类型。
- 类型的说明。
- 运行所需的安全权限。
- 名称、可见性、基类和实现的接口。

- 成员（可包括方法、字段、成员属性、事件和嵌套类型等）。
- 属性。
- 修饰类型和成员的其他说明性元素。

8.3.4　安全标准

安全标准目的是在网络与计算环境中提供各种安全服务。一般来说，雾计算系统需要考虑的安全性包括隐私、真实性、保密性和完整性 4 个方面。隐私保护使得只有经过批准的雾节点和终端设备才能加入网络，认证则是这个过程的主要挑战。真实性旨在验证数据发送者的真实性，一般用公钥密码系统实现。保密性确保只有指定的数据接收 /使用者可读取数据。AES-128 和 AES-256 或类似的加密 / 解密技术被用来确保保密性。完整性保障原始数据在传输过程中不被更改，即目标接收到的信息与始发者发送的信息相同，常用散列算法（如 MD5 和 SHA）生成消息的校验并确保消息的完整性。具体而言，围绕这些安全服务的相关安全标准包括加密 / 解密协议、网络安全标准和数字认证等。

1.　加密 / 解密协议

加密 / 解密协议依赖密码学的机制来实施安全服务，提升系统、数据和代码等的机密性、完整性、认证和不可否认性等安全特性。密码功能可以在诸如平台安全处理器等协同安全处理芯片中实现，以保护密钥和安全策略。密码功能也可用于为可信软件提供安全的执行环境，并保护其存储过程、计算处理过程和通信过程等。

密码功能有 3 种基本类型。

- 用于保密的对称密码。
- 密码散列函数用于通信的完整性保护和认证。
- 用于生成密钥，建立长期安全凭证并提供不可否认服务的非对称（或公钥）密码。

美国国家标准及技术协会发布的美国联邦信息处理标准（Federal Information Processing Standard，FIPS）140-2 定义了加密模块的安全要求，该标准涵盖了经批准的加密函数列表，以及验证这些函数的实现是否符合规范的正式过程。雾计算相关厂商已广泛采用了 FIPS 定义的加密协议，其中 OpenFog 参考架构采用 FIPS 140-2 批准的加密函数的一个子集，以保证其组件之间基本的互操作性。加密模块的正式验证（即 FIPS

140-2 证书）可以作为雾计算供应商的选项。随着安全与隐私问题日益重要，雾计算的相关标准组织均鼓励供应商产品符合 FIPS 的相关认证。

OpenFog 参考架构提出的加密模块中给出了一个标准加密算法的基本列表，所有雾节点都必须实现该列表所述的所有加密算法。这个最小的算法集旨在保证雾节点之间的互操作性的同时，提高其安全性。当前这个清单仅为初始版本，难以实现全球各个雾计算供应商之间的互操作性。后续还需要根据欧洲、中国、日本和美国等各个地区的标准机构选用适于当地法律法规、行业特征的标准算法。

OpenFog 参考架构提出的 FIPS 标准加密算法基本列表如下。

（1）对称密钥密码。

● AES（至少有 128 位密钥）。

● Triple-DES；

（2）非对称密钥密码。

● 基于 DH、RSA、DSA 的 Z_p 和 Z_n^*。

● 基于 ECDH、ECDSA 和 ECQV 的椭圆曲线。

（3）加密哈希函数。

● SHA-224、SHA-256、SHA-384、SHA-512、SHA-512/224 和 SHA-512/256。

（4）随机数字发生器。

● FIPS PUB 140-2 批准的随机数字发生器。

（5）消息认证码。

● CCM、GCM、GMAC、CMAC 和 HMAC。

在使用标准加密算法时，将依据具体的安全模型进行部署。例如，基于网络层和应用层的 AES 256 对称密码可以用来保护终端到雾节点的通信。由于每个终端节点都有自己的私钥以确保真实性，雾节点需要对应的密钥来解密终端节点发送的数据，所以雾节点需要将所有私钥与每个终端节点对应。有时终端节点也需要直接连接到云平台。在这种模式下，密钥一般不存储在雾节点中，而是存储在云上。由一个终端节点生成的数据可以经由多个相邻的终端设备作为中继节点转发，最终到达网关。但是，中继节点不能读取数据包，因为它没有初始终端节点的私钥。同时，为了进一步避免外部或恶意终端连接到网络中充当中继节点，并观察来回传递的数据，终端可以使用基于链路层的加密技术来加密数据包，如 AES 128 对称加密算法，并采用专用硬件管理加密 / 解密过程。另外，云服务中心到终端设备或雾节点的通信，则需要启动这三者之间的安全连接，常用公钥密码系统来实现。而云服务器之间或雾节点之间则可通过的超文本传输安全协议保护通信过程。

2. 网络安全标准

网络安全标准主要包括虚拟专用网（Virtual Private Network，VPN）中的各类技术与协议。VPN 可为外部连接的用户提供对内部资源的安全远程访问。这种安全机制在分布式的雾计算网络结构中尤为关键。目前常用的 VPN 协议包括 IP 安全协议（Internet Protocol Security，IPSec）、安全外壳协议（Secure Shell，SSH）和安全套接层协议（Secure Socket Level，SSL）等。

IPSec 是一个协议包，通过对 IP 协议的分组进行加密和认证来保护 IP 协议的网络传输协议集合。当接收到一个 IP 数据包时，IPSec 通过查询安全策略数据库来决定对接收到的 IP 数据包的处理方法。对 IP 数据包的处理方法包括丢弃、直接转发、进行加密和认证处理 3 种方法。IPSec 保证内部网络出去的数据包不被截取，进入内部网络的数据包未经过篡改。IPSec 可以只对 IP 数据包进行加密或只进行认证，也可以同时实施二者。IPSec 有两种工作模式，一种是隧道模式，另一种是传输模式。IPSec 的主要协议如下。

● 认证头为 IP 数据报提供数据源认证和完整性保证、消息认证，以及防重放攻击保护。

● 封装安全载荷提供加密和可选认证、数据源认证、无连接完整性、防重放和有限的传输流机密性。

● 密钥交换主要包括对使用的协议、加密算法和密钥进行协商，提供方便的密钥交换机制，并跟踪以上协商和交换过程的实施。

● 安全关联是安全服务与服务载体的一个连接，提供算法和数据包，提供认证头和封装安全载荷操作所需的参数。

SSH 是由 IETF 的网络工作小组所制定的应用层和传输层安全协议。SSH 可在不安全的网络中为网络服务提供安全的传输环境，主要通过加密实现。计算机每次向网络发送数据时，SSH 都会自动加密数据，而当数据到达目的地时，也由 SSH 自动进行解密。SSH 的主要机制是安全隧道，通过在 SSH 客户端与服务器之间建立安全隧道来实现安全的连接。因此，通常用于传输命令行界面和远程执行命令、传输文件等。常用的 UNIX 系统、Linux 系统和 FreeBSD 系统等都带有支持 SSH 的应用程序。

SSL 在 SSH 基础上进一步解决网络地址转换遍历、防火墙和客户端管理等问题，同时仍提供安全的远程访问。SSL 的 VPN 是主要用于互联网交易的一种专用网络，它可以在两个系统之间建立安全的信道用于电子数据交换。

3. 数字认证

数字认证是用电子的方式证明信息发送者和接收者的身份、文件的完整性，甚至是数据媒介的有效性。随着现代密码学的应用，数字认证一般都通过单向的哈希函数来实现。在数字认证技术中，认证中心（Certificate Authority，CA）已在多个领域得到应用，并已成为网上安全支付的核心环节。建立 CA 的目的是加强数字证书和密钥的管理工作。该过程首先要确定网上参与消息传递的各方（例如，一个电子商务交易过程中的持卡消费者、商户、入账银行的支付终端等）的身份。CA 中规定消息传递的参与者使用其相应的数字证书（Digital Certificate，DC）代表它们的身份。DC 是由权威、公正的认证机构所管理，各级认证机构按照由上而下的层次结构建立。

当前被广泛使用的 CA 体系是以公钥基础设施为技术基础的。常用的公钥基础设施标准有：轻型目录访问协议（Lightweight Directory Access Protocol，LDAP）、安全多用途互联网邮件扩展（Secure/Multipurpose Internet Mail Extensions，S/MIME）、传输层 / 安全套接层协议（TLC/SSL）、通用认证技术（Common Authentication Technology，CAT）、通用安全服务接口（Generic Security Services Application Program Interface，GSSAPI）和 X.509 数字证书格式标准等。

CA 的基本功能如下。

- 生成和保管符合安全认证协议要求的公共和私有密钥、数字证书及其数字签名。
- 对数字证书和数字签名进行验证。
- 对数字证书进行管理，尤其是证书撤销管理。
- 建立应用业务的接口。

值得一提的是，大多数现存的证书撤销计划都有很多限制（如高带宽使用和及时性问题）。例如，在线证书状态协议（Online Certificate Status Protocol，OCSP）是一种用于获取数字证书状态的在线协议。客户提交包含证书序列号的 OCSP 请求，需要 OCSP 响应方的服务器检查。OCSP 响应者检查其最新的撤销列表并向客户端提供经过签名的响应，该响应指示证书状态是否良好、已撤销或未知。OCSP 能够提供关于证书状态的即时更新，这种模式可以阻止许多利用时间差的攻击。尽管如此，OCSP 检查本身可能会损害客户的隐私，并为每个请求带来高延迟开销。一般来说，客户端和 OCSP 应答服务器之间的消息往返时间会为验证过程增加约 0.3 秒的延迟时间。目前，可以通过雾节点来分发证书撤销信息，这将有力地增强安全性并大大减少网络带宽的消耗。

8.4　小结

雾系统将需要与云和各种各样的用户端设备相互连接。因此，雾计算的成功和广泛采用有赖于标准的制定。虽然雾计算可以从许多现有标准中受益，但是也可能需要新的标准。本章主要介绍与雾计算相关的国际标准组织、雾计算工业标准化进程及关联标准。

本章介绍的国际标准组织包括 OpenFog 联盟、EdgeX、CORD 和 ETSI MEC。

雾计算工业标准与标准化最新进程：2018 年年初，OpenFog 联盟发布 OpenFog 参考架构；2018 年 7 月，ETSI MEC ISG 发布首个支持 MEC 互操作性的标准化应用程序编程接口；2018 年 11 月 EdgeX 发布第三个版本的标准。各大标准联盟逐渐开始走向了互相协调、兼容的道路，不少组织以实现构建云雾一体的、分布式、层次化的统一雾计算平台为最终愿景。几个关键标准化路线：云端和雾节点之间的交互标准，雾节点间的交互标准，雾服务的访问与交付。

关联标准主要从通信协议、物联网服务协议、数据管理标准，以及通信安全标准几个方面考虑。

1. 通信标准中介绍了 ZigBee、Z-Wave、Thread、6LoWPAN、Wi-Fi、蓝牙、ANT、WiMax、蜂窝移动通信、LPWAN、RFID 和 NFC。

2. 物联网应用级通信标准介绍了 CoAP、MQTT、HyperCat、IoTivity 和 AllJoyn 等。

3. 数据管理标准一般通过元数据标准体现。元数据可以为分布式的、由多种数字化资源有机构成的信息体系提供整合的工具与纽带。元数据标准因资源类型而异。在雾计算系统中部署应用服务时，既可以使用所属行业内已存在的元数据标准来管理数据，也可以开发适合本业务的相关元数据标准。雾计算中为了便于不同类型的物联网资源能够复用于不同垂直领域，需要使元数据能够相互转换。

4. 安全标准：安全标准目的是在网络与计算环境中提供各种安全服务。雾计算系统方面的相关安全标准包括加密 / 解密协议、网络安全标准和数字认证等。加密 / 解密协议依赖密码学的机制来实施安全服务，提升系统、数据和代码等的保密性、完整性、认证和不可否认性等安全特性。网络安全标准主要包括虚拟专用网中的各类技术与协议。数字认证是指用电子的方式证明信息发送者和接收者的身份、文件的完整性，甚至是数据媒介的有效性。

第 9 章
雾计算应用案例

创建一个有效的雾计算环境不仅需要对本书所述的各类不同技术有所了解，还需要对相关应用领域的需求有深刻理解。当前，在雾计算技术影响最深远、与雾计算结合最紧密的领域里，视觉监控、医疗、智慧城市与智能交通应用处于主体地位，且其比重还在逐年增长[52]。在这些领域里，视觉监控应用面临的是大量视频监控数据需要处理、应用服务对时延高度敏感和终端节点高速移动的问题[53]；医疗健康系统面临的是包含大量仪器产生的异构数据和海量终端用户的问题[54-56]；而智慧城市[57-59]、智能交通[60]等管理系统则面临各个垂直领域之间的信息孤岛问题。除此之外，随着 5G 的应用，数据业务甚至计算服务都逐渐下沉到网络边缘，"即用即走"的公共事业应用也逐渐发展起来。

本章围绕这几个领域，重点通过 4 个有代表性的应用案例来阐明雾计算系统设计，包括 OpenFog 参考架构中涉及的视觉安全监控系统、典型的雾计算医疗健康系统[51-53]、Cisco 智慧城市系统[15][43] 和智能交通系统[60]。其中，视觉安全监控系统主要反映了在单个垂直领域内，设备较为集中、业务较为确定的情况下，搭建雾计算环境与分配资源的方法。雾计算医疗健康系统主要强调可伸缩性和对不同传感器的支持，因此，在雾计算的应用过程中，需要侧重终端设备发现和异构设备的组网机制[61]。智慧城市业务覆盖范围较大，横跨多个应用领域，因此需要整体协调的管理结构[62]。智能交通则更强调小范围的临时组网及业务的灵活性，这主要通过微服务的发现与编排来实现。表 9-1 列出了不同雾计算应用示例的系统特性与系统构建的侧重点。

表 9-1　雾计算应用示例的系统特性与系统构建的侧重点

应用示例	系统特性	系统构建的侧重点
基于视觉的公共安全	单个垂直领域、业务较确定、单终端数据量大	资源分配、低时延响应

续表

应用示例	系统特性	系统构建的侧重点
医疗健康物联网	跨领域、业务较确定、水平扩展要求高、传感器类型多	设备发现、异构终端组网
智慧城市	跨领域、业务灵活性高、覆盖范围广、系统数据量大、终端数量多	协调管理架构、网络层级结构
智能交通	跨领域、业务灵活性高、小范围覆盖	服务发现、服务编排

9.1 OpenFog 基于视觉的公共安全应用

本节以基于视觉技术的机场安全与监控系统为例，讨论雾计算技术在室内公共安全领域的应用。机场的视觉安全监控系统中包含了许多端到端（End-to-End，E2E）安全的场景，如图 9-1 所示。例如，一个乘客的典型旅程可能包括以下几个步骤。离开家，开车去机场；停车；将行李带到机场值机柜台；扫描并检入行李；通过安全检查，然后进入登机口；抵达后，取回行李；乘坐出租车，离开机场。在这个过程中，基于视觉的安全监控将提供车辆检测、人员检测、智能边防 / 海关，以及其他基于视频分析的数据信息服务，因此，能够为乘客或机场管理者避免或解决多种安全威胁，包括车辆被盗、禁飞乘客、行李丢失或误取、乘客被冒名顶替或乘客登机牌失窃等。

E2E 安全

图 9-1 机场场景端到端安全示例

实现一个机场安全与监控系统并非易事。仅就单个乘客的单程旅途而言，要捕捉这些可能的威胁，需要在两个机场广泛布置监控摄像头网络，摄像头数量可达数千个。监控网络中摄像头通常采用 H.264 或 H.265 标准，帧率在 30f/s 时的码率是 12Mbit/s，因此，如果单个摄像头每天不间断运行，将产生大约 1TB 数据。这些监控数据需要传输给安全人员，或者被转发到本地安全系统进行分析。

监控数据的分析过程包括实时信息收集、数据共享、分析和执行等多重功能，同时还需要确保可靠性、安全性和效率，这些过程复杂且需集中大量数据的决策需求是较适合采用雾计算技术来满足的。如表 9-2 所总结的，"云－雾－端"一体化的架构能有效结合云计算与边缘计算的优势，从而支持视觉安全应用的业务与性能要求。在本例中，将需要充分利用雾计算的以下性能。

● 安全性：机场的视觉安全场景利用大量物理上分布的雾节点完成网络部署，因此物理安全是安全性分析的重要部分。另外，由于该场景下许多数据包含乘客的个人识别信息，因此数据的传输和存储必须是安全的。

● 可伸缩性：雾计算系统实现与系统成本和性能相关的业务需求相适应是非常重要的。当扩建或新建机场候机楼、大门，或增加其他传感器和设备时，解决方案本身必须能够进行相应扩展，而不需要全新的部署。

● 开放性：专有或单一供应商解决方案可能导致供应商多样性有限，可能会对系统成本、质量和创新产生负面影响。

● 可靠性、可用性和可维护性：解决方案必须是可靠的、可用的和可维护的。当系统需要部署新的可视化分析模型以识别对象时，所需推理模型应该在靠近终端设备的雾节点上更新，且更新过程不会影响解决方案的可用性。

表 9-2　云计算、边缘计算、雾计算在机场视觉安全应用领域的适用性比较

	优势	劣势
数据直接传输到云	● 将共享数据存储在同一位置 ● 便于使用历史数据分析来支持威胁预测	● 延迟在毫秒级以上 ● 数据传输开销高 ● 要求持续有效的云服务
仅有边缘智能	毫秒级延迟	● 难以实现机场内跨区域的数据分享 ● 难以实现机场间的低延迟数据分享
云－雾－端一体化架构	● 毫秒级延迟 ● 可实现数据跨区域、跨机场共享 ● 不使用云的情况下也可完成大部分业务	● 需要架构师具有较完备的雾计算／边缘计算技术基础

9.1.1　雾计算关键技术应用

1. 雾计算网络

本例中设置的雾计算网络一共包含三级层次结构。在这三级层次中部署的雾节点分别为边缘雾节点（一级）、分析雾节点（二级）和主控雾节点（三级），如图 9-2 所示。

在这个网络结构的最底层，相邻的边缘雾节点相互连接，构成对等直连的以太网链路，链路的工作速率在 1～10Gbit/s。它们的作用是将所有节点上的传感器读数融合、连接在一起。例如，将给定雾节点上的所有摄像头图像与来自相邻雾节点上选定图像的一部分拼接在一起，从而形成某个目标行李的运送轨迹。

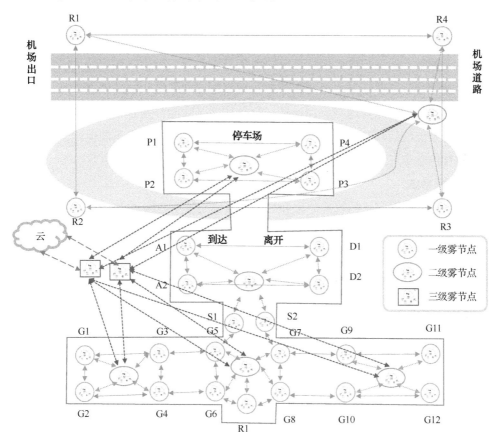

图 9-2　机场视觉安全监控雾节点分层部署示例

同时，网络连接还存在于每个边缘雾节点和服务于它的分析雾节点之间，这些连接通常承载需要更高级别分析的消息和数据。这些消息和数据是由边缘雾节点提取出来的，它们将被送到分析雾节点中，进而分析得出所需信息。例如，监控目前行李运送轨迹与运送车辆行为，从而发现可疑运输人员或及时发现错误的运送方向。

三级雾节点是整个视觉安全系统的主控制器。在二级和三级雾节点之间需要构建大流量的通信链路，并有充分的冗余连接提供负载平衡和容错。这些链路通常由光纤构建，可以长达数千米，提供 10～100Gbit/s 的 IP 连接。三级雾节点同时也连入云主干网，以实现不同机场间的端到端业务。

2. 硬件虚拟化

本例中层次化雾节点网络中的硬件必须支持虚拟化技术。应用程序还应避免依赖它的各种进程托管环境和系统结构。这是为了避免由单个节点错误而造成关键服务失效。系统级的业务流程（如区域资源管理等）需要长期维持较高的可用性，如果网络分层结构中的一个雾节点过载或者停机，该节点所托管服务将不可用。相应地，它所承担的任务也需要被转移，这些任务将由它附近的相同级别或相邻级别的其他雾节点承接。在这一点上，虚拟化的通用处理器、加速器、存储和网络功能都是必要的，这样才能最大限度地提高雾系统的效率和灵活性。在虚拟化管理方面也可引入资源的池化，池化在硬件上运行的软件层实现。

3. 管理系统

管理系统需要在完善的管理流程和简单的操作与使用之间平衡。 OpenFog 针对系统中所有组件的安装、配置、操作、监控、故障排除或修复、扩展和卸载等操作，提供网络级的端到端视图。由于系统设计的终端节点类型、雾节点类型较多，节点管理必须尽可能自治，以尽量降低雾节点管理的复杂性。自治的雾节点管理也能够提高解决方案整体的可伸缩性。

4. 安全策略

由于雾节点是自治的，且系统中缺乏中心控制节点，雾节点之间必须通过合作来确保网络和系统的安全，具体内容如下。

● 层次结构中较高级别的雾节点应监视较低级别雾节点的功能，以确定是否存在持续或突发的威胁。

● 同一层级的节点应监视其邻居节点以检测是否存在威胁。

● 所有雾节点到终端和雾节点之间的通信链路都应加密，并监视是否存在可疑的通信。

● 必须监控包括篡改在内的物理安全事件。

● 如果系统被篡改，必须通知管理系统，以便执行适当的安全措施。

● 节点之间的通信路径必须保密。

● 基于视觉的安全系统将采集大量个人识别信息，因此任何数据在传输前都必须加密。

5. 协议抽象层

除以上技术外，雾节点内还需要实现一个协议抽象层。协议抽象使得雾计算网络可以不受协议的限制实现雾节点与传感器、执行器或云服务中心的交互。该层主要提高软硬件的适应性，在外部节点连入雾计算网络时，提供一个适应性逻辑，用来将这些外部节点所使用的原生协议转换为雾计算网络层级之内的标准协议，并使外部节点所发送的数据符合雾计算网络的存储格式和数据抽象模型。这种抽象化是雾计算可以支持这种端到端机场视觉安全场景所需多样性的原因之一。

9.1.2　雾节点功能与资源配置需求

1. 终端设备与接口

视觉安全应用需要融合多种类型的传感器数据，最终得到全面的安全信息。因此，除了摄像头之外，它所需要的终端设备还包括大量其他传感设备。例如，物理安全传感器、安保传感器、音频传感器和 RFID 传感器等（如表 9-3 所示）。这些传感器通过多种接口连接到雾节点，如 PCI-e、USB 和以太网等。它们连接到雾节点后，产生的数据可以被更高级别的软件所使用。例如，RFID 读卡器通过以太网或 USB 连接到雾节点，雾节点可以利用这些数据获取相应信息，并将其提供给更高级别的数据处理实体。

表 9-3　除摄像头以外的终端设备

传感设备类型	实例
物理安全传感器	大门、房门、运动检测等传感器
安保传感器	火焰、烟雾、热度和炸弹传感器 （这些独立的传感器系统可以位于以太网上，也可以位于雾节点附近）
音频传感器	音频传感器可以捕捉在检测和评估威胁时可能很重要的声音；音频信息可以被转发到层次结构中的更高级别进行处理，分析音频并发出警报
RFID 传感器	RFID 传感器可以收集乘客的信息，如护照信息

由于这样的多种传感器需求，雾节点必须能够接收多个、多种传感器数据并执行传感器融合。这又要求雾节点具有用于完成各类信号转换的多种物理接口，包括同轴电缆、USB、RS-232、音频和 PCI-e 等，同时还需要 SPI 等系统接口。对于视觉安全应用，由于涉及的终端设备数量庞大，且机场在建设之初一般已部署一部分摄像头，如果将它们

统一更换为视觉安全摄像头，未免开销过大。OpenFog 假设终端可包含早期的模拟摄像头和新安装的数字摄像头，并通过 FPGA 完成模拟输入信号的转换。当然，如果一个终端设备本身能够直接连接到 IP 网络，系统则可以在软件层面提供传感器融合。然而，现实情况是，目前的开放接口和协议在具体实现过程中均会引入轻微的变化，这与开发企业对协议的理解有关，因此在具体开发时，只有设置一个协议抽象层（也被称为传统协议网桥）才能有效地利用这些开发接口。

在雾计算层次结构中，终端设备的上一个层次即为雾节点层。这一层需要比终端设备具备更强的处理能力，从而使用通用计算资源或加速器执行诸如数据过滤、传感器数据融合和视频数据分析等功能。在基于视觉的公共安全场景中，建议将大多数计算与数据处理部署在雾节点中执行，而无须在摄像头或云上执行。为实现对这些传感数据的低时延处理，在雾节点部署前，需要了解在每个雾节点部署区域内的传感器所产生的数据量、数据产生速率、传输要求和处理时延要求等，然后根据情况配置雾节点的资源及服务托管方式。也有一些方法可以改变对雾节点的资源需求，如可以将图像压缩功能添加到摄像头中，从而降低摄像头的通用计算要求。

2. 网络协议

在本例中，摄像头是数据最大的传感器。一般来说，通过 1Gbit/s（摄像头到节点）线路和 10Gbit/s 或 1Gbit/s（雾节点之间互联）线路，一个单独的雾节点可以聚合 4 ~ 8 个摄像头的数据流。因此，雾节点至少需要 16 个以太网端口来支持摄像头到节点、节点到节点和节点到云的通信。网络最边缘的雾节点（如网关雾节点）还需要支持多个非 IP 协议，用于聚合 IP 和非 IP 流量（例如，低功耗蓝牙、Z-Wave 等网络）。

3. 通用计算资源与加速器

本例中的机场视觉安全场景可能包括成百上千的摄像头。每一个摄像头都会产生必须实时分析的图像。视觉安全分析的准确性是至关重要的，要避免误报或错过潜在的安全威胁，计算加速器（如 FPGA）在其中扮演的角色非常关键。正如上文提到的，可使用 FPGA 将模拟输入转换为数字格式，FPGA 与雾节点的连接一般可以使用传统的 PCI-e 接口进行。在本例中，FPGA 除了可以充当模拟 - 数字转换器之外，还能作为图形加速器使用。加速器在执行人脸、特定物体的视觉检测与威胁识别时起重要作用。因此，在视觉安全场景中，许多地方都需要引入加速器。例如，将 AlexNet、GoogleNet 等神经网络模型，甚至 Caffe、TensorFlow 等模型库部署到加速器中，可以加速检测目标与威胁的匹配过程，本例使用 PCI-e 接口安装雾节点的加速器。随着相关技术的高速发展，设备成本将逐渐降低，这里涉及的加速器与相关接口在未来都有升级的可能。在具体的部署中，第二级和第三级雾节点所配备的加速器可用于图像训练（如面部识别），而第一级雾节点中的加速器可用于基于已训练好的模型的推理。

通用计算对雾计算系统的各个层次都至关重要，这些计算资源通常是多核处理器，有时配置为层次结构中较高级别的多套接字服务器。在执行无法在加速器上更高效运行的任务（如控制算法和用户界面），或要求较高的单线程性能任务时，系统级计算资源在很多时候是必须的。同时，为了实现雾计算系统的层次化管理，系统中的管理功能也需要在通用计算资源中实现。另外，诸如面部识别、人数统计和威胁检测等其他任务，在 OpenFog 的例子中通常被下发到加速器中，但它们也可部署在通用计算组件中。

4. 存储

在本例中雾层次结构里，由于终端产生的数据量较大，所以网络传输容易成为系统的性能瓶颈。因此，为了避免因网络容量不足造成数据丢失，所有级别的雾节点都需要配置几十乃至几百 GB 的存储资源。在系统运行过程中，一些数据将从较低层次传输到较高层次，并最终传输到云端。雾节点附近的存储空间需要能够支持大约 24 小时的本地原始数据存储（即本地视频需要以全分辨率存储）。本例中的典型雾节点约服务 4～8 台 4K 分辨率摄像头，假定每台摄像头压缩数据的速率为 10Mbit/s，则需要约 1TB 的存储容量。

存储资源是有限的，因此需要不断回收已占用的存储资源以存入新的数据。在每个一级雾节点释放被占用的存储空间之前，建议将原有数据转换为较低分辨率（例如，将 4K 数据转化为 720P 或 480P 数据，该过程也称为数据的下采样）并将数据转发到二级雾节点。在这种情况下，第二级雾节点接受来自它所服务的边缘雾节点的这些下采样流，并将其存储 30 天。假设所有视频流下采样数据压缩速率为 1Mbit/s，则 8 台摄像头需要大于 2TB 的存储空间。

这些视频数据的存储介质一般是闪存或磁盘，通过 SATA 或 PCI-e 接口连接到雾节点。在机场可视安全场景下，将存储配置在雾节点上的做法一方面可以使摄像头无须配置大容量缓存，从而降低终端设备成本；另一方面，可以将网络视频录像机（Network Video Recorder，NVR）功能与雾节点中的视频分析功能相结合，提供快速的视频分析服务，但这样会增加对雾节点计算能力的要求。

9.1.3 具体业务应用与部署示例

雾计算需要将服务托管到雾节点层次结构中的适当级别。在基于视觉的公共安全应用中，有很大一部分是机器视觉业务，这些机器视觉业务实现了如车牌识别、乘客跟踪和人流量统计等各种服务。实现这些业务的算法种类繁多，并且随着人工智能的热潮，机器视觉算法种类和数量还在逐年递增。根据业务与性能需求，将算法部署到合适的雾节点上是雾计算应用的关键[63][64]。以卷积神经网络（Convolutional Neural Networks，CNN）为例，它包括训练系统和分类系统。训练系统用于构建 CNN 网络拓扑结构，并计算图像分类验证的权重。这种调整或微调权重值的过程将持续迭代，直到迭代次数达到设定的步长，或分类过程达到令人满意的精度（如达到 98％ 的物体识别准确度）。图 9-3 展示了机器视觉训练过程与分类器的分类过程，此类应用的特点是训练过程往往需要消耗大量计算资源，花费较长时间；而模型一旦训练完成，它便能够以较低的开销，较快速地完成智能分类任务，甚至能通过芯片化等方式将训练好的分类器集成到小微型嵌入式设备中。

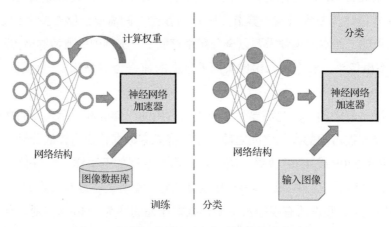

图 9-3　机器视觉训练过程与分类器的分类过程

例如，在图 9-4 的场景下，一个机场候机楼的简单视图包含了入口、停车场和安检等。当车辆进入机场并经过主要车道时，将会有车牌识别摄像头和照明设备来捕捉车牌图像。摄像头获取到的图像数据既可以在本地处理，也可以将图像压缩，并发送到邻近雾节点进行额外的分析。雾节点中的牌照识别功能将执行包括定位、字符分割和光学字符识别等一系列操作，以确定车牌信息。这些车牌信息后续将进一步传输到上一级雾节点中进行存储，并执行乘客 / 司机信息比对等分析过程[64]。

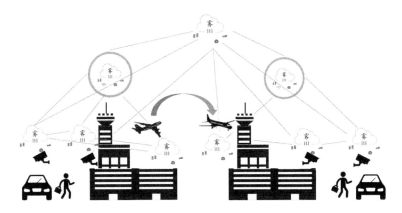

图 9-4　基于 OpenFog 参考架构的候机楼雾节点部署结构视图

在上述候机楼雾节点部署结构视图中，包含了一个简单的雾节点部署层级结构，这些不同层级的雾节点将协同运行，构成整个机场候机楼的物联网业务系统。下面将从一位飞机乘客的标准行程作为案例入手，介绍这些雾节点的协同运行过程。

1. 乘客离开家，开车去机场

2. 在机场长期停车场停放车辆

在停车库入口处，摄像头捕捉到用户停车图像。在本例中，如图 9-5 所示，每个摄像头都被视为一个雾节点，用于监测车辆进入机场的情况。该节点负责捕捉车牌图像，并捕捉司机进入机场时的面部特征信息。该雾节点还具有与 RFID 阅读器和其他数据采集设备和传感器的直接通信接口，以提供车辆中人员和物体的本地快速识别。如果在进入机场时发现被盗或可疑车辆，将通知机场管理部门处理。

图像捕获之后，摄像头上的软硬件资源将执行视频分析。这个分析过程涉及图像处理工作流，工作流可以在雾计算网络层次结构中的多个雾节点（包括对等雾节点）之间分配，从而平衡负载。

雾节点处理图像，并识别人或物体。例如，如果检测到属于"可疑车辆"列表的车牌，则系统可以迅速发现该车牌，并使用该信息来控制通行闸门，这期间不会产生显著延迟。同样，该雾计算网络也可以执行面部识别，并在禁飞列表中检测可疑人员。这种雾节点的本地处理和存储方式将最大限度地保护乘客的隐私。

本例中雾计算的分布式数据分析功能主要体现在图像处理流程上，它可以由多个雾节点合作，分几步处理来自摄像头的原始图像，如图 9-6 所示。该功能包括以下几个微服务。

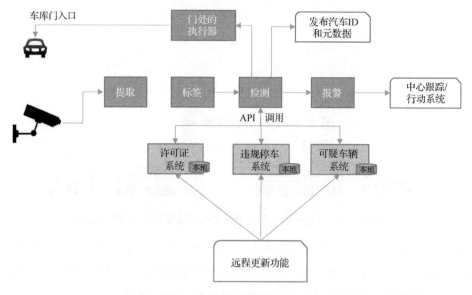

图 9-5　车库入口监控系统

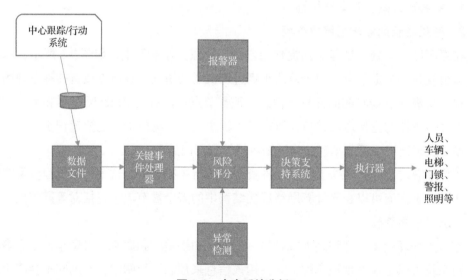

图 9-6　中央系统分析

● 数据过滤器：过滤来自传感器的输入数据。

● 异常检测（机器学习）：检测不同类型的异常情况（如车辆、乘客、乘客行为和乘客随身物品等），并（将结果）提供给风险评分系统。

● 关键事件处理器：包含一个规则引擎，它基于存储在雾计算网中的机场安全政策，标识传入数据中的重要事件，并将其传递到风险评分系统。

- 风险评分系统：为车辆、乘客、行李或系统已知的其他实体生成风险评分。将高风险目标传递给决策支持系统。
- 决策支持系统：接收风险评分系统的高风险目标，自动采取行动或引发警报。
- 操作执行器（例如，控制停车场大门、旋转门、闸机和警报器等）。

3．到达机场检查区

在机场入口处，乘客停车后进入检查区域，该过程的一个关键功能是跟踪乘客，以及乘客随身携带到机场的所有物品。此处的安全系统必须有多台摄像头才能覆盖入口区域内所有的乘客与车辆，局部雾节点将执行传感器融合和数据检查/关联，以有效地实现乘客跟踪。机场入口所布设雾节点上的软件服务与停车场雾节点的软件服务有许多重叠的部分，但由于同一个摄像头所监控的实体更多（停车场可实现一个摄像头只拍摄一辆车的信息，而机场入口处的摄像头需要能够同时捕捉视野中的多个乘客），这里雾节点处理能力要高得多。

如图 9-7 所示，当乘客从车库进入入口时，面部捕捉和行李捕捉服务将通过相关的数据共享服务接收到乘客的面部和行李数据对象，之后再执行相关的图像处理流程。雾节点的应用管理系统可在同一节点上生成并维护这些服务的多个实例。在不同的雾节点进行图像处理与分析之后，可以交叉检查所获得的关于乘客信息、驾驶员信息、车辆状态和航班状态等信息，避免遗漏和错判，并确定问题是否需要警卫人员介入。之后将这些信息封装用于下一级更详细的处理。

4．乘客把行李带到机场安检区

在乘客进入机场的整个过程中，应为其创建一个数据条目，该条目中包含所有获得的关于该乘客的各类信息，包括车牌识别信息和车辆、乘客、物品等其他相关图像。如图 9-8 所示，雾计算网络将先前处理的图像和数据库条目附加到行李安检区节点，并在条目中加入新的监控图像，诸如行李扫描、在值机柜台更新的票据和登机牌信息等。通过这些信息，雾计算网络可以预测乘客的目的地，从而追踪乘客行李去向，或将乘客的行为、外貌特征等与其他风险相关联。这是雾计算传感器融合能力的一个例子，数据库包含了多个摄像头图像、各类其他传感器（票据扫描器、安检机和危险品嗅探器等）信息、乘客信息和车辆信息等。

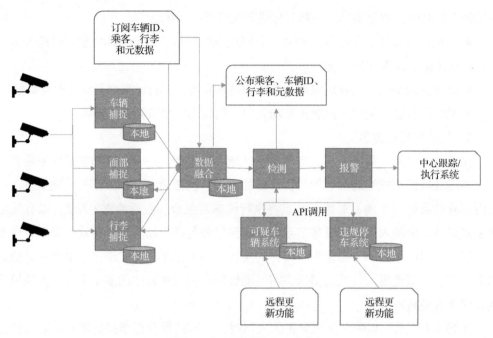

图 9-7　机场检查区入口系统

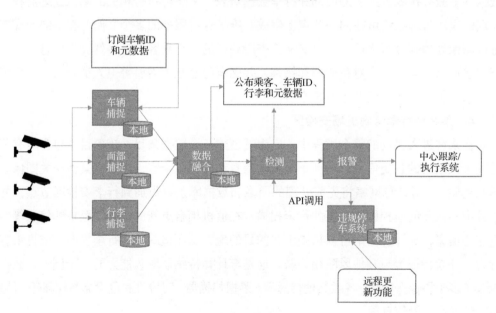

图 9-8　机场安检区系统

5. 通过安全检查并进入登机口

在这个阶段，数据分析过程应该已收集到足够的信息，并从各个雾节点生成了一个认知结果。也就是说，来自摄像头和传感器的原始数据已经转换成有效信息。雾计算网络现在能够确定是否有涉及乘客的威胁，如图9-9所示，从而根据此认知通知登机口操作人员，来决定是否允许某乘客进入飞机。

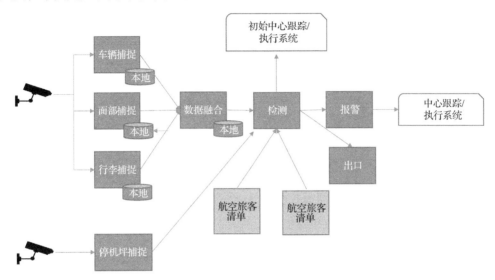

图9-9　登机口系统

如果乘客被认为无威胁，那么其前行通路上的所有障碍都会快速打开，使其可以毫不拖延地登机。如果该乘客构成威胁，系统可以提醒机场管理方（通知中央安全控制中心，或通过查找和通知离可疑乘客最近的安防人员），或者利用闸机等障碍物阻挡该可疑乘客。

除了乘客安全性检测和放行，登机口的雾计算系统还将包含以下服务。

（1）停机坪捕捉：使用各种摄像头监视飞机和停机坪的异常情况、安全漏洞和潜在的飞机损坏。

（2）数据融合：在登机口区域（通过面部识别）与行李和行为警报信息关联。

（3）航空乘客舱单系统：提供在飞机上检查的乘客数据。

（4）航空乘客行李系统：提供有关乘客托运行李的数据。

（5）检测器：确认所有可用系统源的数据被最终组装和关联，包括内容如下。

● 乘客与所提供的凭证相匹配，并且匹配自进入机场系统以来拍摄的乘客图像。

- 乘客的行李被记录在案，并始终匹配自进入系统以来捕获的行李图像。
- 值机信息没有被篡改。
- 自乘客进入机场以来，其他系统未发现警告或问题。

（6）出口：负责将所有相关的乘客数据发送到目的地的中央跟踪/执行系统。

6. 抵达后，取回行李

目的地机场的安全系统已在上一步中获取了关于乘客的数据。在抵达门，雾计算网络可以确定乘客是否到达并取回其行李，如图 9-10 所示。

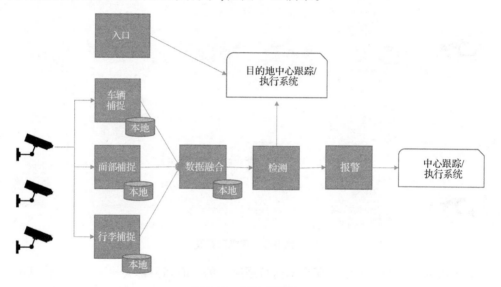

图 9-10　抵达门系统

在整个过程中，机场内的雾节点和两个不同机场的雾计算网络必须拥有高性能、高度安全的通信机制，并且对所有节点的流量应用加密技术。

7. 前往租车公司，离开机场（如果授权）

在许多情况下，乘客旅程中的这些数据可以与当地政府机构共享，以便追踪乘客的行程，如果乘客不构成威胁，则被允许租车离开。同时，租车公司也可以相信乘客不具有危险性。

上面关于乘客旅程的情形可以说明雾计算系统的一些关键属性。通过分布式处理能力和层次结构，雾计算系统可以支持复杂的分析和传感器融合算法。雾计算的低延迟允许几乎是瞬间的反应动作（例如，可在毫秒级时间内打开一个路障，而同样情况下云处理可能需要秒级反应时间）。OpenFog 实施的节点高度安全性架构最大限度确保了乘客的隐私。雾计算网络的可靠性确保了系统的持续运行，使得即使雾节点与云之间的连接断开，也能够持续提供安全服务。雾节点间的带宽效率可以确保像视频这样的高带宽流量可以在局部网络快速处理。

9.2　医疗健康物联网

　　由于人口老龄化和慢性病的增加，很多国家的医疗体系面临着巨大的挑战。在诸如护理人员短缺、医疗资源不足的情况下，医疗与健康行业还需要降低成本，同时保持对患者的高质量护理。当前，各国都在大力推行以信息为中心的医疗健康服务模式，使医疗人员无须手动测量生物特征参数，也无须采用纸质文件记录、传输患者数据，从而节省了大量时间。这种模式可以远程监测患者病情，从而提高医疗健康服务的质量、效率和连续性，同时降低医疗健康的总体成本。与传统的医院定期随访相比，远程监测不但能改善就医流程，资源使用也更有效，还能够节约患者的时间，对危重病患的生存质量也有积极影响。此外，通过传感器可以更简单地获取设备、看护人员和患者当前的状态和位置。传感器还能提供更精确的患者图像，因为它们可以连续采集数据，并可以深入了解各种病理特征参数。

　　随着无线传感器技术的发展，医疗传感器除了提供越来越多的生物识别参数之外，传感器本身的体积也越来越小，因此患者可以在不妨碍日常生活的情况下佩戴。当前已经出现了各种可以简单地附着在皮肤上的便携医疗监测传感器，可以测量多种生物特征信号并能够连接到互联网。在未来，患者同时装备数十个传感器的情况将不足为奇。不仅仅是疾病患者，健康人群的身体状况也可以通过这些可穿戴传感器得到持续的监测。

　　这些可穿戴传感器能够实现预防性监测，从而使患者从反应性的治疗中脱离出来。通过实时监测，可以使患者在某些疾病出现早期征兆时，及时采取预防性措施。或通过疾病预警，使患者避免参加一些对其健康状况有潜在影响的高风险活动，这种情况下，患者不再是只在病情出现后才被动到医院接受治疗。此外，对于在恢复期的确诊病患，可以通过传感设备使患者在家中时也能得到监测。一方面能给予患者更舒适的恢复环境，另一方面也有助于缓解医院资源紧张的问题。这意味着医院、家庭和其他护理机构之间的界限正变得越来越模糊，医疗服务的连续性将大大加强，也更容易获取。

为了便于监测患者，传感器需要可穿戴并能够无线传输数据，这限制了它们的体积。既要保证达到可穿戴的轻便要求，又需要配备相应的无线传输、电源、内存和处理器等硬件模块。此外，数据需要从多个传感器汇总，并发送到其他更强大的计算设备进行分析、汇总和存储。例如，美国食品与药品监督管理局（US Food and Drug Administration，FDA）曾在 2012 年批准生物科技企业 Proteus Biomedical 生产一种可消化的微型芯片，它像沙粒般大小，患者吞下后，芯片会与其消化液接触并产生信号。患者需要同时配备一种用于检测该芯片信号的皮肤贴片，这些信号可以通过皮肤贴片进一步转发到移动设备中进行存储与分析。

除传感器外，医疗健康领域也存在各种小型的执行器，如助听器、起搏器等。飞利浦推出的智能药丸（Intelligent Pill，iPill）也是一类执行器，它是一种人体内的药物释放设备，体积很小，可以由病人吞咽进入肠道，并沿消化道移动。它在肠道中能够感知周围环境的酸碱度，从而在肠道中的目标位置释放药物。

随着智能设备与人工智能算法的发展，远程的自动化监测与分析正在逐渐取代由护理人员介入的人工监测与分析 [65]。许多传感器都需要与其他智能设备连接，获取智能数据分析服务，才能使其感知到的数据充分发挥作用。执行器也往往依赖某些信号作为执行触发条件，这些信号一般由传感设备感知得来，或由其他设备通过网络传递而来。由于单个医疗传感器多数只能监测一种生物或病理指标，所以每一个远程监测病情的患者都需要同时配置数个传感器。当患者增多时，传感器数量也将成倍增长，如果使用专用基础设施来传输与分析这些传感数据，设施自身的成本与维护开销是较为昂贵的。

目前，新兴的医疗信息系统大多基于移动互联网或者物联网的通用基础设施，通过使用 IPv6 上的 6LoWPAN 等标准化协议实现数据的传输。基于云计算的架构在近几年成为主流，其中设备和云之间的基础设施仅作为通信通道。云计算使传感器或智能终端免于运行耗电量较高的计算任务，并提供几乎无限的计算资源。云同时也能聚合不同传感器数据，可以实现上述分析任务所需的大规模数据集合。

然而，在实际应用中，云计算还是会受到较多的制约。例如，某些国家或城市的法规不允许在医院以外的物理位置存储患者数据。而对于某些完成关键任务的应用程序，完全依赖远程的云服务中心是存在风险的，因为在网络或数据中心出现故障的情况下，患者的医疗服务与信息安全不能得到持续的保障。另外，有大量医疗物联网应用是延迟敏感的，如急救类应用、残疾人外骨骼控制类应用等，这些都需要改进的机制来处理传感器和云之间的延迟问题。理论上，使用 Cloudlets 等网络边缘的专用服务器可以获得性能改进，但它们忽略了物联网设备的普遍性及其特性。因此，雾计算也是本例中较适合的系统方案。

借助雾计算的分布式架构，应用程序的逻辑或功能服务不仅存在于云服务中心或最靠近用户的移动设备中，还存在于它们之间的基础架构组件中。这些基础设施组件可以是搭载了雾计算平台的网关、路由器和接入点。因此，它可以在本地网络内提供所需的计算资源，同时也能满足行业监管要求。另外，特定医疗应用所需的基础设施包括设备、软件和数据等，这些基础设施的部署范围受成本限制，有限的部署范围也限制了患者可以获得医疗监控服务的区域，这将延长病人在医院的住院时间或留院观察时间。

雾计算可以支持在通用基础设施上托管应用服务，可以将新传感器添加到现有基础架构中，并通过分布广泛的雾节点网络保证医疗服务的延续性。雾计算还可以作为兼容层在各种通信或数据标准之间实现信号或数据转换。因此，当患者离开高度仪器化的医院环境时，其他场所的雾节点也能够暂时托管患者所需医疗服务，接收患者身上配备的医疗传感器信号，并提供移动医疗服务。表 9-4 中归纳并分析了云计算、边缘计算和雾计算在医疗健康领域的适用性。

表 9-4　云计算、边缘计算、雾计算在医疗健康领域的适用性比较

	优势	劣势
数据直接传输到云	● 功能不受被检测者地理位置限制 ● 扁平化系统、易于实现 ● 几乎无限的计算资源	● 某些当地法规可能不允许在医院之外存储患者数据 ● 远程数据中心的失效将影响患者安全 ● 延迟较高
仅有边缘智能	● 毫秒级延迟 ● 有利于保证患者隐私	难以实现远程监测
云 - 雾 - 端一体化架构	● 毫秒级延迟 ● 有利于保护患者隐私 ● 无须云的情况下也可完成大部分业务 ● 便于扩展	需要开发者具备一定经验

9.2.1　医疗健康应用的资源与性能需求

医疗健康领域的应用类型将随患者诊疗的需要而各不相同，因此很难将相关应用的资源需求与性能要求一一进行介绍。本节针对几种主要的资源类型进行简单的阐述读者可根据自身业务需求考虑其他应用领域的资源和性能需求。

1. 带宽

对于医疗健康传感器来说，不同生理或病理信号的比特率一般取决于传感器的引脚数量、模数转换器的量化步长（以位为单位）和采样频率。不同生理信号间的带宽需求差别可以很大。例如，

（1）体温数据：低采样频率，一般为 0.2Hz。使用 12 位模数转换器（Analog-to-Digital Converter，ADC）时，比特率为 2.4bit/s。

（2）血压：采用 12 位 ADC 在 120Hz 采样时，一般需要 1.44kbit/s 的比特率。

（3）脉搏血氧仪：以 600Hz 采样，需要 7.2kbit/s 的比特率。

（4）心电图：通常需要多于一个导联。对于临床应用，取决于采样率和步长，5 导联心电图需要 36～216kbit/s 的比特率。

（5）肌电图：表示肌肉产生的电信号。

● 食物咀嚼识别：约 20.48kbit/s 的比特率。

● 假肢手指控制改善等：约 96kbit/s 的比特率。

（6）脑电图：测量大脑的电活动，导联多，因而需要相对高的带宽。192 导联脑电图所要求的带宽可达 921.6kbit/s 的比特率。

2. 延迟

医疗健康系统对延迟的要求也会依据数据的预期用途而有很大差异。对心电图来说，心脏病学专家的实验发现，在实时监测中最多 2～4 秒的延迟是可以接受的。从技术角度来看，这些要求是相对宽松的。但在另外一些应用中，如触觉领域的应用（例如，控制支撑瘫痪患者行走的外骨骼），则对延迟有更严格的要求。

3. 能源

不论是传感器还是边缘雾节点，它们在更换电池或者充电时都会给医疗健康系统的使用带来不便，因此，能耗及节能效率也是雾计算部署时必须重点考虑的方面[65]。尽管一些体内传感器可以依赖采集与转换人体内的能量（如人体热能或动能）来供电，但大部分传感设备需要病人自行更换电池或定期充电。传感器设备上的能耗主要来自计算和数据传输。通常情况下，雾计算节点的能源是充足的，因此它们可以为传感器分担能耗较大的计算任务，从而降低传感器设备的能耗。但需要注意的是，不同大小、类型的数据，在不同传输信道或传输协议下，发送时的能耗可能不同。因此，虽然通过减少计算处理能够节省部分能源，但节省的这部分也有可能被数据发送过程所消耗。因此，在具体应用业务方面，计算任务的分配需要权衡传输与计算的能耗得失再做规划。但是，如果雾

节点是移动的，那么它们有极大可能通过电池供电。例如，移动电话、车载雾节点等。在规划这类移动雾节点和传感器设备之间的任务分配策略时，也需要权衡雾节点的能耗。

4．可靠性

医疗健康应用的可靠性至关重要，特别是对于监测和控制类型的应用。系统故障可以造成不同程度的后果，可能从微小、不易察觉的不便捷到对患者的病情产生严重威胁。因此，任何潜在的故障都需要仔细考虑。常见故障包括连接中断和雾节点失效。

（1）连接中断是医疗物联网中常出现的故障，如救护车进入没有蜂窝覆盖的区域，或者在家中的病人与他们的 Wi-Fi 路由器断开连接。一般情况下，网络中断发生时，雾节点可以在本地缓存数据，直到网络恢复再进一步向上层传输。

（2）像云服务中心一样，雾计算节点也会出现故障，但是雾节点失效的后果和影响比云计算要小。云端或云主干网络故障会影响整个医院和医疗监控系统；但较低网络等级的雾节点失效时，仅会影响其覆盖的较小区域，如医院的某个病区或单个病房。这些小区域的故障事件可以较容易地排除，例如重新配置设备或人员，因此通常更容易处理。

此外，雾计算可以配置为在局域网内置冗余资源的体系结构，使其中几个雾计算节点充当容错集，在系统发生故障时，由这几个雾节点补足因系统故障缺失的服务，这进一步提高了系统可靠性。

5．安全性

患者数据有较高的隐私要求，如果这些数据被篡改或操纵将造成严重的潜在后果。因此，医疗保健应用在安全方面有很高要求。而远程监控的应用会增加设备连接，这也会导致更大的可攻击面。因而医疗保健应用需要专门的人员来检测和修复安全漏洞。尽管数据可以在进入云端和数据中心的过程中通过加密数据或传输信道进行保护，但保护数据的合适策略首先是避免将其从数据采集端发送出去，并将隐私敏感的数据处理更靠近数据源。例如，在分析帕金森病患者语言的应用中，患者的音频录音将不会被发送到数据中心，而是在患者家中的雾节点进行分析，之后只将分析得出的结果指标转发到数据中心。尽管如此，隐私仍然是这种分布式解决方案中的一个重要问题。

6．互操作性

医疗健康系统中的服务应该实现互操作。但在传统的医疗监控应用中，通常由于医疗设备的专用性，设备间、软件服务间存在较大的异构性，因此较难实现互操作。例如，心脏病患者在医院之间转移时，需要通过心电图进行密切监测，但由于接口不兼容等问

207

题，需要在转移过程中将患者连接到不同的监测设备。而对于一些新兴的医疗应用，如智能处方配药和机器人药物输送等，则有可能实现部分服务的互操作，它们将共同实现医疗数据的收集、格式化、分析和存储，以及根据患者的医疗记录管理药物。

9.2.2　关键技术应用

医疗健康应用与公共安全应用不同，前者除医院和其他诊疗场所外基本不具备全面的专用基础设施来托管服务，而后者由于应用场所集中，所以便于布设完整的雾计算基础设施来提供服务。所以，雾计算技术在医疗健康应用中的关键是如何选取通用网络基础设施来构建系统，从而使用户获得理想的性能。

由于医疗传感器的有效感应距离有限，因此它们必须与患者保持较为接近的物理距离，所以医疗监控的相关应用大都采用以下4种网络类型：WPAN、WBAN、局域网（Local Area Networks，LAN）和 WLAN，以及 WAN。一些传感设备可以通过 Wi-Fi 直接连接到 WLAN。在移动部署场景中，设备也可以通过蜂窝连接直接连接到 WAN。连接传感器的另一种方式是通过蓝牙、IEEE 802.15.4 或 ZigBee 提供的 WPAN 技术，这些技术通常连接范围比 Wi-Fi 或蜂窝更小，但它们的传输效率更高。如 5.3.1 节所述，WPAN 技术也有其局限性，对于脑电图或心电图等对比特率要求较高的数据，它们的传输速率不够快。当患者需同时佩戴多个传感器时，这些传感器之间将共享 WPAN 的带宽，此时这些传感器不得不降低传输速率或者分不同时段来传输数据。这些依赖电磁波传输的信号还可能被人体所阻挡，也会降低传输链路的质量，且难以与布设在身体内部的传感设备进行通信。因此，WPAN 技术常用于满足一些不需要高数据传输速率的应用，或不需要与植入身体内部的设备通信的应用。

面对 WPAN 在医疗健康领域的问题，IEEE 802.15.6 引入了 WBAN 标准，主要用于医疗健康应用。它使用单跳或双跳星形拓扑结构，只有一个集线器作为其他网络的入口，传感设备连入物理层和 MAC 层。IEEE 802.15.6 提出了 3 种不同的物理层，包括窄带（Narrowband，NB）、超宽带（Ultra-WideBand，UWB）和人体通信（Human Body Communication，HBC），使开发者可以依据不同的应用需求进行选择。NB 的物理层可以提供更大的通信范围，但其传输速率稍低于部分 WPAN 技术。NB 目前主要利用现有频段传输，如 402～405MHz 的医疗设备无线电通信频段和 2.4～2.45GHz 的工业、科学和医疗（Industrial Scientific Medical Band，ISM）频段。UWB 的物理层能提供更高的数据传输速率。HBC 的物理层则利用人体表面的电流耦合进行数据传输，这解决了天线大小和信号传播遮挡与衰减的问题。此外，它也被认为是高数据速率要求的 WBAN 中最节能的物理层。

在医疗健康领域的物联网系统中，许多应用将其计算任务放在 PAN 或 LAN 级别的单个雾节点（如网关节点）上[66][67]。在这个级别的节点上，数据被预先处理，其处理结果在之后被转发到更高层次，最终转移到云端。一个典型的用例是收集和分析时间敏感的数据，以便实现关键事件监测，如跌倒检测。另一个例子是在该级别的节点上执行数据过滤任务，使云端仅收集和处理最重要和最相关的数据。在使用多个雾计算节点的情况下，目前的应用往往将离传感器设备最近的节点用于预处理或过滤。而深入的数据分析、情境分析和本地存储通常在靠近云端的节点上完成（如在局域网级别的节点上）。

对需要高度移动性的医疗健康应用来说，上述在 PAN 或 BAN 级别使用网关节点进行计算的方法，以及节点能够通过 Wi-Fi、WAN 或蜂窝网络连接到任一 LAN 的方法是尤其有用的。除此之外，网络连接方面的灵活性也非常重要。当患者正在佩戴一个或多个传感器时，网关雾节点完成数据的收集、同步、过滤、处理和加密等操作，然后再通过 WLAN 或蜂窝网络发送到后端服务器进行存储。不同网关雾节点之间也可以通过上层网络进行通信，从而实现数据交互，也保证了移动传感器在切换网关时，医疗服务的延续性。

209

9.2.3　医疗健康应用部署示例

本例简单介绍物联网医疗监控系统的雾计算部署方案，包括 5 个典型应用场景，如图 9-11、图 9-12 和图 9-13 所示。这些场景与方案涉及的用户、利益相关方、设备和连接各方面均有所不同。

● 医院场景：设备通常是专用的，由医院拥有和维护，该场景要求用户是经过培训合格的专业人员。

● 非医院诊疗场所：诊所、社区卫生中心或疗养院等。与医院一样，这种情况涵盖了专业的医疗点，但人员和基础设施较少。核心设备由场所拥有和维护，但患者有时需要将个人设备连接到该场所的网络中来为医疗人员提供健康信息。

● 移动场景：用户的移动设备（智能手机、智能手表等）充当传感器设备和接入云。

● 家庭场景：通常通过患者的家庭互联网访问端口提供连接和服务。

● 运输场景：这种情况包括救护车或直升机，它与非医院部署方案类似，但增加了基础设施需要移动的复杂性，使用蜂窝连接。

图 9-11 中的左图展示了在医院场景下，一个通过智能病号服来监测患者生理数据和位置的简单应用，该智能病号服包括一个可穿戴数据采集设备，也可作为 BAN 网关。该应用中的雾节点包括边缘雾节点，即数据采集和处理板、无线传输板，还包括部署在局域网中的管理子系统雾节点。数据采集和处理板收集、处理和合并来自集成在智能病号服内的传感器所收集到的数据，并将其传输到无线传输板中。无线传输板将来自数据采集和处理板的数据与无线信标合并，并将它们以单个数据包的形式发送到位于局域网级别的管理子系统中。管理子系统使用接收到的数据来监测患者的医疗参数，并监测、验证该参数是否激活了与患者相关的警报，数据在该处得到进一步处理并永久存储。

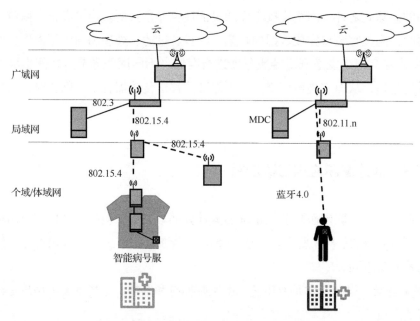

图 9-11　医院与非医院诊疗场所示例

在非医院的诊疗场所，如社区卫生中心或养老院，通常会部署小型本地服务器。场所中的检测设备或环境传感设备同样充当雾计算节点。患者一般佩戴非侵入式传感设备，或可长期佩戴、无须频繁充电的侵入式传感设备。患者佩戴的专有设备将 WBAN 或 WPAN 连接到局域网的专用网关。一个非医院诊疗场所的例子是实时癫痫发作检测系统，如图 9-11 右图所示。该系统主要根据患者的实时脑电波数据监测癫痫的发作程度。在该例体系结构的中间层放置了一个移动设备中心（Mobile Device Center，MDC）节点，它在网络边缘执行过滤、预处理、特征提取、特征选择和脑电波模式分类。由于癫痫发作快、病程急，因此需要尽可能实现实时响应，该部署方案能以最小的通信开销，进行实时监测，并且能够减少局域网与部署于云服务中心的检测系统之间的流量需求。

　　家庭治疗场景下（图 9-12 左图所示）无线路由器充当从 Wi-Fi 到 WAN 的网关。传感设备通过 BAN 或 PAN 级的网关进行通信，它可以是可穿戴的专用设备，例如，安装在皮带或其他服装上的专用诊疗网关，也可以利用部署了相关服务的智能手机等设备充当 PAN 级的网关。一个较为典型例子是帕金森病语音分析系统。智能手机可作为雾节点部署在网络层次结构中的 LAN 级别上，用于收集、存储和处理原始数据，然后将其发送到云端进行永久存储，用于判断帕金森病患者的病程。雾计算的主要动机是减少网络流量和延迟。家庭部署情景的另一个例子是老人看护系统，它监测来自患者佩戴的传感器和环境传感器的数据，用于检测患者是否摔倒，并与燃气泄漏等环境警报联动，辅助老人看护。

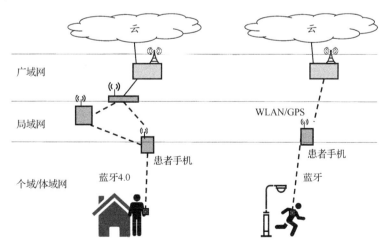

图 9-12　家庭与移动场景示例

　　在移动部署场景中（图 9-12 右图所示），智能手机充当通过蜂窝网络直接连接到广域网的 WPAN 网关。其他的 WBAN 网关设备（如智能手表）可作为中间节点。外部节点（如环境传感监测设备）在 WPAN 级别连入系统。移动部署场景的一个例子是中慢性阻塞性肺病患者的监测系统。智能手机在本例中充当边缘雾计算单元，与家庭部署场景类似，智能手机从多个传感设备收集数据，对其进行处理并发送到后端服务器。本例中，在移动设备（如患者手机上）设置雾计算节点的主要目的是增加可穿戴传感器设备的电池寿命。

在如救护车等移动救护场景中（如图 9-13 所示），涉及在紧急情况下收集佩戴医疗设备的患者的生理和病情背景数据，以及在救护车和医院现场的不同设备之间复制和共享这些数据。本例中，单个雾节点只涉及数据的收集和发送，其部署的复杂性在于数据在多个雾节点之间的分布。移动救护部署场景中，假设患者佩戴与医院场景中相同类型的专用传感设备，这些专用传感设备连接到 WPAN 网络的网关上，该网关充当与车辆中的 WLAN 路由器连接的桥梁[55]。WLAN 路由器在传输过程中通过蜂窝网络连接到 WAN。而其他手持医疗设备和有线监控设备则连接在 LAN 级别上。

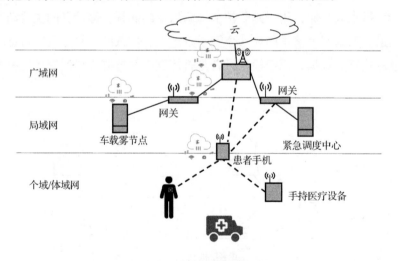

图 9-13　移动救护场景示例

9.3　云 + 雾的大范围智能应用

正如前面提到的例子中所体现的，雾计算通常与云计算紧密结合。如第 4 章所述，云雾结合的智能应用一般由分层的管理结构组成，可以将不同的异构云服务中心和雾节点结合到一个分层体系结构中，可以动态设置和发布不同级别的应用实现，同时提供用户驱动的定制和服务并行化[62]。因此，广泛嵌入到环境中的用户边缘设备和物联网设备将继续利用云提供的能力，实现全局化的业务功能，并根据具体性能与安全隐私需求，逐步包含由雾计算节点托管的业务功能，这些功能可用于收集、交换和分析数据，这将为物联网用户有效地提供许多新颖的本地服务。

9.3.1　大范围云雾结合架构：协调管理的需求

物联网系统关系到我们生活的方方面面。除专用物联网系统外，为了满足多种多样的业务需求，物联网系统往往需要协调来自多个专用领域的资源与服务，从而构建用户所需的新业务[68]。

基于 9.2 节所述的医疗健康物联网系统，假设一位在城市道路上的行人有突发医疗需求的情况，如图 9-14 所示。假定该行人通过其智能手机发送了一条报警消息，寻求医疗援助。该消息可以通过雾计算层（城市中部署的雾设施）被相关机构及附近的车辆接收到。这条消息将触发一系列不仅仅来源于医疗领域的服务，如紧急医疗服务的发现和定位、城市交通控制服务、移动医疗救护等。紧急医疗服务的发现和定位将定位离患者区域最近的紧急医疗服务。城市交通控制服务将在医疗救护人员出发后接管其行动路线上的交通设施，以确保在紧急情况下能快速方便地将救护服务送达该行人所处位置。该过程所涉及的城市交通控制服务包括调整交通信号灯、检测街道拥堵情况和计算救护车的最优路径。移动医疗救护则在救护车去医院的途中记录并向医院报告患者状况等。

通过雾计算系统，开发者可以设计不同紧急业务的工作流程，以保证不仅能够对紧急情况做出快速响应，还能确保获得与特定类型紧急情况（人身伤害、车祸等）最匹配的应对措施。设置这些服务工作流程需要同时协调处理多个不同领域的系统，包括城市管理系统、医疗应急管理系统和附近的城市基础设施系统（例如，路侧单元、交通灯和车辆）等。对于此类业务需求，无论是各个服务提供者之间的资源协调和服务组合，还是跨域业务的整合都需要一定程度的协同控制与管理。

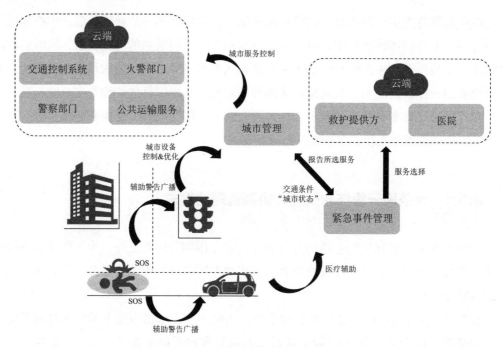

图 9-14 大范围云雾结合应用场景

9.3.2 Cisco 智慧城市

本例介绍部署在巴塞罗那的一个基于雾计算的智慧城市方案。随着物联网驱动解决方案的出现，市政空间安装、供电和维护物联网应用方面对雾计算的需求正在急剧增加。首先需要解决的是空间和运营问题。因为市政部门无法继续为边缘部署的每项新服务增加硬件，巴塞罗那市政利用其部署的 3000 多个道路机柜作为天然的雾计算基础设施，以期实现其智慧城市的愿景。图 9-15 显示了现场的一个机柜，这些改建后的道路机柜可以为市政部门提供战略性的控制节点。从技术角度来看，这些机柜与市政网络、数据中心结合，从而建立了单一的、可伸缩的分布式基础设施，以响应当前和未来市政服务技术方面的机遇。它同时启用了实例化来统一管理市政服务及其数据。从运营的角度来看，引入雾计算的目标是简化市政服务，减少硬件和服务维护开销。这种方法在需要计算资源的边缘计算场景中尤为重要。在很多情况下，将多个计算任务合并在一起会更有意义，托管在机柜中的通用处理节点，也可以提供其他功能，例如，安全性、分布式分析、监控、数据规范化和代理等。

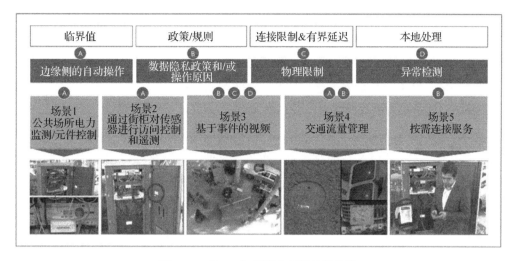

图 9-15　Cisco 智慧城市项目场景分类

Cisco 智慧城市项目包括 5 个不同的场景：电力监测 / 组件控制、访问控制与机柜遥测、基于事件的视频服务、交通流量管理和按需连接服务。

场景 1：电力监测 / 组件控制

首先，作为重要基础设施，这些机柜必须能够监控和自主管理他们所在的配电箱。由行业解决方案定制的电路板将插入到机柜中，并保护位于机柜内外的元件。该系统包括专用的虚拟控制器，这些虚拟控制器也安装在机柜中，并在云服务中心运行后端程序，用于从分布在不同位置的配电箱中收集测量值、警报等仪表数据。

采用虚拟化的控制器来管理能源系统的一个重要优点是提供了可以在雾计算节点中将微服务动态实例化的可能性。这些微服务包括如下功能：在停机期间作出本地决策以保持关键服务的正常运行（即使在云连接丢失的情况下）、监控功耗并实时分析具体的关键性能指标（如供电质量）并管理新的资源（例如，添加不间断电源时）。如图 9-15 中的情形 A 所示，这是巴塞罗那市政项目中的关键服务，并且将利用雾计算节点自身功能实现关键功能的服务保证、高可用性和安全性，同时实现数据分析、数据管理，以及路由和交换等。

场景 2：访问控制和机柜遥测

机柜裸露在自然环境中，难以避免物理接触和未经授权的进入。因此，监测机柜的状态，如超过控制功率、湿度、温度和门的状态（打开或关闭）至关重要。进入机柜可

215

以通过电子控制，而且即使与云的连接丢失，该控制也不会失效。

机柜内的自动进入控制和环境监控同样是关键服务之一。收集来自不同系列传感器的数据，数据标准化、分析和访问控制是通过雾计算节点中虚拟化环境内运行的进程执行的。在此场景中，某些传感器在检测到未经授权的访问时会关闭警报。正如接下来场景 3 所展示的，这个警报是用于视频流事件检测的触发器之一。

场景 3：基于事件的视频服务

市政服务中存在大量安装摄像头的处所，虽然有些摄像头是连接到高容量骨干网络中的，但也有一部分摄像头会布设于较偏远处，此时只有蜂窝电话连接是唯一可用的选项，本场景侧重于后者。如图 9-15 中的情形 C，这些摄像头不断录制并发送的视频数据到雾计算节点，这些数据会存储在接收雾计算节点的循环缓冲区。仅当某事件发生时，例如当达到某个噪声阈值或检测到未经授权进入机柜的事件时，基于雾计算的系统将触发两个视频流的上传机制。这两个视频流包括事件发生之前发生了什么（存储在雾计算节点的循环缓冲区中）及事件发生后的实时视频。

这些视频流将传输到后端（云计算端或其他目的地）。图 9-15 中的场景 3 显示的图片是从这些摄像头中捕获的快照，该视频流是在检测到模仿未经授权进入机柜后发起的。不采取连续传输所有视频的方案，其原因包括成本、隐私和数据存储开销等多个方面。在这个场景中，雾计算节点可以汇聚来自附近多个摄像头的视频，并且仅当检测到事件时才执行分析和视频传输任务。

场景 4：交通流量管理

街道上的传感器可以记录交通情况并监测诸如车辆数量、行驶速度、车流长度，以及其他变量，包括等待队列长短、带信号灯交叉路口的估计等待时间等。这个领域目前的解决方案依赖专有网关从传感器收集数据，这些网关执行必要的复杂算法和高精度分析测量。通过将网关所承载的计算任务推向雾计算节点，供应商可以专注于其应用程序和软件组件，并减少辅助元素（如维护网关、安全性等）的工作量。另外，由于巴塞罗那法律规定，不能直接从云端发出命令来启动红绿灯，交通管制任务下发给雾计算节点的做法仍处于起步阶段，这需要全面研究技术性和非技术性挑战（包括安全性、鲁棒性及业务和运营效益）。

场景 5：按需连接服务

鉴于在巴塞罗那举办的公众活动（音乐会、体育赛事和会议等）数量较多，市政部门经常接到来自当地电视台、警察等的连线请求，他们想用市政服务基础设施来传输视频。这些请求通常是无法通过移动网络或本地 Wi-Fi 的网络容量实现的，因此，目前需要通过托管在机柜中的网络设备进行配置。这意味着，视频监控人员、警务人员等必须打开机柜并通过内部交换机 / 路由器获得有线连接。

对于市政部门而言，这是一个重复出现的需求，但通常按照传统方法完成提供所需的连接、带宽和服务质量需要数天。Cisco 智慧城市项目提供了一个自助服务门户，可以让具有适当身份验证的服务请求者按需预留带宽，并利用机柜中的雾计算节点在几分钟内访问具有服务质量支持的高速连接。在巴塞罗那，雾计算节点将取代机柜内的传统路由器和交换机，并将托管虚拟化。

当一个服务请求发出时，连接服务必须自动编排服务并授予相应资源，这需要雾计算节点和网络隧道重新配置来实现终端设备及其所需资源的对应关系。 在图 9-15 中，场景 5 的图片显示了授权人员使用 Cisco 智慧城市应用程序通过手机或平板电脑请求此类连接的方法。重要的是，由于该雾计算系统需同时支持以上 5 个场景，并且按需连接场景还存在与场景 2 和场景 3 之下的关联（例如，要避免场景 5 授权人员打开机柜门时发出警报并避免上传事件视频），雾计算系统必须实现不同应用场景服务间的协调，并且仅为场景 5 的用户所分配的容量保留所需的时间，之后资源将会被自动释放来支持其他场景。

为支持以上 5 个场景的功能，这些部署在机柜中的雾节点需要包括以下 4 类操作。

1. 边缘侧的自主操作

自主操作保证了即使是回程接入云服务的连接发生掉线，此类市政服务也能够维持运维。这意味着监控、分析和控制需要在不同进程中实现。

2. 数据隐私策略

此类别包括以下情况。

● 数据所有者不允许特定的数据转移到云端。

● 数据所有者想要对特定数据执行本地控制和依靠代理进行交流。

● 依据监管约束排除特定的操作。例如，数据所有者从云端发起特定的操作命令可能由于不符合监管规则而无法执行。

大部分物联网系统任务都是至关重要的，遭到黑客攻击将带来很大的风险，因此网络物理安全和数据隐私是部署雾计算的主要原因。就 Cisco 智慧城市应用而言，数据隐私策略适用于基于事件的视频、流量管制和按需连接场景。

3. 物理限制

此类操作包括由于物理限制必须在本地处理数据的情况，以避免发送和处理云中的所有数据。物理限制可进一步划分如下。

● 连接限制。在某些情况下，边缘到云仅存在有限的带宽，或者通信连接不可靠，因此需要本地化的计算资源来确保所需的功能。例如，基于事件的视频场景。

● 有限制的延迟。在某些情况下，有时需要非常低的延迟和／或接近实时的响应（如自动驾驶汽车），这需要本地化分析，通过闭环控制及物理系统驱动。

4. 异常检测

此类操作包括只收集一小部分很重要数据的情况。这在涉及边缘采集大量数据时尤其重要，由于扫描的数据通常需要实时分析和数据过滤，所以仅当检测到数据异常时才对数据进行分析。此类别适用于巴塞罗那市政项目中基于事件的视频场景。

Cisco 智慧城市系统设计着重于跨行业的共同需求。设计目标是创建一个可用于多种用途的雾计算平台，并在其他市政服务和其他物联网领域中移植和重用。巴塞罗那街道上的机柜就是这样的设施，但它们只有单一类型的节点，而机柜不应限制平台的可达性和适用性。其他市政服务可能依靠不同的节点来承载雾计算节点，包括电线杆、地下设施等，并且能够利用 Cisco 智慧城市系统的设计。

Cisco 智慧城市系统的设计原则是允许雾计算将物联网从节点解决方案提升到边缘托管服务。使多个场景应用合并到边缘的雾计算平台中。这些合并可以显著地降低启动和部署整个市政服务解决方案的复杂性、成本（资本支出和运营支出）和维护所需的时间，同时有效地解决不同场景下服务孤岛问题（物理、数据、服务管理和行政孤岛造成的市政部门间的协调困难）所带来的挑战。在这种情况下，成本指的是与备选独立方法的比较。无论是通过独立解决方案还是通过雾计算平台解决场景，单个场景的部署利益是相等的。但是，一旦部署多个场景，雾计算平台就有两个主要优势。首先，它提供了规模经济，因为同一边缘和云基础设施可以用于多个场景。其次，基础设施能够在不同场景的服务之间共享数据，市政服务可以利用这些数据在单个场景之上增加额外的价值。

图 9-16 展示了 Cisco 智慧城市系统架构模型的简化版本。正如该架构模型所示，该系统是一个两层的平面模型：机柜内的雾计算节点和云端后台。一旦部署，可能需要更复杂的编排，包括雾计算层和混合云层的规模化市政服务。

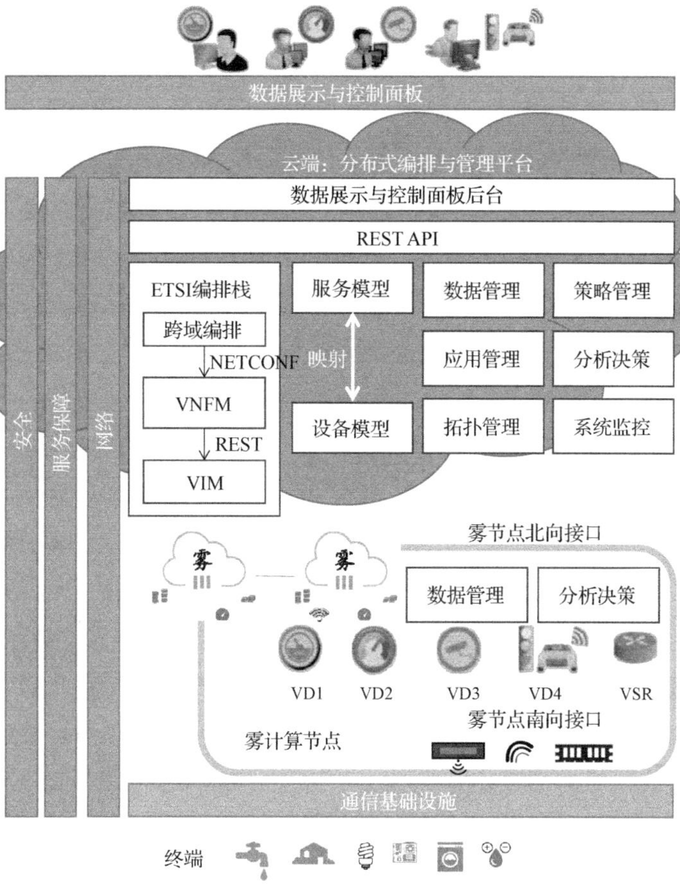

图 9-16　Cisco 智慧城市系统架构

　　该体系结构代表一个完全分布式的系统，它由 3 个主要组件组成：雾节点、后台（云）及一组跨域功能（包括安全性、服务保证和网络）。

　　虚拟域（Virtual Domain，VD）的实例是雾节点内的主要组件之一。VD 代表执行环境雾计算节点中同时运行的不同服务。每个 VD 都是特定于应用程序的，并且属于单一租户，不过一个租户可能有多个 VD 的实例运行在雾计算节点上。在 Cisco 智慧城市系统的实现中，同时支持 Docker 容器、内核虚拟机（Kernel Virtual Machine，KVM）。根据服务要求，VD 可以被实例化为单个容器或单个虚拟机，或者可以由多个实例组成配置并连接为雾计算节点中特定于租户的执行环境。

　　雾节点内还包括数据管理模块。数据管理模块代表内部总线、中间件和数据策略执行规则，以在本地特定的微服务和应用程序之间共享和关联数据。对于数据分配和中间件，Cisco 智慧城市系统部署并测试了 DDS 和 RabbitMQ，该系统也实现了一个多协议功能来支持 MQTT 传输。关于策略执行，该系统使用后端轻型目录访问协议和雾计算节点级别的 LDAP 副本。即使在回程连接丢失的情况下，副本也允许雾计算节点继续授权定义的数据共享策略。

雾节点内也包括分析组件。分析可以在本地运行，实现自主操作和使决策跨越VD。分析组件还有助于管理市政服务的其他端到端关键架构模块，如安全性、服务保证和联网等。在具体实施中，使用 Cisco ParStream 数据库，支持分布式大数据分析，实现特大规模的部署。用于特定应用分析的不同算法可嵌入到 ParStream 的核心，从而以高效的方式来支持包括服务保证、电源控制和安全在内的多租户环境分析。系统通过ParStream 数据库管理不同租户之间的数据共享，通过 LDAP 处理数据访问控制。

如图 9-15 所示，系统处理场景 3 所需的数据共享工作流程如下：当在 VD2 中运行的进程（图 9-16 所示）检测到异常时，会触发 VD3 的事件（并存储在 ParStream 中）。在这个案例中，实例（VD2）是数据写入器，而租户（VD3）的实例是数据读者。因为雾计算节点位于没有有线连接的区域，所以作为场景的一部分，需要异常检测、数据隐私策略、本地处理和视频流，通过蜂窝数据连接发送。

雾节点中同时也存在虚拟交换机 / 路由器（Virtual Switch/Router，VSR）。如前所述，雾计算节点将替代机柜内的传统网络设备。因此，VSR 支持所需的多种网络并充当在不同 VD 中运行的应用程序的网关。如果需要，多个独立的 VSR 实例可以同时在单个雾计算节点中运行。Cisco 智慧城市系统使用虚拟软件路由器，包括 Cisco 的 CSR1kv。为了便于将网络按不同部门业务分隔开来使用，Cisco 在本项目中使用了虚拟 LAN 和虚拟可伸缩 LAN。

在 Cisco 智慧城市系统架构中，所有雾计算节点都具有标准的网络配置协议（Network Configuration Protocol，NETCONF）接口；数据建模与 NETCONF 一起使用的语言是IETF 的标准 YANG。它们构成了雾节点的北向接口。NETCONF 和 YANG 被业界广泛采用，特别是在运营商和企业领域。同时，它们也是围绕 NFV 和 SDN 的大部分工作的组成部分。

雾节点南向接口取决于传感器系列和数据要收集的元素。在 Cisco 智慧城市系统，南向接口设置与各个供应商的选择相关，以涵盖不同场景的需求。

后端云组件主要支持云端服务。但考虑到 Cisco 智慧城市系统的分布式特性，后端的一些模块可能被托管在雾计算节点中，反之亦然。后端因此支持多个组件，我们摘要介绍如下。

ETSI 编排栈是一个标准化的管理与编排栈，它基于三层组件：跨域编排 / 跨域雾节点、网络和数据中心的服务定义和自动化协调器，虚拟网络功能管理器（Virtual Network Functions Manager，VNFM）、虚拟化基础架构管理器（Virtualized Infrastructure Manager，VIM）。Cisco 智慧城市系统使用 Cisco Tail-f 网络服务编排器（Network Services Orchestrator，NSO）作为跨域协调器，使用 Cisco 弹性服务控制器（Elastic Services Controller，ESC）作为 VNFM，使用 OpenStack 作为 VIM。跨域协调器的功能之一是用 YANG 标准建模的服务定义映射到基于设备模型的设备特定配置中。在本例中，ETSI 编排栈、NETCONF 和 YANG 的结合不但在开放性方面是必不可少的，而且也是实现云、雾无缝融合的基础。

数据管理模块与雾节点中托管的对应模块协同工作，以支持市政各个部门的数据工作流程。数据规范化、持久性和代理等方面由分布式数据管理模块管理。在目前的实现中，主要使用 DDS 和 RabbitMQ。

应用管理（应用程序启用框架）管理雾计算节点托管的 VD 中实例化应用程序的生命周期。它同时还管理网络、安全性和服务保证等功能所需的其他应用程序。其中包括雾计算节点中实例化的 VSR，以及其他虚拟化应用程序，用于恶意软件检测、病毒防护、被动和主动监控等，每一个功能都可以在雾节点中或云服务器中实例化，具体将取决于服务的需求。

策略管理加上足够的安全性，将整合数据和应用程序管理功能。这个组件是以数据应用为中心的功能的关键点。在实现中，访问资源、定义身份和角色的策略是通过 LDAP 进行管理的。

分析模块与雾计算节点中的对应模块协同工作，并以完全分布式的方式启用历史数据分析。

附加功能则包含拓扑发现和管理、监视及未描述的附加子系统（如运营和业务支持系统）等其他功能，这都是后端的组成部分。另外，后端提供了一整套丰富的 API，完全抽象了管理市政服务和底层基础设施生命周期内部的复杂性。该平台还可以为不同的租户建立仪表板。通过这些仪表板，适当的认证用户可以实现定义、部署、更新和删除虚拟化服务、定义访问策略、创建新租户、获取市政中部署的概览等。

雾节点和后端之外，跨域功能组模块对于确保系统的安全性至关重要。它们共同实现安全的架构、保持连接性，并对其生命周期中可能发生的潜在故障提供弹性化的服务

（图 9-16 的左侧所示）。例如，使用安全引导和零接触配置流程（例如，通过可信平台模块支持的远程配置）配置雾计算节点。

9.3.3 OpenFog 智能交通

一台智能自动驾驶汽车的测距雷达、全球定位系统和摄像头等设备每天生成数个TB 的数据。没有任何一个云服务中心能同时承载数以万计的智能自动驾驶汽车的实时运算请求。雾计算将在智能交通系统中为云服务器分流大量的计算任务。OpenFog 参考架构中详细介绍了面向智能交通的雾计算系统。该系统的架构要求也适用于其他运载领域，如船舶、火车、卡车、公共汽车和无人机。本节将基于 OpenFog 参考架构给出的应用实例，重点介绍智能汽车和雾计算的结合，以及其与交通控制、气候监控服务共同组成的智能交通系统。在本例中，自动驾驶汽车将需要根据来自多个垂直应用领域的本地数据服务做出驾驶决策，例如，来自车载传感器和附近车辆的关于周围车辆的信息，来自智能交通系统的道路和交通状况信息，以及来自外部温度、湿度等传感应用的气候状况信息。

图 9-17 展示了 OpenFog 智能交通应用的体系结构。智能汽车和交通控制的雾计算环境包含了多个雾和多个云，包括网元管理系统（Elements Management System，EMS）、服务提供商云、城市交通服务和生产厂商云等，且它们之间存在频繁且密集的交互。系统中包括支持车辆到车辆（Vehicle-to-Vehicle，V2V）、车辆到基础设施（Vehicle-to-Infrastructure，V2I）和车辆到外界其他实体（Vehicle-to-Everything，V2X）等各类交互的移动雾节点。在该环境中的不同行政管理部门与企业拥有并运营多个不同功能的雾计算网络。在这些网络中，单个雾节点上的多租户可以利用雾计算提高效率，单个终端设备也可以同时使用私有的和公有的雾计算网络及云服务。

因此，这个用例比较好地展示了雾计算架构的分层优势和分布式优势。如图 9-17 所示，该系统包括多种类型的传感器和执行器。传感器包括路侧传感器（属于公路基础设施的一部分）和车载传感器。这些传感器提供现场数据，以便各种执行器（如路灯、汽车等）执行其给定的功能（如车辆的自主驾驶）。智能交通系统还管理控制其他基础设施中集成的执行器，例如，交通信号灯、小区或园区大门、数字标牌等。

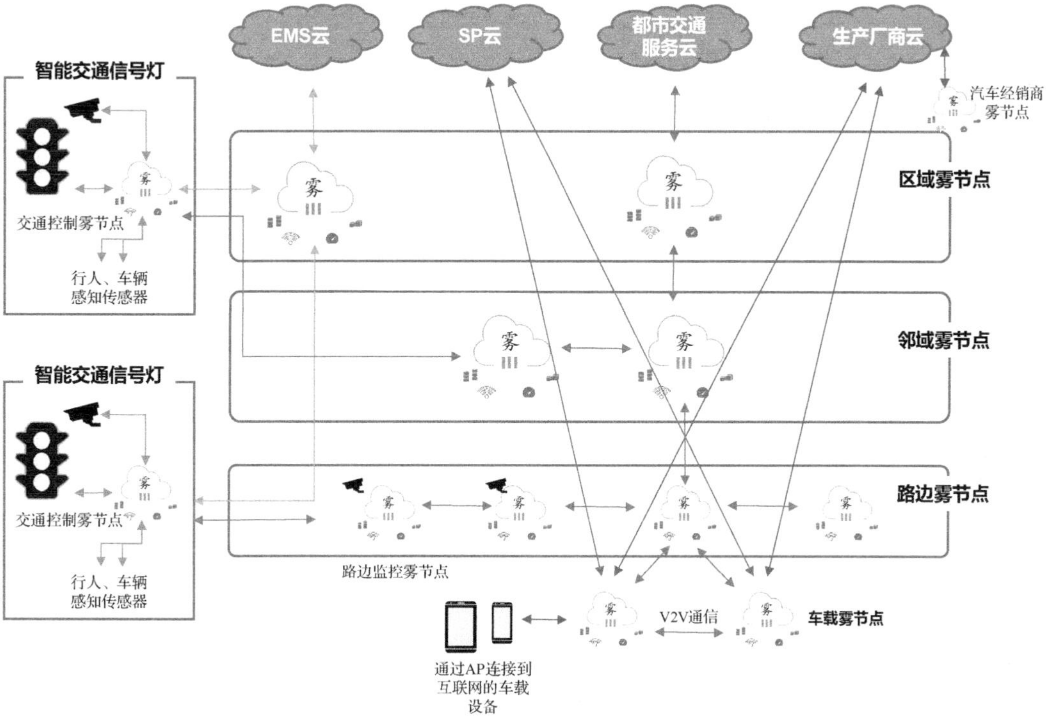

图 9-17　OpenFog 参考架构中智能交通应用：智能汽车和交通控制系统

将 OpenFog 参考架构用于智能汽车和流量控制的目标是确保该系统的开放、安全、分布式和可伸缩的架构，同时优化多供应商生态系统中对实时性有要求的功能，该示例显示了一个可以生成大量数据的自动化复杂系统，以便在物联网、5G、AI 和其他高级场景中实现安全有效的操作。

在这个使用案例中，车辆充当了移动雾节点的角色。这些车载雾节点可以与其他部署在（路侧或摄像头处等）基础设施中的雾节点进行通信，这是 V2I 交互的一个例子。车载雾节点还必须能够在无法连接到其他雾节点或云的情况下自主执行所有需要的车内操作。车载雾节点提供的服务包括信息娱乐系统、高级驾驶辅助系统、自主驾驶、避障和导航等。车载雾节点还需要支持多种不同的网络技术，包括专用短程通信、蜂窝（3G、LTE、5G 等）和其他联网技术，从而能够在车辆之间安全地建立连接，或连接至基础设施中的雾节点。

智能交通系统中的雾计算网络由一个三层结构的网络系统组成，该层次结构的第一层是基础设施雾节点或路侧雾节点。在这一层中，路侧雾传感器从路侧摄像头等其他设备收集数据。雾节点利用这些数据进行一些本地分析，进而给出分析结果。例如，当路况不佳时，该层雾节点向车载雾节点发出警告，车载雾节点自动响应警告，对车辆发出减速指令，并执行一些自主功能。来自第一级的数据汇总后发送到第二级和第三级，邻域和区域雾节点用于进一步的分析。这些分析可以包括区域的车流量、流速、拥堵状况、拥堵预测与疏导规划等。这些上层雾节点的分析结果将被传递到交通控制雾节点、指挥中心等处，用于某一路段或一片较大区域的交通控制。

交通控制雾节点可以接收来自如智能交通灯系统的状态数据，也可接收来自市政管理者和上层云计算系统的输入指令。数据在交通控制系统，基础设施雾节点和车辆之间流动，确保各个层次具有所需的数据和控制能力。

9.4　小结

本章重点通过四个有代表性的应用案例来阐明雾计算系统设计，包括 OpenFog 参考架构中涉及的视觉安全监控系统、雾计算医疗健康系统、Cisco 智慧城市系统和智能交通系统。

1. 视觉安全监控系统

机场的视觉安全监控系统中包含了许多端到端安全的场景，实现一个机场安全与监控系统的核心在于监控数据分析。该过程包括实时信息收集、数据共享、分析和执行等多重功能，同时还需要确保可靠性、安全性和效率。雾计算的安全性、可伸缩性、开放性、可靠性、可用性和可维护性使其成为该需求下比较理想的架构技术。

本例中设置的雾计算网络为三级层次结构。在这三个层次中部署的雾节点分别为边缘雾节点（一级）、分析雾节点（二级）、主控雾节点（三级）。相应的资源配置需求主要包括：终端设备与相应接口、网络协议、通用计算资源与加速器、存储。

2. 医疗健康物联网

医疗健康物联网可以远程监测患者病情，从而提高医疗健康服务的质量、效率和连续性，同时降低医疗健康的总体成本。当前已经出现了各种可以简单地附着在皮肤上的便携医疗监测传感器，可以测量多种生物特征信号并能够连接到因特网。这些可穿戴传感器将能够实现预防性监测，从而使患者从反应性的治疗中脱离出来。通过实时监测或疾病预警，使患者在某些疾病出现早期征兆时，及时采取预防性措施或避免参加一些对其健康状况有潜在影响的高风险活动。便携传感器的应用也使医院、家庭和其他护理机构之间的界限变得越来越模糊，医疗服务将成为持续性且随手可得的服务。

医疗健康物联网需要考虑的核心资源配置问题是带宽分配和数据延迟的合理控制，保证不同时效性需求、不同带宽使用需求的健康检测数据都能及时传输到指定处理位置；另外由于该系统将使用大量便携传感器，还需要关注保证传感器的能效，并延长其使用寿命的方法；同时，由于医疗健康物联网涉及大量用户的敏感信息，因此本身的可靠性、安全性和互操作性也是至关重要的。

雾计算技术在医疗健康应用中的关键是如何选取通用网络基础设施来构建系统，从而使用户获得理想的性能。本章介绍的物联网医疗监控系统雾计算部署方案包括五个典型应用场景：医院场景、非医院诊疗场所、移动场景、家庭场景、运输场景。

3. 云、雾协同的大范围应用

物联网系统关系到我们生活的方方面面。除专用物联网系统外，为了满足多种多样的业务需求，物联网系统往往需要协调来自多个专用领域的资源与服务，从而构建用户所需的新业务。通过雾计算系统，开发者可以设计不同紧急业务的工作流程，以保证系统不仅能够对紧急情况做出快速响应，还能确保获得与特定类型紧急情况最匹配的应对措施。设置这些服务工作流程需要同时协调处理多个不同领域的系统，比如城市管理系统、医疗应急管理系统和附近的城市基础设施系统等。对于此类业务需求，不论是各个服务提供者之间的资源协调和服务组合，还是跨域业务的整合，都需要一定程度的协同控制与管理。

本章介绍了 Cisco 在巴塞罗那部署的智慧城市方案。该方案的雾计算基础设施主要由市政部门部署的 3000 多个道路机柜来承载。这些机柜与市政网络、数据中心结合，从而建立了单一的、可伸缩的分布式基础设施。Cisco 智慧城市项目包括五个不同的场景：电力监测 / 组件控制、访问控制与机柜遥测、基于事件的视频服务、交通流量管理、按需连接服务。为支持以上五个场景的功能，这些部署在机柜中的雾节点需要支持以下四类操作：边缘侧的自主操作、数据隐私策略、物理限制、异常检测。该体系结构是完全分布式的，它由三个主要组件组成：雾节点、后台（云）以及包括安全性、服务保证和网络的一组跨域功能。

另外，本章还简单介绍了 OpenFog 参考架构中给出的智能交通应用范例。

雾计算将在智能交通系统中为云服务器分流大量的计算任务。在本例中，自动驾驶汽车将需要来自多个垂直应用领域的本地数据服务来作出驾驶决策，例如来自车载传感器和附近车辆的关于周围车辆的信息，来自智能交通系统的道路和交通状况信息，以及来自外部温度、湿度等传感应用的气候状况信息。智能交通系统中的雾计算网络由一个三层结构的网络系统组成，依据时延需求、数据量大小、数据覆盖范围等，由下至上逐级地对交通感知数据进行分析。

参考文献

[1] A. N. Toosi, R. N. Calheiros, R. Buyya. Interconnected cloud computing environments: Challenges, taxonomy, and survey[J], ACM Computing Surveys, 2014, 47(1): 1-47.

[2] N. Fernando, S. W. Loke, et al. Mobile cloud computing: A survey[J], Future Generation Computer Systems, 2013, 29(1): 84-106.

[3] B. P. Rimal, D. P. Van, M. Maier, Mobile-edge computing versus centralized cloud computing over a converged WiFi access network[J], IEEE Transactions on Network and Service Management, 2017, 14(3): 498-513.

[4] M. Satyanarayanan, P. Bahl, et al. The case for vm-based cloudlets in mobile computing[J], IEEE Pervasive Computing, 2009, 8(4): 14-23.

[5] F. Bonomi, R. Milito, et al. Big data and internet of things: A roadmap for smart environments[M], Springer, 2014, 546: 169-186.

[6] N. Chen, et al. Fog as a service technology[J]. IEEE Communications Magazine, 2018, 56(11): 95-101.

[7] 杨旸, 云雾协同, 赋能数字中国和智慧社会 [J], 秘书工作 ,2018.

[8] M. Chiang, S. Ha, I. Chih-Lin, et al. Clarifying fog computing and networking: 10 questions and answers[J], IEEE Communications Magazine, 2017, 55(4): 18-20.

[9] R. Mahmud, R. Kotagiri, R. Buyya, Fog computing: A taxonomy, survey and future directions, Internet of everything[M]. Singapore: Springer, 2018: 103-130.

[10] V. Dastjerdi and R. Buyya, Fog computing: Helping the internet of things realize its potential[J], Computer, 2016, 49(8): 112-116.

[11] T. H. Luan, L. Gao, et al. Fog computing: Focusing on mobile users at the edge[J]. Computer Science, 2015.

[12] IEEE standard for adoption of open fog reference architecture for fog computing[S],

IEEE Std 1934-2018: 1-176, 2018.

[13] Y. Yang, Multi-tier computing networks for intelligent IoT[J], Nature Electronics, 2019: 4-5.

[14] B. Tang, et al. Incorporating intelligence in fog computing for big data analysis in smart cities[J], IEEE Transactions on Industrial Informatics, 2017, 13(5): 2140-2150.

[15] Y. Marcelo, F. Lingen, et al. A new era for cities with fog computing[J], IEEE Internet Computing, 2017.

[16] G. Jia, G. Han, et al. SSL: Smart street lamp based on fog computing for smarter cities[J], IEEE Transactions on Industrial Informatics, 2018, 14(11): 4995-5004.

[17] M. Chiang, Fog networking: An overview on research opportunities[J]. Technical Report, 2015.

[18] Y. Jararweh, M. Alsmirat, et al. Software-defined system support for enabling ubiquitous mobile edge computing[J], The Computer Journal, 2017: 1-15.

[19] A. Alrawais, A. Alhothaily, C. Hu, et al. Fog computing for the internet of things: Security and privacy issues[J], IEEE Internet Computing, 2017, 21(2): 34-42.

[20] K. Lee, D. Kim, et al. On security and privacy issues of fog computing supported internet of things environment, International Conference on the Network of the Future, 2015[C]: 1-3.

[21] N. K. Giang, M. Blackstock, et al. Developing IoT applications in the Fog: A Distributed Dataflow approach, International Conference on the Internet of Things, 2015[C]: 155- 162.

[22] H. Yao et al. Heterogeneous cloudlet deployment and user - cloudlet association toward cost effective fog computing[J], Concurrency and Computation: Practice and Experience, 2017, 29(16): e3975.

[23] I. Farris, L. Militano, et al. Federated edge-assisted mobile clouds for service provisioning in heterogeneous IoT environments[J]. IEEE World Forum on Internet of Things, 2016: 591-596.

[24] Z. Wen, R. Yang, P. Garraghan, T. Lin, J. Xu and M. Rovatsos, Fog orchestration for internet of things services[J], IEEE Internet Computing, 2017, 21(2): 16-24.

[25] K. Velasquez, D P Abreu, et al. Service orchestration in fog environments, IEEE 5th

228

International Conference on Future Internet of Things and Cloud, 2017[C]: 329-336.

[26] G. P'ek, L. Butty'an, et al. A survey of security issues in hardware virtualization[J], ACM Computing Surveys, 2013, 45(3): 40:1-40:34.

[27] B. Ikhwan Ismail, et al. Evaluation of docker as edge computing platform. IEEE Conference on Open Systems, 2015[C]: 130-135.

[28] C. Dsouza, G. Joon Ahn, and M. Taguinod, Policy-driven security management for fog computing: Preliminary framework and a case study, IEEE 15th International Conference on Information Reuse and Integration, 2014[C]: 16-23.

[29] R. Roman, J. Lopez and M. Mambo, Mobile edge computing, fog et al.: A survey and analysis of security threats and challenges[J], Future Generation Computer Systems, 2018, 78: 680-698.

[30] S. Yi, Z. Qin, Q. Li, Security and privacy issues of fog computing: A survey, International Conference on Wireless Algorithms, Systems, and Applications Springer, 2015[C]: 685- 695.

[31] M. Xiao, J. Zhou, et al. A hybrid scheme for fine-grained search and access authorization in fog computing environment[J], Sensors, 2017, 17(6): 1-22.

[32] R. Deng, R. Lu, C. Lai, and T. H. Luan, Towards power consumption delay tradeoff by workload allocation in cloud-fog computing, IEEE International Conference on Communications (ICC), 2015[C]: 3909-3914.

[33] A. S. Gomes, B. Sousa, et al. Edge caching with mobility prediction in virtualized LTE mobile networks[J], Future Generation Computer Systems, 2016.

[34] D. Zeng, L. Gu, et al. Joint optimization of task scheduling and image placement in fog computing supported software-defined embedded system[J], IEEE Transactions on Computers, 2016, 65(12): 3702-3712.

[35] Y. Wang, T. Uehara, R. Sasaki, Fog computing: Issues and challenges in security and forensics, IEEE Software Application Conference, 2015[C]: 53-59.

[36] R. Yang, Q. Xu, et al. Position based cryptography with location privacy: A step for fog computing[J], Future Generation Computer Systems, 2018, 78: 799-806.

[37] S. Khan, S Parkinson, Y Qin. Fog computing security: A review of current applications and security solution[J], Journal of Cloud Computing, 2017, 6(1):19.

[38] G. Li, H. Zhou, et al. Fuzzy theory based security service chaining for sustainable mobile-edge computing[J], Mobile Information Systems, 2017.

[39] Z. Hao, E. Novak, et al. Challenges and software architecture for fog computing[J], IEEE Internet Computing, 2017, 21(2): 44-53.

[40] S. Chirila, et al. Semantic-based IoT device discovery and recommendation mechanism, IEEE International Conference on Intelligent Computer Communication and Processing, 2016[C]: 111-116.

[41] T. Hidayat, Suhardi and N. B. Kurniawan, Smart city service system engineering based on microservices architecture: Case study: Government of tangerang city, International Conference on ICT For Smart Society, 2017[C]: 1-7.

[42] N. Mohamed, J. Al-Jaroodi, et al. SmartCityWare: A service-sriented middleware for cloud and fog enabled smart city services[J], IEEE Access, 2017, 5: 17576-17588.

[43] Cisco, A new approach for enabling hyper distributed implementations, The Cisco Edge and Fog Fabric System, 2017 [R], White Paper.

[44] IIC, The edge computing advantage, an industrial internet consortium white paper, 2019 [R], Version 1.0.

[45] T. X. Tran, A. Hajisami, et al. Collaborative mobile edge computing in 5G networks: New paradigms, scenarios, and challenges[J], IEEE Communications Magazine, 2017, 55(4): 54-61.

[46] X. Masip-Bruin, E. Marín-Tordera, et al. Foggy clouds and cloudy fogs: A real need for coordinated management of fog-to-cloud computing systems[J], IEEE Wireless Communications, 2016, 23(5): 120-128.

[47] 郭亚利, 鲜继清, 非标准无线射频协议 ANT[J], 重庆工学院学报（自然科学版）, 2007.

[48] RDF Working Group, Resource description framework (RDF) -Semantic Web Standard[S], 2015.

[49] L. Cai and Yangyong Zhu, The challenges of data quality and data quality assessment in the big data era, 2015 [J]. Data Science Journal, 14(2).

[50] W. Wei, P. Barnaghi. Semantic annotation and reasoning for sensor data. European Conference on Smart Sensing and Context (EuroSSC), 2009[C]. Lecture Notes in Computer

Science, Berlin: Springer, 5741.

[51] B. Liu, X. Chang, et al. Performance analysis model for fog services under multiple resource types, International Conference on Dependable Systems and Their Applications, 2017[C]: 110-117.

[52] C. Perera, C. H. Liu, and S. Jayawardena, The emerging internet of things marketplace from an industrial perspective: A survey[J]. IEEE Transactions on Emerging Topics in Computing, 2015, 3(4): 585-598.

[53] M. D. de Assuncao, A. da Silva and R. Buyya, Distributed data stream processing and edge computing: A survey on resource elasticity and future directions[J], Journal of Network and Computer Applications, 2018, 103: 1-17.

[54] B. M. C. Silva, J. J. P. C. Rodrigues, et al. Mobile-health: A review of current state in 2015[J], Journal of Biomedical Informatics, 2015, 56(C): 265-272.

[55] F. A. Kraemer, A. E. Braten, N. Tamkittikhun and D. Palma, Fog computing in healthcare: A review and discussion[J], IEEE Access, 2017, 5: 9206-9222.

[56] H. Dubey et al. Fog computing in medical internet-of-things: architecture, implementation, and applications, Handbook of Large-Scale Distributed Computing in Smart Healthcare[M]. Springer, 2017: 281-321.

[57] D. Oktaria, Suhardi and N. B. Kurniawan, Smart city services: A systematic literature review, International Conference on Information Technology Systems and Innovation, 2017[C]: 206-213.

[58] B. McMillin and T. Zhang, Fog computing for smart living[J], Computer, 2017, 50(2): 5-5.

[59] J. He, J. Wei, et al. Multitier fog computing with large-scale IoT data analytics for smart cities[J], IEEE Internet of Things Journal, 2018, 5(2): 677-686.

[60] C. Huang, R. Lu and K. R. Choo, Vehicular fog computing: Architecture, use case, and security and forensic challenges[J], IEEE Communications Magazine, 2017, 55(11): 105-111.

[61] A. Tanaka, F. Utsunomiya, et al. Wearable self-powered diaper-shaped urinary-incontinence sensor suppressing response time variation with 0.3-V start-up converter[J], IEEE Sensors Journal, 2016, 16(10): 3472-3479.

[62] B. Tang, et al. A hierarchical distributed fog computing architecture for big data analysis in smart cities. ASE International Conference on Social Informatics & International Conference on Big Data, 2015[C].

[63] C. Cabrera, G. White, et al. The right service at the right place: A service model for smart cities, IEEE International Conference on Pervasive Computing and Communications, 2018[C]: 1-10.

[64] P. Hu, H. Ning, et al. Fog computing based face identification and resolution scheme in internet of things[J], IEEE Transactions on Industrial Informatics, 2017, 13(4): 1910-1920.

[65] L. Gu, et al. Cost-efficient resource management in fog computing supported medical CPS[J], IEEE Transactions on Emerging Topics in Computing, 2015.

[66] A. M. Rahmani, T. N. Gia, B. Negash, et al. Exploiting smart e-Health gateways at the edge of healthcare Internet-of-Things: A fog computing approach[J], Future Generation Computer Systems, 2018: 641-658.

[67] M. Aazam and E. Nam Huh, Fog computing and smart gateway based communication for cloud of things, International Conference on Future Internet of Things and Cloud, 2014[C]: 464- 470.

[68] J. Lu, L Li, G Chen, et al. Machine learning based Intelligent cognitive network using fog computing, Sensors and Systems for Space Applications X. International Society for Optics and Photonics (SPIE) Defense + Security, 2017[C].

术语表

英文全称	简称	中文全称
3rd Generation Partnership Project	3GPP	第三代合作伙伴计划
Access Point	AP	接入点
Advanced Message Queuing Protocol	AMQP	高级消息队列协议
Analog-to-Digital Converter	ADC	模数转换器
Adaptive Network Topology	ANT	自适应网络拓扑
Application Programming Interface	API	应用程序接口
Baseboard Management Controller	BMC	基板管理控制器
Bluetooth Low Energy	BLE	低功耗蓝牙
Bluetooth Special Interest Group	Bluetooth SIG	蓝牙特别兴趣小组
Body Area Network	BAN	身体区域网络（体域网）
Certificate Authority	CA	认证中心
China Communications Standards Association	CCSA	中国通信标准化协会
Cisco Edge Fog Fabric System	/	思科边缘雾计算系统
Cloud Computing	/	云计算
Cloud Radio Access Network	C-RAN	云无线接入网
Cloudlet	/	微小云
Common Authentication Technology	CAT	通用认证技术
Common Internet File System	CIFS	通用因特网文件系统
Complex Event Progressing	CEP	复杂事件处理
Concise Binary Object Representation	CBOR	简明二进制对象表示
Constrained Application Protocol	CoAP	受限应用协议
Content Delivery Network	CDN	内容分发网络

英文全称	简称	中文全称
Control Messages	/	控制消息
Controller Area Network	CAN	控制器局域网
Convolutional Neural Networks	CNN	卷积神经网络
Cross-Domain Fog-based Applications	/	交叉雾应用
Crowdsourcing	/	资源众筹
Data Distribution Service	DDS	数据分发服务
Datagram Transport Layer Security	DTLS	数据报传输层安全协议
Deep Packet Inspection	DPI	深度包检测
Denial of Service	DoS	拒绝服务
Digital Certificate	DC	数字证书
Direct Anonymous Attestation	DAA	直接匿名证明
Distributed Denial of Service	DDoS	分布式拒绝服务
Domain-Specific Language	DSL	领域特定语言
Edge Computing	/	边缘计算
Elastic Services Controller	ESC	弹性服务控制器
Elements Management System	EMS	网元管理系统
End-to-End	E2E	端到端
Enterprise Resource Planning	ERP	企业资源计划
Ethernet	/	以太网
ETSI Mobile Edge Computing Industry Specification Group	MEC ISG	ETSI 移动边缘计算规范工作组
European Telecommunications Standards Institute	ETSI	欧洲电信标准协会
Evolved High Speed Packet Access	HSPA+	演进式高速分组接入
Federal Information Processing Standard	FIPS	美国联邦信息处理标准
Field Programmable Gate Array	FPGA	现场可编程逻辑门阵列
Fog Radio Access Network	Fog-RAN	雾无线接入网
Fog Computing	/	雾计算
Fog as a Service	/	雾即服务

英文全称	简称	中文全称
General Purpose Graphics Processing Unit	GPGPU	通用图像处理器
General Purpose Input Output	GPIO	通用输入 / 输出端口
Generic Security Services Application Program Interface	GSSAPI	通用安全服务接口
Graphical User Interface	GUI	图形用户界面
Graphics Processing Unit	GPU	图像处理器
Grid	/	网格
Hardware Platform Management	HPM	硬件平台管理
Hardware Root-of-Trust	HW-RoT	硬件信任根
High-Speed Packet Access	HSPA	高速分组接入
Human Body Communication	HBC	人体通信
Hypertext Transfer Protocol	HTTP	超文本传输协议
Hypertext Transfer Protocol Secure	HTTPS	超文本传输安全协议
I/O Memory Management Unit	IOMMU	输入输出内存管理单元
In Band	IB	带内
Industrial Internet Consortium	IIC	工业互联网联盟
Industrial Scientific Medical Band	ISM 频段	工业、科学和医疗频段
Industrial Standard Architecture	/	工业标准结构
Information-Centric Networking	ICN	信息中心网络
Infrastructure as a Service	IaaS	基础设施即服务
Input/Output	I/O	输入 / 输出
Input/Output Operations Per Second	IOPS	每秒读写性能
Institute of Electrical and Electronics Engineers	IEEE	电气电子工程师学会
Intelligent Pill	iPill	智能药丸
Intelligent Platform Management Interface	IPMI	智能平台管理接口
International Organization for Standardization/ International Electrotechnical Commission Joint Technical Committee 1	ISO/IEC JTC1	国际标准化组织 / 国际电工委员会第 1 联合技术委员会
International Telecommunications Union	ITU	国际电信联盟

英文全称	简称	中文全称
Internet Engineering Task Force	IETF	国际因特网工程任务组
Internet Protocol Security	IPsec	IP 安全协议
Internet of Things	IoT	物联网
Intrusion Detection System	IDS	入侵检测系统
Intrusion Prevention System	IPS	入侵防御系统
Kernel Virtual Machine	KVM	内核虚拟机
Lightweight Directory Access Protocol	LDAP	轻型目录访问协议
Local Area Networks	LAN	局域网
Long Term Evolution	LTE	长期演进技术
Low Power Wide Area Network	LPWAN	低功耗广域网
Manufacturing Execution System	MES	制造执行系统
Memory Management Unit	MMU	内存管理单元
Message Exchange Patterns	MEP	消息交换模式
Message Queuing Telemetry Transport	MQTT	消息队列遥测传输协议
Metropolitan Area Network	MAN	城域网
Mobile Ad hoc Network	MANET	移动自组织网络
Mobile Device Center	MDC	移动设备中心
Mobile Edge Computing	MEC	移动边缘计算
Multi-access Edge Computing	/	多接入边缘计算
Multipurpose Internet Mail Extensions	MIME	多用途互联网邮件扩展
Narrowband	NB	窄带
National Institute of Standards and Technology	NIST	美国国家标准与技术研究院
Near Field Communication	NFC	近场通信
Network Attached Storage	NAS	网络附加存储
Network Configuration Protocol	NETCONF	网络配置协议
Network File System	NFS	网络文件系统
Network Service Head	NSH	网络服务报头
Network Services Orchestrator	NSO	网络服务编排器

英文全称	简称	中文全称
Network Video Recorder	NVR	网络视频录像机
Online Certificate Status Protocol	OCSP	在线证书状态协议
Open Interconnect Consortium	OIC	开放互联联盟
Open Network Foundation	ONF	开放网络基金会
OpenFog Consortium	/	国际雾计算产学研联盟
OpenFog Reference Architecture	/	OpenFog 参考架构
Organization for the Advancement of Structured Information Standards	OASIS	结构化信息标准促进组织
Out of Band	OOB	带外
Page Table	/	页表
Pay as You Grow	/	增量计费
Pay as You Use	/	用量计费
Pay-per-Use	/	按次付费
Peer-to-Peer	P2P	对等
Peripheral Component Interconnect Express	PCI-e	高速外部设备互联
Personal Area Network	PAN	个人区域网络
Personally Identifiable Information	PII	个人识别信息
Platform as a Service	PaaS	平台即服务
Public Key Cryptosystem	PKC	公钥密码系统
Public Key Infrastructure	PKI	公钥基础设施
Publish-Subscribe	Pub-sub	发布 - 订阅
Quality of Services	QoS	服务质量
Radio Access Network	RAN	无线接入网
Radio Frequency Identification	RFID	射频识别
Random Access Memory	RAM	随机存取存储器
Read Only Memory	ROM	只读存储器
Real-time Transport Protocol	RTPS	实时传输协议
Redundant Arrays of Independent Drives	RAID	冗余磁盘阵列

英文全称	简称	中文全称
Remote Direct Memory Access	RDMA	远程直接数据存取
Remote Procedure Call	RPC	远程过程调用
Representational State Transfer	REST	表征状态转移
Resource Description Framework	RDF	资源描述框架
RESTful API Modeling Language	RAML	RESTful 接口建模语言
Revenue Sharing	/	收益分成
Run-time Integrity Checking	RTIC	运行时完整性检查
Secure/Multipurpose Internet Mail Extensions	S/MIME	安全多用途互联网邮件扩展
Secure Shell	SSH	安全外壳（协议）
Secure Socket Level	SSL	安全套接层协议
Serial Peripheral Interface	SPI	串行外设接口
Sensor Moder Language	Sensor ML	传感器标记语言
Service Composition	/	服务组合
Service Discovery	/	服务发现
Service Function Chain	SFC	服务功能链
Service Function Path	SFP	服务功能路径
Service Level Agreement	SLA	服务等级协议
Service Orchestration/Choreography		服务编排
Service-Oriented Architecture	SOA	面向服务架构
Simple Network Paging Protocol	SNPP	简单网络导呼协议
Simple Object Access Protocol	SOAP	简单对象访问协议
Simultaneous Localization And Mapping	SLAM	同步定位与建图
Simultaneous Multi-Threading	SMT	并发多线程
Sink Node	/	汇聚节点
Software as a Service	SaaS	软件即服务
Software Development Kit	SDK	软件开发工具包
Software Defined Network	SDN	软件定义网络
Solid State Disk	SSD	固态硬盘

英文全称	简称	中文全称
Storage Area Network	SAN	存储区域网
System Management Bus	SMBus	系统管理总线
System on Module	SOM	模块上系统
System Service Processor	SSP	系统服务处理器
System on Chip	SoC	片上系统
Time Series Daemon	TSD	时间序列守护进程
Time-Sensitive Networking	TSN	时间敏感网络
Transport Layer Security	TLS	传输层安全协议
Trusted Computing Base	TCB	可信计算基
Trusted Computing Group	TCG	可信计算组织
Trusted Cryptography Module,	TCM	可信密码模块
Trusted Execution Environment	TEE	可信执行环境
Trusted Platform Control Module	TPCM	可信平台控制模块
Trusted Platform Module	TPM	可信平台模块
Ultra-WideBand	UWB	超宽带
Unified Modeling Language	UML	统一建模语言
Uniform Resource Identifier	URI	统一资源描述符
Uniform Resource Locator	URL	统一资源定位符
Uninterruptible Power Supply	UPS	不间断电源
Universal Serial Bus	USB	通用串行总线
US Food and Drug Administration	FDA	美国食品药品监督管理局
Utility Computing	/	效用计算
Vehicle-to-Everything	V2X	车辆到外界其他实体
Vehicle-to-Infrastructure	V2I	车辆到基础设施
Vehicle-to-Vehicle	V2V	车辆到车辆
Virtual Domain	VD	虚拟域
Virtual Local Area Network	VLAN	虚拟局域网
Virtual Network Functions	VNF	虚拟化的网络功能

英文全称	简称	中文全称
Virtual Network Functions Manager	VNFM	虚拟网络功能管理器
Virtual Network Interface Controller	VNIC	虚拟网络接口控制器
Virtual Private Network	VPN	虚拟专用网
Virtual Reality	VR	虚拟现实
Virtual Security Engine	vSE	虚拟安全引擎
Virtual SOC	vSoC	虚拟片上系统设备
Virtual Switch/Router	VSR	虚拟交换机 / 路由器
Virtualized Infrastructure Manager	VIM	虚拟化基础架构管理器
Wide Area Network	Wan	广域网
Wireless Body Area Network	WBAN	无线体域网
Wireless Local Area Networks	WLAN	无线局域网
Wireless Mesh Network	WMN	无线网状网
Wireless Metropolitan Area Network	WMAN	无线城域网
Wireless Personal Area Network	WPAN	无线个人区域网络
Wireless Wide Area Network	WWAN	无线广域网
World Interoperability for Microwave Access	WiMax	全球微波接入互操作件